カラー徹底図解

基本からわかる
二次電池

神奈川大学化学生命学部教授
松本 太 監修

**リチウムイオンバッテリーをはじめとする
二次電池のしくみをわかりやすく解説**

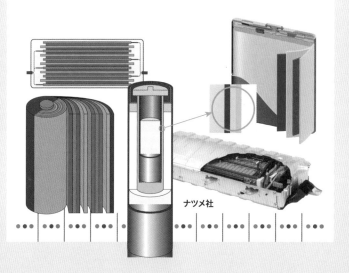

ナツメ社

はじめに

　寝る前にスマーフォンの充電を始めることが習慣になっている人も多いでしょう。本書を手にした方にあらためて説明するまでもないでしょうが、スマートフォンに使われているリチウムイオン電池のように、充電することで繰り返し使用できる電池を二次電池といいます。

　スマートフォンに代表される現在の携帯用情報通信機器はもちろん、あらゆる物がインターネットを介してつながる近未来の高度情報化社会において、二次電池が重要な役割を果たすことになるのはいうまでもありません。

　また、脱炭素社会を実現するためには太陽光発電や風力発電を増やすことが求められますが、これらの発電量が変動する再生可能エネルギー発電では、二次電池によって電力の需給バランスをとる必要があります。もちろん、脱炭素社会の象徴的な存在である電気自動車にも二次電池は欠かせません。

　高度情報化社会や脱炭素社会が目指されている現在、二次電池が使われる分野は広がり続けています。二次電池をそのものを扱う研究者や技術者ばかりでなく、少しでも電気を扱う人にとって、二次電池の基礎知識は必要不可欠なものになっています。本書は、これから独学で二次電池を学ぼうとする人、大学や専門学校などで二次電池を学んでいる人を対象とした入門書です。基本をおさえるために、中学の理科や高校の化学、物理で扱うようなレベルから説明していますので、各分野に長じている人にとっては冗長でくどい構成と感じる部分があるかもしれませんが、確認のつもりで読んでいただけると幸いです。

　最後に、本書が皆様の勉学の糧となるとともに、エネルギーの有効利用を考えるきっかけになることを願っています。

松本 太

[CONTENTS]

目次

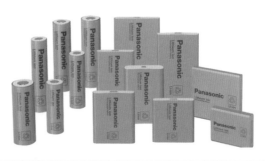

序 章 ◆ 電池とは

第１章 ◆ 化学と電気の基礎知識

[CONTENTS]
目次

第5章 ◆ 主要な一次電池

第6章 ◆ 鉛蓄電池

第7章 ◆ ニッケル系二次電池

第8章 ◆ ニッケル水素電池

第9章 ◆ リチウム系電池

第10章 ◆ リチウムイオン電池

第11章 ◆ 全固体電池

[CONTENTS]
目次

序 章

電池とは

電気エネルギーとその供給源

[電気エネルギーは現代の人間には欠かせない存在]

　電気はエネルギーの形態の1つだといえる。エネルギーにはほかにも運動、熱、光、化学などさまざまな形態のものがあるが、電気エネルギーのエネルギーとして優れている点は、他の形態のエネルギーに比較的簡単に変換できることだ。〈図01-01〉のようにモーターを使えば運動エネルギーに変換して電車を動かしたり、照明器具で光エネルギーに変換して周囲を明るくしたり、暖房器具や調理器具で熱エネルギーに変換して熱源にしたりできる。

　送配電線などを使って遠くへでも素早く送ることができるのもエネルギーとしての大きなメリットだ。電気の伝わるという性質は通信手段として利用することもできる。こうした電気信号の利用は、有線の通信や放送はもちろん、空間を伝わるエネルギーである電波も電気エネルギーの一種なので、無線の通信や放送も電気を通信手段として利用していることになる。また、電気信号を一時的に蓄えるなどの技術によって情報処理にも電気が利用されている。情報処理はコンピュータやスマートフォンばかりではない。現在では多くの機器が電子制御されているが、これらもすべて電気を利用した情報処理だ。

　エネルギーとしてはもちろん、現代では電気は人間の生活には欠かせない存在になっている。電気ネルギーの代表的な供給源には発電機と電池がある。

◆ 発電機と電池

　発電機とは電磁誘導作用を利用して運動エネルギーを電気エネルギーに変換する装置だ。商用電源の発電所の場合、火力発電所であれば、化石燃料などの化学エネルギーを燃焼で熱エネルギーに変換し、さらに蒸気タービンなどで運動エネルギーに変換して発電機で発電を行う。水力発電所であれば、ダムに蓄えられた水の位置エネルギーを運動エネルギーに変換して発電を行う。発電された電気エネルギーは、送配電線などで家庭や工場、商業施設などに送られる。こうした電気エネルギーを需要家に供給するための発電、変電、送電、配電を統合したシステムを電力系統という。また、携帯用や可搬式の発電装置や、病院や工場などに備えられる非常用発電装置では、化石燃料の化学エネルギーを内燃機関のエンジンなどで運動エネルギーに変換して発電機で発電が行われる。

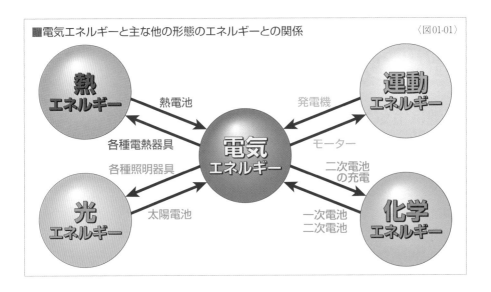

■電気エネルギーと主な他の形態のエネルギーとの関係　　　　　　　〈図01-01〉

熱エネルギー　　熱電池　　　発電機　　運動エネルギー

各種電熱器具　　　電気エネルギー　　モーター

各種照明器具　　　　　　　　　二次電池の充電

光エネルギー　　太陽電池　　一次電池二次電池　　化学エネルギー

　発電機から供給される電気は**交流**が基本であるといえる。直流発電機というものも存在するが、実際に発電されているのは交流で、内部で機械的に整流して直流が出力されている。なお、発電機と**モーター**は基本的には同じものであり、運動エネルギーと電気エネルギーを相互に変換できる。

　いっぽう、**電池**といえば単1や単3といった乾電池を思い浮かべる人が多いだろう。人によっては、スマートフォンなどに使われている繰り返し使用できる電池を思い浮かべるかもしれない。乾電池のような使い切りタイプの電池は**一次電池**、充電して繰り返し使用できる電池は**二次電池**といい、電気エネルギーの供給源として利用されている。

　ただし、一次電池や二次電池は電気エネルギーそのものを蓄えているわけではない。蓄えられているのは化学エネルギーだ。その化学エネルギーを電気エネルギーに変換して出力している。二次電池の場合は、充電の際に電気エネルギーが化学エネルギーに変換されて蓄えられる。

　発明された当初、電池は化学エネルギーを電気エネルギーに変換するものだったが、現在では化学エネルギーを電気エネルギーに変換するものだけが電池ではない。たとえば、**太陽電池**はその名称が示しているように電池の一種であり、**光エネルギー**を電気エネルギーに変換することができる。電池の種類は次節で説明するが、電池は何らかの形態のエネルギーを電気エネルギーに変換する**発電デバイス**や**エネルギー変換デバイス**だといえる。発電機が供給するのは交流が基本だが、**電池**が供給する電気は**直流**だ。

11

電池の種類

[電池は電気エネルギーを供給する発電デバイス]

　電池という用語に明確な定義があるわけではないが、何らかの形態のエネルギーを**電気エネルギー**に変換する**発電デバイス**や**エネルギー変換デバイス**と捉えらるべきものだ。電池にはさまざまな種類のものがあるが、現在の日本の社会一般では〈表02-01〉のように**化学電池**、**物理電池**、**生物電池**に大別することが多い。

◆ 化学電池

　化学電池は化学エネルギーを電気エネルギーに変換する**発電デバイス**だ。変換の際には化学反応が生じるが、電気エネルギーへの変換を伴う反応であるため**電気化学反応**という。電気化学反応には電気エネルギーから化学エネルギーへの変換を伴う反応も含まれる。化学電池は**一次電池**、**二次電池**、**燃料電池**に分類されるのが一般的だ。

　一次電池は単1や単3といった**乾電池**のような使い切りタイプの電池であり、あらかじめ内部に蓄えられた化学エネルギーが、電池を使用する際に電気エネルギーに変換される。化学エネルギーが使い尽くされれば電池の寿命だ。現在使われている一次電池には、**マンガン乾電池**、**アルカリ乾電池**、**酸化銀電池**、**空気電池**、**リチウム一次電池**などがある。

　二次電池は充電により繰り返し使用できる電池で**蓄電池**ともいう。世間一般では**充電池**ということもある。使用する際には内部の化学エネルギーが電気エネルギーに変換され、充電の際には外部から供給された電気エネルギーが化学エネルギーに変換される**蓄電デバイス**だ。二次電池が発明された当時は商用電源ではなく使い切りタイプの電池で充電が行われていたため、充電する側の電池を一次、充電される側の電池を二次と呼ぶようになった。現在使われている二次電池には、**鉛蓄電池**、**ニッケルカドミウム電池**、**ニッケル水素電池**、**リチウムイオン電池**、**リチウム二次電池**などのほか、身近な存在ではないが、**レドックスフロー電池**や**ナトリウム硫黄電池**といった二次電池も実用化されている。

　燃料電池は、外部から供給される化学エネルギーを電気エネルギーに変換する発電デバイスだ。供給される化学エネルギーを電池の燃料と見なしたことで燃料電池と呼ばれる。燃料という言葉は「燃やす材料」の意味だと考えることができるが、燃料電池では燃料を燃

やすわけではない。水素を燃料に使用するもののほか、分子に水素を含む液体やガスを使用する燃料電池などもある。燃料電池を使用するためには、燃料を蓄えておくタンクや、実際にエネルギー変換を行う部分に燃料を供給する装置などが必要になる。蓄えられた燃料を使い切るまで発電を続けることができ、燃料を補充すればさらに発電を続けられる。燃料電池は**燃料電池自動車**の電源として知られているが、家庭用をはじめとして小規模な発電システムとしても実用化されている。

◆ 物理電池と生物電池

　物理電池は化学反応をともなわずに**光エネルギー**や**熱エネルギー**などを電気エネルギーに変換する**発電デバイス**だ。代表的なものが**太陽電池**であり、**光起電力効果**を利用して光エネルギーを電気エネルギーに変換する。ほかにも、**熱電効果**を利用して熱エネルギーを電気エネルギーに変換する**熱電素子**を使った**熱電池**といったものもある。

　生物電池は**バイオ電池**ともいい、生物の機能を利用して化学エネルギーを電気エネルギーに変換する発電デバイスだ。酵素による触媒反応で生成した化学物質の反応を利用する**酵素電池**や、微生物の生命活動で発生した化学物質の反応を利用する**微生物電池**、植物や細菌などの光合成で生成した化学物質の反応を利用する**生物太陽電池**など、実用化に向けてさまざまな生物電池の研究開発が続いている。利用する化学反応が**化学電池**とは異なる部分もあるが、化学反応を利用しているので広い意味では生物電池は化学電池の一種だともいえる。

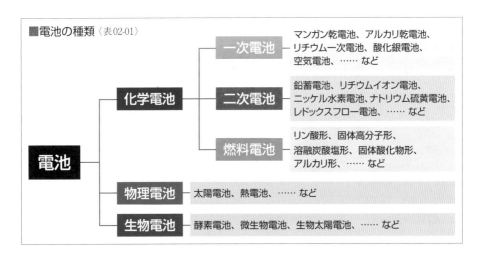

■電池の種類〈表02-01〉

電池			
化学電池	一次電池		マンガン乾電池、アルカリ乾電池、リチウム一次電池、酸化銀電池、空気電池、…… など
	二次電池		鉛蓄電池、リチウムイオン電池、ニッケル水素電池、ナトリウム硫黄電池、レドックスフロー電池、…… など
	燃料電池		リン酸形、固体高分子形、溶融炭酸塩形、固体酸化物形、アルカリ形、…… など
物理電池			太陽電池、熱電池、…… など
生物電池			酵素電池、微生物電池、生物太陽電池、…… など

13

◆ 電池とセルとバッテリー

　先に説明したように、「電池」という用語に明確な定義はない。しかし、「電気を蓄えている池」と思ってしまうことは日本人には普通の感覚だろう。そのため、**太陽電池**や**燃料電池**がどういうものかを知ると、エネルギーを蓄えていないのに電池の一種だということに違和感を覚える人もいるはずだ（参考〈写真02-02〜03〉）。

　そもそも「電池」という言葉は19世紀に中国で生み出された漢字表記が、そのまま日本でも使われるようになったとされている。当時の中国に伝来した電池は液体に2つの金属を入れたものであったため、その液体の容器を「池」に見なして名づけたともいわれているが、「電気を蓄えている池」をイメージして名づけられたという説もある。この説であれば、日本人の「電池」という文字に対する感覚と同じだ。

　いっぽう、電池の英訳には"cell"という言葉がある。フランス語では"cellule"、イタリア語では"cella"、ドイツ語では"zelle"なので、同様の語源であるといえる。ここでは馴染みの深い人が多い英語で説明すると、現在は"cell"だけで「電池」を意味するが、元々は"electrochemical cell"といった。"electrochemical"は「電気化学」、"cell"は「小部屋」や「細胞」の意味なので、合わせて「**電気化学反応**を起こす小部屋」ということになる。なお、**電気化学セル**という用語は、化学電池ばかりでなく電気分解やめっきなど電気化学に関連する分野では現在も使われている。

　電池が一般に広がるにつれて略して単に"cell"と呼ばれるようになっていった。外部から**化学エネルギー**を供給し続けることで電気化学反応によって発電を続けるデバイスが発明

■**大規模太陽光発電**　　　　　　　　　　　　　　　　　　　　　　〈写真02-02〉

再生可能エネルギーによる発電が必須になっている現在、大規模な太陽光発電システムが世界各地に誕生している。

■燃料電池自動車の燃料電池スタック

燃料電池自動車に使われる燃料電池は、多数の
セル（電池の最小単位）が積み重ねられた構造に
なっているので、燃料電池スタックと呼ばれる。

〈写真02-03〉　　　＊トヨタ

されると、「燃料」を意味する"fuel"を付け加えて"fuel cell"と名付けられた。これを直訳したものが「燃料電池」だ。燃料電池の場合は、一次電池や二次電池と同じく電気化学反応を利用しているため"electrochemical cell"の一種ではある。

　さらに、太陽光によって発電する半導体デバイスが発明されると、「太陽の」を意味する"solar"を付け加えて"solar cell"と名付けられた。これを直訳したものが「太陽電池」だ。しかし、太陽電池の場合は電気化学反応を利用していない。この時点ではすでに"electrochemical"は忘れられ、"cell"単独で「発電する小部屋」といった感じの意味になっていたわけだ。この"cell"の和訳が「電池」なので、「電池」は「発電デバイス」や「エネルギー変換デバイス」と考えるのが妥当ということになる。

　ちなみに、「電池」の英訳には"battery"という言葉もある。古いフランス語の「砲撃」を意味する言葉が語源であり、電気の放電が砲撃に似ていることから「電池」を意味するようになったという説や、"a battery of"に「多くの」や「一続きの」の意味があり、初期の電池では多数を直列につないで実験していたことから「電池」を意味するようになったといった説などがあるようだ。つまり、"battery"にも「電気を蓄える」といった意味は含まれていない。

　なお、英語圏では"battery"は一次電池と二次電池に対して使われるのが一般的で、他の種類の電池を"battery"と呼ぶことは少ない。ちなみに、"battery"と"cell"の関係については、"battery"は1つまたは複数の"cell"で構成される電力源と説明されていることが多い。つまり、"battery"とはそのまま使用できる電源のことであり、"cell"は構成要素ということだ。

　日本でも、電気化学の分野では電池の最少構成単位を「**セル**」というが、一般社会ではあまり使われない。いっぽう、「**バッテリー**」は「電池」と同じ意味で一般に使われている。

化学電池の過去、現在、未来

［化学電池は人類にとって必要不可欠なものになっている］

　化学電池は21世紀を生きる人類にとって必要不可欠なものだ。スマートフォンをはじめとするさまざまな電子機器の電源として使われ、社会や生活を豊かにしてくれるばかりではない。脱炭素社会の実現にも重要な役割を果たすことになる。

◆ 化学電池の誕生から20世紀半ばまで

　19世紀中頃まで化学電池は唯一の安定した電源だった。1800年にボルタによって電池が発明されるとすぐに、物理や化学の実験に利用されるようになり、電気分解や電気めっきに使われるようになった。以降、さまざまな化学電池が発明されて電池の実用性が高まっていった。しかし、19世紀後半に発電機が発明されて電源として活用されるようになり、20世紀に入って商用電源の電力網が整備されてくると、化学電池の用途は狭くなっていった。

　20世紀前半の一次電池の用途は限られたものだったが、20世紀半ばになるとトランジスタラジオや電気シェーバーが発明され、一次電池の用途は広がっていった。1960年代になるとアルカリ乾電池の市販が始まり、マンガン乾電池も高性能化される。また、1970年代からは酸化銀電池、アルカリボタン電池、空気電池、リチウム一次電池などのボタン電池やコイン電池の普及が進んでいった。この時期はちょうど半導体産業が発展していく時期とも重なっていて、腕時計や電卓、携帯用ゲーム機などに使われるようになった。現在でもさまざまな小型の電子機器の電源に各種の一次電池が使われている。

■スマートフォンのリチウムイオン電池 　　　　　〈写真03-01〉

スマートフォンの電源には二次電池であるリチウムイオン電池が使われているのが一般的だ。使用時間が長いと、フル充電しても1日もたないという人もいるので、大容量のバッテリーを望む声も多い。

＊Auguras Pipiras/Unsplash

■電気自動車のリチウムイオン電池
電気自動車には大量のリチウムイオン電池が搭載されている。居住性や構造面などから床面に搭載されることが多い。

〈写真03-02〉

＊BMW

◆20世紀後半から21世紀の二次電池

　非常に優秀な**二次電池**である**鉛蓄電池**は1859年にその原形が発明されている。それが現在まで長く使われ続けている。1920年代にガソリンエンジンの始動用電源として自動車に搭載されるようになり、現在でもエンジン自動車やハイブリッド自動車に使われている。

　二次電池の状況が大きく変化したのは1960年代だ。1899年に発明された**ニッケルカドミウム電池**は実用的なものではなかったが、長年の改良によって使い勝手のよい二次電池として日本では1960年代に広く普及した。乾電池同様に手軽に扱えるようになったニッケルカドミウム電池は、電動工具や掃除機、コードレス電話などさまざまな機器のコードレス化を実現した。ノートパソコンの実用化はニッケルカドミウム電池が存在したからだといえる。

　1990年代に入ると**ニッケル水素電池**と**リチウムイオン電池**が相次いで開発された。これらの二次電池によって携帯電話や携帯情報端末が実用化され、各種の携帯用電子機器が開発された。当初は多くの機器がニッケルカドミウム電池からニッケル水素電池へと移行したが、現在ではリチウムイオン電池が主流になっている。21世紀に入ると携帯音楽プレーヤーやタブレットが使われるようになり、2007年以降は〈写真03-01〉のようなスマートフォンが世界的に普及した。今では携帯用電子機器やコードレス機器が当たり前のように使われている。

　小型軽量の機器以外にも二次電池の用途は広がっていった。1998年にはニッケル水素電池を採用したハイブリッド自動車の市販が開始され、石油価格高騰を受けた燃費向上や二酸化炭素排出量削減といった社会的要求を背景に、ハイブリッド自動車は広く普及していった。現在ではリチウムイオン電池を採用するハイブリッド自動車が多い。2010年代が近づくと、リチウムイオン電池を採用した〈写真03-02〉のような電気自動車の市販が本格的に開始された。脱炭素社会を目指して各国が電気自動車の普及を目指している。

◆ 脱炭素社会における化学電池

脱炭素社会を目指すためには、太陽光発電や風力発電といった再生可能エネルギー発電を増やす必要がある。こうした発電は環境に優しいものだが、季節や時間帯、天候などによって発電量が変動する。いっぽう、電力の需要もさまざまな条件によって変動する。需要と供給双方の変動を吸収して最適な需給を保つためには一時的に電力を貯蔵する必要があり、この分野でも**二次電池**に注目が集まっている。

電力貯蔵用電池の開発は20世紀から始まっていて、21世紀に入ると**レドックスフロー電池とナトリウム硫黄電池**が相次いで実用化されている。家庭用など小規模な蓄電による分散形の電力貯蔵ではニッケル水素電池やリチウムイオン電池などの応用も考えられている。分散形の電力供給源として**燃料電池**にも期待がかけられている。将来的には電力の供給側と需要側のすべての情報をネットワークで管理し、安定した電力供給を行う**スマートグリット**の実現が目指されている。

下に掲載した〈表03-03〉は、経済産業省が2021年にまとめた「蓄電池産業の現状と課題について」という資料に示されたものだ。小型民生用は小型の電子機器や電動工具のように人間が身近で使用する機器に使用されるものであり、車載用は電気自動車やハイブリッド自動車、燃料電池自動車に搭載されるもの、定置用は電力貯蔵用などに使われるものだ。いずれの用途でも需要が増加の一途をたどると見込まれている。こうした状況を受け、既存の二次電池の性能向上はもちろん、次世代二次電池の研究開発が続けられている。

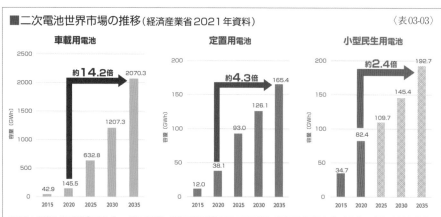

■二次電池世界市場の推移（経済産業省2021年資料）　　　　　　　　　　　　〈表03-03〉

※出典 ●車載用: 富士経済「エネルギー・大型二次電池・材料の将来展望2021 -電動自動車・車載電池分野編-」、「エネルギー・大型二次電池・材料の将来展望2016 -次世代環境自動車分野編-」 ●定置用: 富士経済「エネルギー・大型二次電池・材料の将来展望2021 -ESS・定置用蓄電池分野編-」、「エネルギー・大型二次電池・材料の将来展望2016 -動力・電力貯蔵・家庭分野編-」 ●小型民生用: 富士経済「2020電池関連市場実態総調査＜上巻・電池セル市場編＞」一部、2018-2024（予測）の年平均成長率から経産省試算

第1章

化学と電気の基礎知識

元素と原子

［すべての物質は元素でできている］

　化学電池で生じる電気化学反応を知るためには、化学や電気の基礎知識が必要になる。そのため本章では、関連する化学や電気の基礎知識を説明する。

　身の回りにあるすべての物質は約90種類の元素でできている。物質を構成する最小単位が元素だといえる。金属も元素でできているし、酸素も元素でできている。こうした物質には、〈表01-01〉のように1種類の物質で構成されている純物質と、2種類以上の物質で構成されている混合物がある。純物質には、1種類の元素からできている単体と、2種類以上の元素からできている化合物がある。鉄は単体であるし、酸素も単体だ。いっぽう、水は水素と酸素の化合物である。

　こうした元素の実際の姿を原子という。元素という用語と原子という用語は似ているが、元素は性質などを示す抽象的概念であり、原子は物質を構成する具体的な要素であると説明される。わかりやすい例で説明すると、原子は1個、2個…と個数を数えることができるが、元素を1個、2個…と数えることはない。元素は1種類、2種類…と数えるべきものだ。

　元素の種類は元素記号で表すことができる。アルファベット1文字か2文字で示される。たとえば、鉄の元素記号は Fe であり、酸素の元素記号は O だ。この元素記号は、原子や化合物を表す際にも用いられる。たとえば、酸素の分子は O_2 であり、水の分子は H_2O である。ちなみに、分子とは複数個の原子が結合したもので、その物質の化学的性質を失わない最小の構成単位だ。

■物質の分類　　　　　　　　　　　　　　　　　　　　　　　　　　　　〈表01-01〉

　　　　　　　　　　　　単体：1種類の元素からできている物質
　　　　　　　　　　　　　　　鉄 F、銅 Cu、酸素 O_2、水素 H_2 など
　　　　　　　純物質
　　物質　　　　　　　　　化合物：2種類以上の元素からできている物質
　　　　　　　　　　　　　　　　水 H_2O、塩化ナトリウム NaCl、二酸化炭素 CO_2 など

　　　　　　　混合物：2種類以上の純物質が混ざっているもの
　　　　　　　　　　空気、海水、塩酸など（塩酸は塩化水素 HCl を水 H_2O に溶かしたもの）

◆原子と電荷

　原子は〈図01-02〉のように**陽子**、**中性子**、**電子**という3種類の粒子でできている。原子の中心には陽子と中性子で構成される**原子核**があり、その周囲に電子が存在する。陽子と電子の数は等しく、それぞれの元素に固有のものだ。その数を**原子番号**という。中性子の数は元素の種類によっては異なっていることがある。こうした同じ元素なのに中性子の数が異なっているものを**同位体**という。陽子の数と中性子の数の和は、その原子の重さを決定するため、**質量数**という。電子も存在しているが、陽子や中性子に比べると非常に軽いため、無視することができる。同位体の場合、原子番号が同じ元素だが、中性子の数が異なるため、質量数が異なる。原子は**元素記号**で表すことができるが、原子番号や質量数まで明確に示したい場合には、記号の左下に原子番号を、左上に質量数を表示する。たとえば、原子番号が6で質量数が12の炭素であれば $^{12}_{6}C$ と表記する。

　粒子のもつ電気的な性質を**電荷**という。電荷にはプラス（正）とマイナス（負）の**極性**があり、それぞれ**プラスの電荷**（**正電荷**）と**マイナスの電荷**（**負電荷**）という。プラスの電荷とマイナスの電荷の量が同じであれば、打ち消しあって**電気的に中性**な状態になる。また、電荷には異なる極性同士は引きあい、同じ極性同士は反発しあうという性質がある。この吸引力や反発力を**静電気力**や**クーロン力**という。

　原子を構成する粒子のうち、中性子は電気的に中性だが、陽子はプラスの電荷をもち、電子はマイナスの電荷をもっている。陽子と電子の電荷の量は、プラスとマイナスの違いはあるが同じ量になっている。原子の陽子の数と電子の数は同じであるため、打ち消しあうことになり、原子全体では電気的に中性な状態になっている。

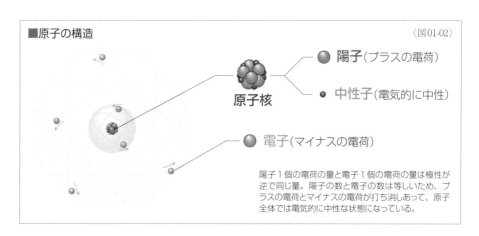

■原子の構造　　　　　　　　　　　　　　　　　　　　　　　〈図01-02〉

- **陽子**（プラスの電荷）
- **中性子**（電気的に中性）
- **原子核**
- **電子**（マイナスの電荷）

陽子1個の電荷の量と電子1個の電荷の量は極性が逆で同じ量。陽子の数と電子の数は等しいため、プラスの電荷とマイナスの電荷が打ち消しあって、原子全体では電気的に中性な状態になっている。

◆ 電子配置と価電子

電子は**原子核**の周囲に存在するが、どんな場所にでも存在できるわけではない。電子の存在する位置を**電子配置**というが、その仕組みは非常に複雑で限られたページ数のなかで説明するのは難しい。そのため、ここでは化学の基礎を理解しやすくするために考えられた高校化学のレベルで説明する。本書を読み進めていくうえではこのレベルの知識で十分だが、電子配置をさらに詳しく知りたくなった人は自分で調べてみるといい。

原子核の周囲の電子の位置できる場所を**電子殻**といい、〈図01-03〉のように原子核を中心とした球殻状になっている。電子の数によっては何層もの電子殻があり、内側から順に**K殻、L殻、M殻、N殻**…という。電子は原則として原子核に近い電子殻に収まろうとする性質があるが、1つの電子殻に収容できる電子の最大数が決まっていて、電子の数が最大数を超えると、外側の電子殻を使うようになる。これが電子配置の基本のルールだ。内側からn番目の電子殻には最大$2n^2$個の電子が入ることができる。つまり、各電子殻の電子の最大数はK殻から順に、2個、8個、18個、32個…になる。

電子が入った電子殻のうちもっとも外側のものを**最外電子殻**や**最外殻**という。この最外殻に入る電子、つまり**最外殻電子**は最大8個というルールもある。たとえば、カリウムは原子番号19なので電子は19個ある。K殻に2個、L殻に8個入り、残りは9個だ。M殻の電子

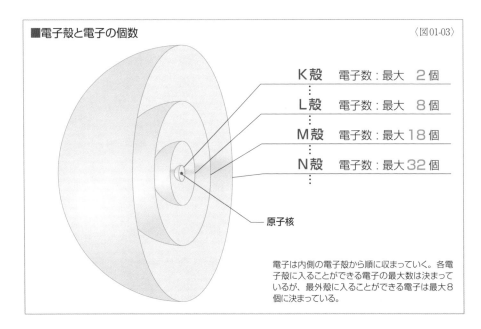

■電子殻と電子の個数　　　　　　　　　　　　　　　　　〈図01-03〉

K殻　電子数：最大　2個

L殻　電子数：最大　8個

M殻　電子数：最大18個

N殻　電子数：最大32個

原子核

電子は内側の電子殻から順に収まっていく。各電子殻に入ることができる電子の最大数は決まっているが、最外殻に入ることができる電子は最大8個に決まっている。

の最大数は18個なので9個が入りそうだが、最外電子殻の電子は8個を超えられないので、M殻に8個入り、N殻に1個入る。このほかにも電子配置のルールはあるが、まずは覚えておきたいのがこの2つのルールだ。なお、電子は球殻状の電子殻に立体的に配置しているが、紙面など二次元に電子配置を表現する場合は、電子殻を同心円として描くのが一般的だ。

最外殻電子は**原子**のもっとも外側にあり、外界に接することになるので、最外殻電子の数が原子の性格に大きな影響を与える。また、化学反応でも重要な役割を果たす。最外殻電子が8個の状態を**閉殻**といい、化学的にもっとも安定している。いっぽう、最外殻が閉殻していない状態は**開殻**という。ただし、K殻しかない元素の場合は、最外殻電子が2個の場合がもっとも安定する閉殻だ。

化学反応を考えるうえでは、最外殻に入っている電子を**価電子**という。最外殻電子が1〜7個の場合は、それぞれ**価電子数**を1〜7と表現するが、最外殻電子が8個（K殻しかない元素の場合は2個）、つまり閉殻の場合は価電子数を0とする。

◆電子対

最外殻電子は2個で1組になりやすい。この対になっているものを**電子対**という。電子対は化学的に安定していて、化学反応にあまり関与しない。対になっていないものを**不対電子**という。価電子数0の原子は、電子対が4組でもっとも安定している。

電子対は安定した状態であるが、実際には可能な限り電子対が生じないように電子が配置している。価電子数が1〜4の場合は、すべての価電子が不対電子の状態にある。価電子数が5であれば、1組だけが電子対になり、残り3個が不対電子になる。価電子数が6なら、電子対が2組と不対電子が2個になる。

元素記号を利用して、こうした価電子の状態を表したものを**電子式**という。記号の上下左右の4カ所に電子対もしくは不対電子を表示するのが基本になっている。たとえば、価電子が4個の炭素 C、5個の窒素 N、6個の酸素 O、7個のフッ素 F の場合は、以下の〈式01-04〉ようになる。ただし、原子同士が結びついた状態を示す場合には上下左右の4カ所を使うとは限らない（P32〜33参照）。

■電子式

炭素　　　　　窒素　　　　　酸素　　　　　フッ素　　　〈式01-04〉

電子対
不対電子

周期表

[原子番号順に並べた元素の性質には周期性がある]

　元素を原子番号の順に並べていくと、周期的に性質が変化する。これを元素の**周期律**という。周期律を表しやすいように、元素を原子番号順に並べた〈表02-01〉を**元素周期表**や単に**周期表**という。周期表の横の並びを**周期**、縦の並びを**族**という。周期は上から順に第1周期、第2周期…といい、族は左から順に1族、2族…という。第1周期の元素は**最外殻**がK殻、第2周期の元素は最外殻がL殻というように周期によって最外殻が異なる。

◆ 典型元素と遷移元素

　すべての**元素**は**典型元素**と**遷移元素**に大別される。この分類は周期表の**族**ごとに決まっている。1族、2族、12〜18族の元素を典型元素という。典型元素は原子番号が大きくなるにしたがって**価電子**の数が周期的に変化するという典型的な元素である。族が同じである同族元素は、価電子の数が同じであるため、性質が類似している。また、典型元素は族の番号の下1桁と**最外殻電子**の数が一致する。

■周期表

周期＼族	1	2	3	4	5	6	7	8	9
1	1 **H** 水素		☐:典型非金属元素　　☐:典型金属元素　　☐:遷移金属元素						
2	3 **Li** リチウム	4 **Be** ベリリウム							
3	11 **Na** ナトリウム	12 **Mg** マグネシウム							
4	19 **K** カリウム	20 **Ca** カルシウム	21 **Sc** スカンジウム	22 **Ti** チタン	23 **V** バナジウム	24 **Cr** クロム	25 **Mn** マンガン	26 **Fe** 鉄	27 **Co** コバルト
5	37 **Rb** ルビジウム	38 **Sr** ストロンチウム	39 **Y** イットリウム	40 **Zr** ジルコニウム	41 **Nb** ニオブ	42 **Mo** モリブデン	43 **Tc** テクネチウム	44 **Ru** ルテニウム	45 **Rh** ロジウム
6	55 **Cs** セシウム	56 **Ba** バリウム	57〜71 ランタノイド↓	72 **Hf** ハフニウム	73 **Ta** タンタル	74 **W** タングステン	75 **Re** レニウム	76 **Os** オスミウム	77 **Ir** イリジウム
7	87 **Fr** フランシウム	88 **Ra** ラジウム	89〜103 アクチノイド↓	104 **Rf** ラザホージウム	105 **Db** ドブニウム	106 **Sg** シーボーギウム	107 **Bh** ボーリウム	108 **Hs** ハッシウム	109 **Mt** マイトネリウム
			ランタノイド ➡	57 **La** ランタン	58 **Ce** セリウム	59 **Pr** プラセオジム	60 **Nd** ネオジム	61 **Pm** プロメチウム	62 **Sm** サマリウム
			アクチノイド ➡	89 **Ac** アクチニウム	90 **Th** トリウム	91 **Pa** プロトアクチニウム	92 **U** ウラン	93 **Np** ネプツニウム	94 **Pu** プルトニウム

いっぽう、3〜11族の元素は遷移元素という。非典型元素ということもある。遷移元素は原子番号と価電子の数に一定の関係はなく、価電子の数が1〜2の元素が多い。遷移元素は、同じ族より、同じ周期のほうが似た性質を示す。原子番号の順に見ると、類似した性質のまま少しずつ性質が移り変わっていくため遷移の名称がつけられている。

◆ 金属元素と非金属元素

　元素の分類方法には、金属元素と非金属元素というものもある。さまざまな考え方があるが、一般的には下の周期表のピンク色の部分の元素が非金属元素に分類され、それ以外が金属元素に分類される。金属元素とは単体で金属の性質をもつもので、その性質をまとめると、展延性、電気伝導性、熱伝導性、金属光沢を備えた常温では固体である物質ということになる。金属の種類によって展延性や電気伝導性、熱伝導性に大小があり、水銀のように常温では液体になる例外もある。1種類の金属元素による単体の物質を純金属という。いっぽう、2種類以上の金属元素で構成されるもの、もしくは金属元素と非金属元素で構成されるもので、金属の性質を備えるものを合金という。

　金属元素のうち3〜11族の元素を遷移金属元素という。つまり、遷移元素はすべて金属元素だ。遷移金属元素以外の金属元素は典型金属元素という。また、非金属元素は典型非金属元素ともいう。

〈表02-01〉

10	11	12	13	14	15	16	17	18	族／周期
								2 He ヘリウム	1
			5 B ホウ素	6 C 炭素	7 N 窒素	8 O 酸素	9 F フッ素	10 Ne ネオン	2
			13 Al アルミニウム	14 Si ケイ素	15 P リン	16 S 硫黄	17 Cl 塩素	18 Ar アルゴン	3
28 Ni ニッケル	29 Cu 銅	30 Zn 亜鉛	31 Ga ガリウム	32 Ge ゲルマニウム	33 As ヒ素	34 Se セレン	35 Br 臭素	36 Kr クリプトン	4
46 Pd パラジウム	47 Ag 銀	48 Cd カドミウム	49 In インジウム	50 Sn スズ	51 Sb アンチモン	52 Te テルル	53 I ヨウ素	54 Xe キセノン	5
78 Pt 白金	79 Au 金	80 Hg 水銀	81 Tl タリウム	82 Pb 鉛	83 Bi ビスマス	84 Po ポロニウム	85 At アスタチン	86 Rn ラドン	6
110 Ds ダームスタチウム	111 Rg レントゲニウム					※原子番号112番以降省略			7
63 Eu ユウロピウム	64 Gd ガドリニウム	65 Tb テルビウム	66 Dy ジスプロシウム	67 Ho ホルミウム	68 Er エルビウム	69 Tm ツリウム	70 Yb イッテルビウム	71 Lu ルテチウム	
95 Am アメリシウム	96 Cm キュリウム	97 Bk バークリウム	98 Cf カリホルニウム	99 Es アインスタイニウム	100 Fm フェルミウム	101 Md メンデレビウム	102 No ノーベリウム	103 Lr ローレシウム	

イオン

［電子が欠損したり過剰になったりした原子をイオンという］

　原子は最外殻が閉殻だと安定しているが、価電子数が0である18族以外の元素はすべて原子1個では不安定な状態にあるといえる。そのため、条件が整えばすぐにでも電子を放出したり取り込んだりして最外殻を閉殻させ、安定しようとする。このようにして本来の状態より電子が欠損したり過剰になった原子をイオンといい、原子がイオンになることをイオン化や電離という。イオン化の際には複数個の電子が放出されることもあれば取り込まれることもある。

　また、複数の原子で構成される原子団がイオンになることもある。1個の原子からなるイオンを単原子イオン、原子団からなるイオンを多原子イオンという。

◆イオン化

　原子は電気的に中性な状態だが、マイナスの電荷をもっている電子を放出すると、プラスの電荷をもっている陽子の数のほうが多くなるため、イオン全体ではプラスの電荷をもっていることになる。こうした電子を放出した原子や原子団を陽イオンまたはカチオンという。

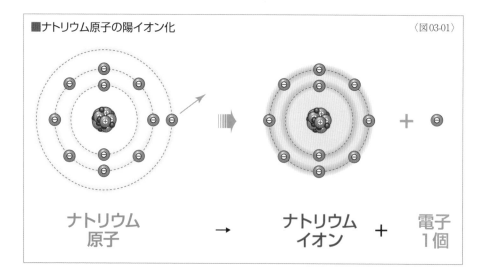

■ナトリウム原子の陽イオン化　　　　　　　　　　　　〈図03-01〉

ナトリウム原子　→　ナトリウムイオン　＋　電子1個

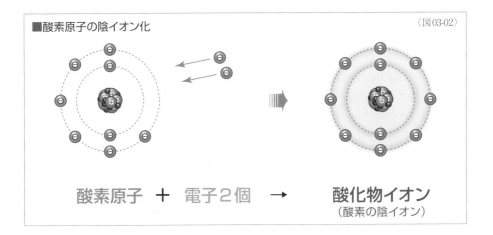

■酸素原子の陰イオン化　　　　　　　　　　　　　　　　　　　　　　　〈図03-02〉

酸素原子　＋　電子2個　→　酸化物イオン
（酸素の陰イオン）

　いっぽう、電子を取り込んだ原子や原子団を**陰イオン**または**アニオン**という。マイナスの電荷をもつ電子を取り込むことで、プラスの電荷をもつ陽子の数のほうが少なくなるため、陰イオン全体ではマイナスの電荷をもっていることになる。

　一般的に、**価電子数**が1〜3の原子は電子を放出して陽イオンになりやすく、価電子数が5〜7の原子は、電子を取り込んで陰イオンになりやすい。価電子が4個の原子の場合は、基本的にイオンになりにくい。

　たとえば、〈図03-01〉のように原子番号11のナトリウム Na は M 殻が最外殻であり、価電子は1個だ。この1個の電子を放出すると、L 殻が閉殻の最外殻になるので安定する。イオンの表記方法や名称については次の見開きで説明するが、電子を1個放出したナトリウム原子は、ナトリウムイオン Na^+ という陽イオンになる。原子番号12のマグネシウム Mg も M 殻が最外殻だが、価電子は2個だ。この場合、2個の価電子を放出すると、L 殻が閉殻の最外殻になるので安定する。電子を2個放出したマグネシウム原子は、マグネシウムイオン Mg^{2+} という陽イオンになる。

　いっぽう、〈図03-02〉のように原子番号8の酸素 O は最外殻のL殻にある価電子は6個だ。ここに2個の電子を取り込めば、L 殻が閉殻して安定する。電子を2個取り込んだ酸素原子は酸化物イオン O^{2-} という酸素の陰イオンになる。

　ナトリウムイオン Na^+ と酸化物イオン O^{2-} は、電子だけを見ればネオン Ne と同じ電子配置になっている。ほかにも、フッ化物イオン F^- やマグネシウムイオン Mg^{2+} も同じ電子配置になる。しかし、これらすべてが同じ物になっているわけではない。それぞれに原子核の陽子の数が異なっているので、全体として考えると電荷の状態が異なっている。

◆ 価数

陽子と電子の電荷の量は、プラスとマイナスの違いはあるが同じ大きさだ。そのため、電子1個の電荷の量と、電子1個を放出した陽イオンの電荷の量は、プラスとマイナスの違いはあるが同じ大きさになる。この電子1個の電荷の量の絶対値を、価数またはイオン価という。電子を1個放出したイオンであれば1価の陽イオンといい、電子を2個放出したイオンであれば2価の陽イオンという。いっぽう、電子1個の電荷の量の絶対値が1価なので、もともとは電気的に中性な原子が電子を1個取り込んだイオンは、1価の陰イオンという。取り込んだ電子が2個であれば、2価の陰イオンだ。

イオンを化学式で表す場合はイオン式を使う。イオン式では、元素記号の右上に添字として価数と、陽イオンは「＋」の記号、陰イオンは「－」の記号を加える。ただし、1価の場合は価数を表示せず記号だけを表示する。また、化学式で電子を表現する場合は［e^-］が使われる。先に電子配置の図で説明したナトリウム原子の陽イオン化と酸素原子の陰イオン化を化学式で表現すると〈式03-03～04〉のようになる。

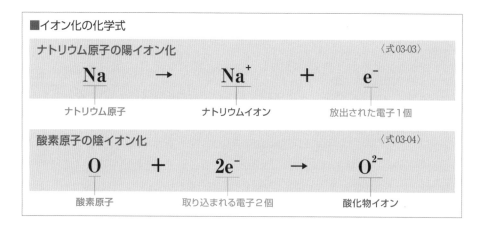

■イオン化の化学式

ナトリウム原子の陽イオン化 〈式03-03〉

$$Na \rightarrow Na^+ + e^-$$

ナトリウム原子　　　ナトリウムイオン　　　放出された電子1個

酸素原子の陰イオン化 〈式03-04〉

$$O + 2e^- \rightarrow O^{2-}$$

酸素原子　　　取り込まれる電子2個　　　酸化物イオン

◆ 陽イオンと陰イオン

一般的に、金属元素は電子を放出して陽イオンになりやすく、非金属元素は電子を取り込んで陰イオンになりやすい。このどちらのイオンになるかが、化学反応では重要な意味をもつ。なお、水素は例外で、非金属元素だが陽イオンにもなる。

また、典型元素の場合は族によって何価のイオンになるかがわかるものがほとんどだ。典型元素は族の番号の下1桁と最外殻電子の数が一致しているので、1族は1価の陽イオン、

2族と12族は2価の陽イオン、13族は3価の陽イオン、15族は3価の陰イオン、16族は2価の陰イオン、17族は1価の陰イオンになりやすい。**価電子数**が4である14族は基本的にはイオンにならない。

いっぽう、**遷移元素**は電子配置が複雑であるため、周期表からイオンになったときの価数を読み取ることは難しい。イオン化すると1価の陽イオンか2価の陽イオンになるものが多いが、3価の陽イオンになるものもある。また、同じ元素が異なる価数の陽イオンになることもある。たとえば、銅 Cu は、1価の銅イオン Cu^+ になることもあれば、2価の銅イオン Cu^{2+} になることもある。鉄イオンには2価の鉄イオン Fe^{2+} と3価の鉄イオン Fe^{3+} がある。

多原子イオンの価数は、構成するすべての原子の価電子数によって決まる。価電子数の合計を求め、もっとも近い8の倍数にするためには何個の電子を放出するか取り込むかを考えればいい。たとえば、窒素原子 N 1個、酸素原子 O 3個で構成される硝酸イオンであれば、窒素の価電子は5個、酸素の価電子は6個なので、合計は $5+6×3=23$ になる。23にもっとも近い8の倍数は24なので、1個の電子を取り込めばイオンになる。つまり、硝酸イオンは1価の陰イオン NO_3^- になる。窒素原子 N 1個、水素原子 H 4個で構成されるアンモニウムイオンであれば、価電子の合計は $5+1×4=9$ になる。9にもっとも近い8の倍数は8なので、1個の電子を放出すれば、1価の陽イオン NH_4^+ になる。

◆ イオンの名称

イオンの名称は、**陽イオン**と**陰イオン**で命名法が異なる。陽イオンの場合は、元素の名称に「イオン」を付け加えるだけでよい。たとえば、ナトリウム Na が1価の陽イオンになったのであればナトリウムイオン Na^+、亜鉛 Zn が2価の陽イオンになったのであれば亜鉛イオン Zn^{2+} だ。

いっぽう、陰イオンの場合は元素の名称から「**素**」の文字を取ったうえで「**〜化物イオン**」とする。たとえば、塩素 Cl が1価の陰イオンになったのであれば塩化物イオン Cl^-、酸素 O が2価の陰イオンになったのであれば酸化物イオン O^{2-} だ。

これがイオンの命名法の基本ルールだが、実際にはさまざまな例外もある。たとえば、最初から元素の名称に「素」が含まれていない硫黄 S は硫化物イオン S^{2-} になる。

多原子イオンの命名法は複雑なので本書では説明しないが、酸素原子1個と水素原子1個で構成される水酸化物イオン OH^- のほか、硝酸イオン NO_3^-、硫酸イオン SO_4^{2-}、炭酸イオン CO_3^{2-}、炭酸水素イオン HCO_3^- などといったものがある。

化学結合

［元素の種類によって結合方法が異なる］

　化合物は2種類以上の元素が結びついたものだ。単体でも同じ元素同士が結合した状態で存在する物質もある。こうした際の原子同士の結びつきを化学結合という。単に結合ということも多い。もっとも基本的な化学結合には、金属結合、共有結合、イオン結合の3種類がある。どの結合方法になるかは、結びつく元素が金属元素であるか非金属元素であるかによってある程度は決まる。もちろん例外も存在するが、〈表04-01〉で示した3種類の結合がわかれば、化学反応の基本は理解することができる。なお、共有結合でできた分子同士の間に働く結合もある。分子間に働く結合は分子間力といい、一般的に原子間に働く結合より弱い。

■化学結合の種類と結合する元素の種類　　　　　　　　　　　　　　　　〈表04-01〉

金属元素 ＋ 金属元素	→	金属結合
非金属元素 ＋ 非金属元素	→	共有結合
金属元素 ＋ 非金属元素	→	イオン結合

◆ 金属結合

　金属元素同士の結合は金属結合になる。金属元素の原子は陽イオンになりやすい。金属の原子が多数で結合するときは、それぞれの原子が電子を放出して陽イオンになる。陽イオン同士は静電気力（クーロン力）によって反発しあうので直接は結びつくことができないが、重なりあうことですべての原子の電子殻がつながった状態になり、電子が陽イオンの間を自由に動き回り、これらの間に働く静電気力によって陽イオンが規則正しく配列する。こうした金属元素の結合を金属結合といい、放出されて自由に動き回る価電子を自由電子という。

　たとえば、金属元素であるナトリウムの原子 Na は電子を1個放出すると、陽イオンであるナトリウムイオン Na^+ になる（P26〈図03-01〉参照）。このナトリウムイオンが〈図04-02〉のように整然と配列し、放出された電子が自由電子として周囲を自由に動き回っている。自由電子は自由に動き回っているが、特定の場所に偏ることはなく、均一に分布している。

◆金属結晶

　金属結合した金属元素を**金属結晶**という。金属結晶は、陽イオンと自由電子で構成されていることになる。「一様な密度の自由電子の海に陽イオンが浮かんでいるような状態」と表現されることもある。**プラスの電荷**をもつ陽イオンと、**マイナスの電荷**をもつ自由電子で構成される金属結晶だが、全体でみれば**電気的に中性**な状態だ。

　金属の多くが電気を流すことができるのは、内部に自由電子が存在するためだ（P45参照）。電流が流れている状態では、すべての自由電子が一定方向に移動する。化学電池の反応にも自由電子は不可欠な存在だといえる。

　金属結晶の場合、理論的にはそこに存在している原子のすべてが整然と配列する。こうした構造であるため、どの原子とどの原子が結びついているかを特定できず、何個の原子が結合するかもわからない。そのため、金属結合した単体の金属を**化学式**で表す際には**元素記号**だけを表記する。たとえば、鉄の金属結晶の化学式は Fe になる。こうした表記は、イオン結合している物質を表す際に用いる**組成式**（P35参照）の一種だといえる。

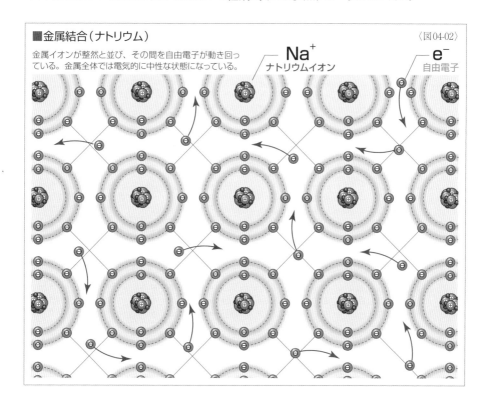

■金属結合（ナトリウム）　　　　　　　　　　　　　　　　　〈図04-02〉

金属イオンが整然と並び、その間を自由電子が動き回っている。金属全体では電気的に中性な状態になっている。

Na⁺
ナトリウムイオン

e⁻
自由電子

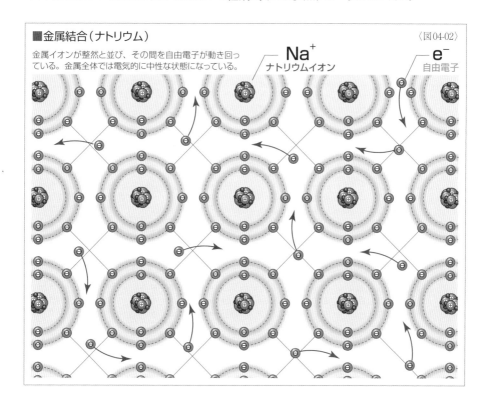

31

◆共有結合

非金属元素同士の**結合**は**共有結合**になる。共有結合は結合する原子同士が**価電子**を共有することで、**最外殻電子**が8個（第1周期の元素の場合は2個）になるように結びつく。もう少し詳しく説明すると、それぞれの原子の**不対電子**同士が**電子対**を作って共有する。

たとえば、フッ素 F は原子番号9で**価電子数**7なので、3組の電子対と1個の不対電子が最外殻に存在する。〈図04-03〉のように2個のフッ素原子がそれぞれの不対電子を共有して電子対になれば、どちらの原子も価電子数0の安定した状態になる。このようにして2個のフッ素原子が結合して F₂ という状態になる。共有している電子対を**共有電子対**という。このように共有結合した原子の塊を**分子**という。フッ素の場合であればフッ素分子になる。

共有結合は電子対を共有する結合であるため、原子の価電子数によって共有する電子対の数が違ってくる。たとえば、酸素 O には2個の不対電子があるため、〈式04-04〉のように2組の電子対を共有して酸素分子 O₂ になる。不対電子が3個の窒素 N であれば、〈式04-05〉のように3組の電子対を共有して窒素分子 N₂ になる。こうしたそれぞれの原子の不対電子の数を**原子価**という。

共有電子対が1組で生じる共有結合を**単結合**、2組で生じる結合を**二重結合**、3組で生じる結合を**三重結合**という。つまり、原子価1の原子同士の結合は単結合、原子価2の原子同士の結合は二重結合、原子価3の原子同士の結合は三重結合になる。なお、二

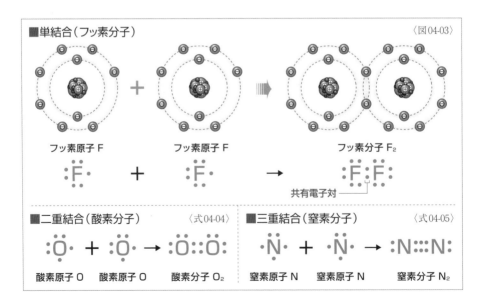

■単結合（フッ素分子）　　　　　　　　　　　　　　　　　　　　　　〈図04-03〉

フッ素原子 F　　　　　フッ素原子 F　　　　　　　フッ素分子 F₂

:F̈·　　+　　:F̈·　　→　　:F̈:F̈:

共有電子対

■二重結合（酸素分子）　〈式04-04〉　　■三重結合（窒素分子）　〈式04-05〉

:Ö·　+　:Ö·　→　:Ö::Ö:　　　　·N̈·　+　·N̈·　→　:N⋮⋮N:

酸素原子 O　　酸素原子 O　　酸素分子 O₂　　　窒素原子 N　　窒素原子 N　　窒素分子 N₂

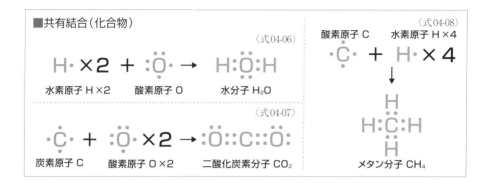

重結合や三重結合の**電子式**では〈式04-04〜05〉のように電子対を1カ所にまとめて示す。

　ここまでの例はすべて同じ元素同士の共有結合だが、異なる種類の元素同士でも共有結合する。また、3個以上の原子が共有結合することもある。たとえば、〈式04-06〜08〉のように、水 H_2O は2個の水素原子と1個の酸素原子が共有結合したものであり、メタン CH_4 は1個の炭素原子と4個の水素原子が共有結合したものだ。水素は第1周期の元素であり、1組の電子対で安定するため、結合はすべて単結合だ。いっぽう、1個の炭素原子と2個の酸素原子が共有結合した二酸化炭素 CO_2 は二重結合が2カ所にできる。

◆**分子性物質**

　共有結合でできた**原子団**を分子と呼ぶが、2個の原子で構成される分子を**二原子分子**、3個以上の原子で構成される分子を**多原子分子**という。分子によって構成される物質を**分子性物質**という。これらの分子には、1種類の元素からなる**単体**もあれば、2種類以上の元素が結合した**化合物**もある。化合物には小さな分子が次々と結合してできた大きな化合物もあり、これを**高分子化合物**という。個々の分子を**化学式**で示したものを**分子式**という。

　また、**希ガス**と呼ばれる18族の元素は価電子数が0で、安定した電子配置になっているため、他の原子と結合することなく単独で存在できる。原子の状態ではあるが、希ガスは非金属元素であるため、これも分子と見なし、**単原子分子**と呼んでいる。

◆**分子結晶と共有結合結晶**

　多数の分子が規則正しく配列してできた結晶を**分子結晶**という。ドライアイス CO_2 やヨウ素 I_2 などが分子結晶になる。14族の非金属元素だけは特別で、多数の原子がすべて共有結合によって連なり規則正しく配列した結晶になる。これを**共有結合結晶**や**共有結晶**といい、**巨大分子**ともいう。たとえば、単体の炭素 C であるダイヤモンドや黒鉛は共有結合結晶だ。同じく14族の元素であるケイ素を含む二酸化ケイ素 SiO_2 も共有結合結晶になる。

◆イオン結合

　金属元素と非金属元素の結合はイオン結合になる。金属元素の原子は電子を放出すると陽イオンになり、非金属元素の原子は電子を取り込んで陰イオンになる。陽イオンはプラスの電荷をもち、陰イオンはマイナスの電荷をもっているため、静電気力（クーロン力）によって引きつけあうことで結合する。

　たとえば、〈図04-09〉のように、ナトリウム原子 Na が1個の電子を放出したナトリウムイオン Na^+ と、塩素原子 Cl が1個の電子を受け取った塩化物イオン Cl^- が出会うと、プラスの電荷をもつナトリウムイオンとマイナスの電荷をもつ塩化物イオンは静電気力によって引きつけあうことで結合して塩化ナトリウム NaCl になる。

　塩化カルシウム $CaCl_2$ の場合、カルシウム原子 Ca は2個の電子を放出してカルシウムイオン Ca^{2+} になり、塩素原子 Cl は1個の電子を受け取って塩化物イオン Cl^- になる。この2価の陽イオン1個と、1価の陰イオン2個が引きつけあうことで結合して塩化カルシウムになる。つまり、イオン結合では、陽イオンの（価数×個数）と陰イオンの（価数×個数）が等しくなるように結合する。

　多原子イオンがイオン結合することもある。たとえば、1価の陽イオンであるナトリウムイオン Na^+ と2価の陰イオンである硫酸イオン SO_4^{2-} が結合する場合、2個のナトリウムイオンと1個の硫酸イオンが結合することになり、硫酸ナトリウム Na_2SO_4 になる。

　イオン結合した物質の命名は、陰イオン・陽イオンの順にするのが基本だ。陰イオンの名称が「～化物イオン」の場合は「物イオン」を取り除いたものを使うので、塩化ナトリウムのように「～化～」といった名称になる。（陰イオン側は元素の名称から「素」の文字を取ったうえで「～化」とすると考えてもよい）。陰イオンの名称が「～酸イオン」のように、「化物」が含まれていない場合は、そのまま「～酸」を使うので、「～酸～」になる。ただし、「～酸イオン」が水素イオンと結合した物質は、基本ルールに従うと「～酸水素」になるが、水素は省略して「～酸」と呼ぶ。

◆イオン性物質とイオン結晶

　イオン結合している物質をイオン性物質という。イオン性物質はプラスの電荷をもつ陽イオンとマイナスの電荷をもつ陰イオンで構成されているが、全体で見れば電気的に中性な状態になっている。

　イオン結合はプラスの電荷をもつ陽イオンとマイナスの電荷をもつ陰イオンが静電気力で結びついている。そのため、陽イオンと陰イオンがある限り際限なく、交互に規則的に並んでいく。

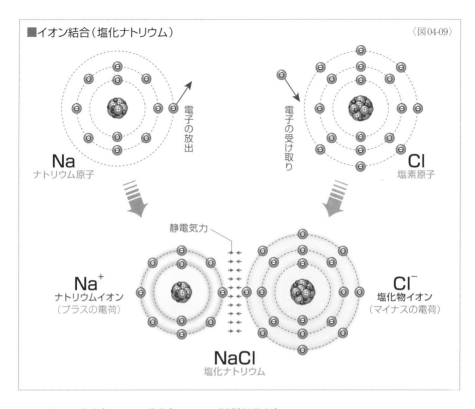

■イオン結合（塩化ナトリウム）　〈図04-09〉

Na
ナトリウム原子

電子の放出

Cl
塩素原子

電子の受け取り

静電気力

Na⁺
ナトリウムイオン
（プラスの電荷）

Cl⁻
塩化物イオン
（マイナスの電荷）

NaCl
塩化ナトリウム

こうしてできる結晶を**イオン結晶**や**イオン結合性結晶**という。

　このような構造であるため、どの陽イオンとどの陰イオンが結合しているかを特定することができない。つまり、共有結合している分子のような存在を認めることができないわけだ。そのため、イオン結合している物質を表す**化学式**は、分子式とはいわず、**組成式**という。つまり、どのような元素がどのような比率で結びついているかを表しているわけだ。塩化ナトリウムであれば、Na^+ と Cl^- の比が1：1だが、1は省略するので $NaCl$ になり、塩化カルシウムであれば Ca^{2+} と Cl^- が1：2なので、$CaCl_2$ になる。

　多原子イオンの比が2以上になった場合は、多原子イオンが1つの原子団であることがわかる組成式にする。たとえば、3価の鉄イオン Fe^{3+} と2価の硫酸イオン SO_4^{2-} が結合する比率は2：3なので、$Fe_2(SO_4)_3$ とする。原子の数で $Fe_2S_3O_{12}$ としてはいけない。また、鉄の場合、2価の陽イオンにも3価の陽イオンにもなるため、結合している鉄イオンが3価の場合の日本語の名称は「硫酸鉄（Ⅲ）」とするのが正しい。ただし、「硫酸鉄 $Fe_2(SO_4)_3$」のように組成式が併記されている場合は「（Ⅲ）」が省略された表記も見受けられる。

◆水素結合

原子が結合したときに、原子が電子を引きつける強さは、原子の種類によって違いがある。イオン結合する2つの原子では、電子を引きつける強さに違いがあるため、原子間で電子の受け渡しが可能になるわけだ。この電子引きつける強さを数値化したものを**電気陰性度**といい、〈表04-10〉のように、一般的に周期表で右になるほど、また上になるほど大きくなる。フッ素原子や酸素原子、窒素原子、塩素原子などは特に電気陰性度の大きな原子だ。

　共有結合の場合は電子を共有しているが、異なる原子が結合した場合、それぞれの原子の電気陰性度の違いによって共有する電子が一方の原子の側に偏ることがある。たとえば、水素原子 H と塩素原子 Cl が共有結合した塩化水素 HCl の場合、塩素のほうが電気陰性度が大きいため、〈図04-11〉のように電子が塩素原子の側に偏る。結果、**分子**全体で考えると、水素の側がややプラスに偏り、塩素の側がややマイナスに偏ることになる。このよう電気的な偏りがある分子を**極性分子**という。ただし、分子は必ず極性分子になるわけではない。水素分子 H_2 のように、同じ原子が結合している場合は電気陰性度に違いがないので、**極性**は生じない。こうした分子を**無極性分子**という。

　また、結合する原子の並び方も極性の有無に影響を与える。本書では結合の形は説明していないが、たとえば二酸化炭素 CO_2 は、〈図04-12〉のようにO-C-Oが一直線上に並ぶため、C-O間に電気的な偏りがあっても全体としては打ち消しあって極性が生じない。いっぽう、水 H_2O の場合は、〈図04-13〉のようにH-O-Hの並びが104.5°の折れ線になるので、全体として偏りが打ち消せず極性が生じる。水はこのような極性分子であるため、分子間に**静電気力**が働いて結合している。この結合を**水素結合**という。水素結合は水という分子の間に働く**分子間力**の一種だ。水素結合はイオン結合や共有結合に比べるとはるかに弱い。

■電気陰性度　　〈表04-10〉

周期	1	2	3	4	5	6	7	8	9	10	11	12	13	14	15	16	17	18
1	1 H 2.20														赤字：電気陰性度			2 He
2	3 Li 0.98	4 Be 1.57											5 B 2.04	6 C 2.55	7 N 3.04	8 O 3.44	9 F 3.98	10 Ne
3	11 Na 0.93	12 Mg 1.31				※第18族の希ガスには自身の電子以外の電子を引きつける力はほとんどない。							13 Al 1.61	14 Si 1.90	15 P 2.19	16 S 2.58	17 Cl 3.16	18 Al
4	19 K 0.82	20 Ca 1.00	21 Sc 1.36	22 Ti 1.54	23 V 1.63	24 Cr 1.66	25 Mn 1.55	26 Fe 1.83	27 Co 1.88	28 Ni 1.91	29 Cu 1.90	30 Zn 1.65	31 Ga 1.81	32 Ge 2.01	33 As 2.18	34 Se 2.55	35 Br 2.96	36 Kr

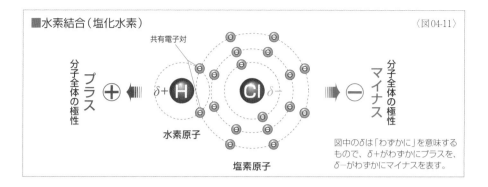

■水素結合（塩化水素）　　〈図04-11〉

共有電子対

分子全体の極性　プラス　＋

$\delta+$ H　Cl $\delta-$

水素原子

塩素原子

分子全体の極性　マイナス　－

図中のδは「わずかに」を意味するもので、$\delta+$がわずかにプラスを、$\delta-$がわずかにマイナスを表す。

　水以外にも、分子のなかにフッ素原子や酸素原子、窒素原子のように電気陰性度の大きい原子と水素の共有結合があれば、その分子は水素結合する。たとえば、アンモニア NH_3 やフッ化水素 HF、エタノール C_2H_6O などは水素結合している分子だ。

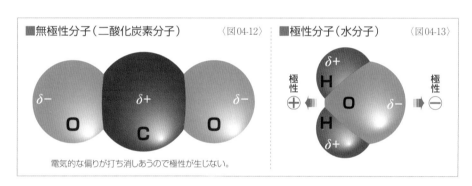

■無極性分子（二酸化炭素分子）　〈図04-12〉

$\delta-$ O　$\delta+$ C　$\delta-$ O

電気的な偏りが打ち消しあうので極性が生じない。

■極性分子（水分子）　〈図04-13〉

極性 ＋　$\delta+$ H　O $\delta-$　H $\delta+$　極性 －

◆ファンデルワールス力

　分子間に働く**分子間力**には水素結合のほかに**ファンデルワールス力**というものもある。分子が**無極性分子**であったとしても、**電子**は電子殻のなかを常に動いているため、その位置によっては瞬間的に電気的な偏りが生じることがある。この偏りによって分子同士を引きつける分子間力が生じる。これをファンデルワールス力という。水素分子 H_2 は無極性分子だが、低温にするとファンデルワールス力によって結合して液体水素になる。

　また、二酸化炭素 CO_2 は電気的な偏りが相殺されているので、全体として極性は生じていないが、部分的には電気的な偏りが存在する。そのため、低温にすると電気的な偏りによって分子が結合してドライアイスになる。このような分子同士に作用する分子間力もファンデルワールス力という。こうしたファンデルワールス力による結合は水素結合よりさらに弱い。

酸化還元反応

[化学反応とは物質が別の物質に変化する過程のこと]

　物質の変化は**物理変化**と**化学変化**に大別される。物理変化は形状や状態が変化するのみで物質の種類がかわらない変化であるのに対して、化学変化ではある物質が別の種類の物質に変化し、元々もっていた性質が変化する。

　化学反応は化学変化と同じ意味の言葉であるといえるが、変化の過程に注目するときには化学反応という。化学反応において反応前の物質を**反応物**といい、反応後の物質を**生成物**という。化学反応は**化学式**を使った**化学反応式**で示すことができる。

　化学反応にはさまざまな分類方法があるが、よく知られたものには**酸化還元反応**や**酸塩基反応**などといったものがある。**化学電池**では酸化還元反応を利用してエネルギーの変換を行っている。

◆ 酸化反応と還元反応

　原子や**分子**が**酸素**と結びつく反応が**酸化反応**であり、酸素を含む化合物が酸素を失う反応が**還元反応**であると中学校の理科で習う。これは間違いではないが、**酸化**と**還元**の定義はもう少し幅広い。ある原子が電子を失った場合は、その原子が酸化されたと定義され、ある原子が電子を受け取った場合は、その原子が還元されたと定義されている。

　たとえば、赤熱した銅 Cu を塩素 Cl_2 のなかに入れると〈式05-01〉のように塩化銅（Ⅱ）$CuCl_2$ が生成される。生成物である $CuCl_2$ は Cu^{2+} と Cl^- のイオン結合だ。よって、Cu は電子を失ったので酸化され、Cl は電子を受け取ったので還元されたことになる。

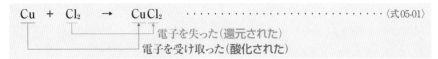

$$Cu + Cl_2 \rightarrow CuCl_2 \quad \cdots\cdots\cdots\cdots\cdots\cdots\cdots\cdots\cdots\cdots \langle 式05-01 \rangle$$

電子を失った（還元された）
電子を受け取った（酸化された）

　電子の授受が行われるため、酸化反応と還元反応は必ず対になって進行するので、両者をまとめて**酸化還元反応**という。酸化還元反応において相手を酸化する物質を**酸化剤**、相手を還元する物質を**還元剤**という。反応の結果、酸化剤自体は還元され、還元剤自体は酸化される。なお、**酸化物**といった場合は反応によって化合したものが酸素に限定される。

■酸化数の定義　　　　　　　　　　　　　　　　　　　　　　　〈表05-02〉

①単体を構成する原子の酸化数は0である。

②単原子からなるイオンの酸化数は正負を示したイオンの価数に等しい。

③化合物中の酸素原子の酸化数は原則的に〈−2〉である。

④化合物中の水素原子の酸化数は原則的に〈＋1〉である。

⑤電荷をもたない化合物の全原子の酸化数の総和は〈0〉である。

⑥複数原子で構成されるイオンの全原子の酸化数の総和は正負を示したイオンの価数に等しい。

◆酸化数

　反応式によっては酸化と還元を見分けるのが難しいこともあるが、**酸化数**というものを使うと、酸化と還元を判断しやすくなる。〈表05-02〉が酸化数の定義のうちの主なものだ。この定義を用いて、それぞれの原子の反応前の酸化数と反応後の酸化数を比較し、酸化数が増えていたら酸化されたことになり、酸化数が減少していたら還元されたことになる。

　たとえば、鉄錆の一種である水酸化鉄（Ⅱ）$Fe(OH)_2$ は、酸素 O_2 を含んだ水 H_2O のなかに鉄 Fe が置かれると最初に生成されることが多い。その反応式は〈式05-03〉になる。この式で酸化数を考えてみると、反応物である Fe の酸化数は定義①から〈0〉、H_2O を構成する H は定義④から〈＋1〉、O は定義③から〈−2〉、O_2 を構成する O は定義①から〈0〉になる。生成物である $Fe(OH)_2$ を構成する O と H は定義③と④からそれぞれ〈−2〉と〈＋1〉であるから、OH^- の酸化数は定義⑥から〈−2〉になる。ここから定義⑥によって、$Fe(OH)_2$ を構成する Fe の酸化数は〈＋2〉と導かれる。

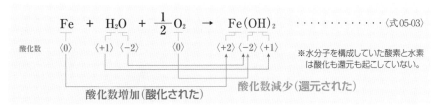

　酸化数の変化を見てみると、鉄 Fe は酸化数が〈0〉から〈＋2〉に増えているので酸化され、酸素分子を構成する酸素 O は酸化数が〈0〉から〈−2〉に減少しているので還元されていることがわかる。なお、水分子を構成する水素 H と酸素 O は酸化数が変化していないので、酸化も還元もされていないことになる。

化学反応とエネルギー

[化学反応には発熱反応や吸熱反応がある]

気体の水素 H_2 と酸素 O_2 を混合して着火すると、燃焼して水 H_2O が生成される。このように熱を発生する**化学反応**を**発熱反応**という（参照〈図06-01〉）。ちなみに、化学で「燃焼する」や「燃える」といったら、酸素と反応することを意味する。

発熱反応とは逆に、周囲から熱を吸収する化学反応もある。たとえば、赤熱した黒鉛 C に水蒸気 H_2O を触れさせると、一酸化炭素 CO と水素 H_2 が発生するが、この反応の際には熱が吸収される。こうした反応を**吸熱反応**という（参照〈図06-02〉）。

化学反応にともなって、放出されたり吸収されたりする熱量をまとめて**反応熱**という。物質はエネルギーの低い安定した状態になろうとする性質があるため、自然界では吸熱反応より発熱反応のほうが多く見られる。

発熱反応の場合、反応物の**化学エネルギー**の総和が生成物の化学エネルギーの総和より大きいので、その差が**熱エネルギー**に変換されたわけだ。そもそも、化学エネルギーは物質のもつエネルギーだが、**位置エネルギー**と同じようにその絶対的な大きさはわからない。しかし、反応物と生成物の化学エネルギーの差は、実際に実験を行うことで測定することが可能だ。たとえば、発熱反応である水素の燃焼の場合、水素分子（気体）2 mol と酸素分子（気体）1 mol から水分子（液体）2 mol が生成され、572 kJ の熱エネルギーが得られる（25℃、1気圧の状態）。ちなみに、[mol]とは物質の量を示す**物質量**の単位だ。

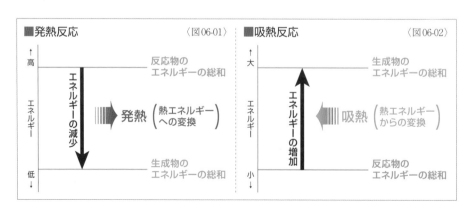

■発熱反応　〈図06-01〉

高 ← エネルギー → 低

反応物の
エネルギーの総和

エネルギーの減少　→　発熱　（熱エネルギーへの変換）

生成物の
エネルギーの総和

■吸熱反応　〈図06-02〉

大 ← エネルギー → 小

生成物の
エネルギーの総和

エネルギーの増加　→　吸熱　（熱エネルギーからの変換）

反応物の
エネルギーの総和

原子や分子、イオンは1個、2個と数を数えられるが、非常に微小なものであるため莫大な値になりやすい。そのため6.02×10^{23}個をひとまとめにして1 molという。なお、6.02×10^{23}という数値は**アボガドロ数**という。

◆ 活性化エネルギー

気体の水素と酸素を混合しても、通常そのままでは燃焼を始めない。燃焼を始めさせるには着火などのきっかけが必要だ。**発熱反応**が進行するときのエネルギー変化をグラフにすると〈図06-03〉のようになる。このように、**化学反応**を開始させるためには、いったんエネルギーの高い状態にする必要がある。

この状態を**活性化状態**や**遷移状態**といい、活性化状態にするのに必要な最小のエネルギーを、その反応の**活性化エネルギー**という。反応を開始するために越えなければならないエネルギーの壁であるため、**エネルギー障壁**ともいう。

水素と酸素を混ぜただけでは反応しないが、着火による熱エネルギーが活性化エネルギーとして加えられると燃焼が始まる。いったん燃焼が始まると、そこで生じた熱が周囲に伝わっていって連鎖的に反応が広がっていき、爆発的な反応になる。

もし活性化エネルギーというものがなければ、あらゆる化学反応が起きて、すべての物質がもっともエネルギーの低い状態になってしまう。そのため、活性化エネルギーは自然界の秩序を保つ働きをしているといえる。

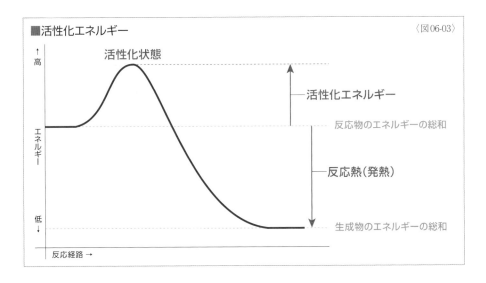

■活性化エネルギー 〈図06-03〉

- 活性化状態
- 高
- エネルギー
- 低
- 活性化エネルギー
- 反応物のエネルギーの総和
- 反応熱(発熱)
- 生成物のエネルギーの総和
- 反応経路 →

◆ 触媒

　活性化エネルギーは自然界の秩序を保つためには必要不可欠なものだといえるが、化学電池のように意図的に**化学反応**を進行させようとする際には、活性化エネルギーが障害になることも多い。この障害を小さくする方法には**触媒**を使用するというものがある。

　中学校の理科で、過酸化水素水 H_2O_2 に二酸化マンガン MnO_2 を加えて酸素 O_2 を発生させるという実験を経験した人も多いだろう。この実験は触媒の役割を説明するためのものだ。触媒とはそれ自身は変化せずに特定の化学反応を促進する物質と説明される。実験を化学式で示すと〈式06-04〉のようになる。触媒である二酸化マンガン MnO_2 は**反応物**でも**生成物**でもなく、変化もしないので化学式には登場しない。

$$2H_2O_2 \quad \rightarrow \quad 2H_2O \quad + \quad O_2 \quad \cdots\cdots\cdots\cdots\cdots\cdots\cdots\cdots〈式06-04〉$$

　中学校の理科では活性化エネルギーに関連づけた説明は行われないが、実は触媒とは特定の化学反応の活性化エネルギーを小さくすることができる物質のことだ。活性化エネルギーが小さくなれば、反応速度が高まるわけだ。

　反応が進行するときのエネルギー変化を、触媒を使う場合と使わない場合で比べてみると、〈図06-05〉のようになる。活性化状態のグラフの山が低くなるので、反応の進行が早まることになる。触媒として有用な物質としては白金 Pt がよく知られているが、化学電池でもさまざまに触媒が使われている。なお、触媒を使うことで反応で得られるエネルギーが大きくなる

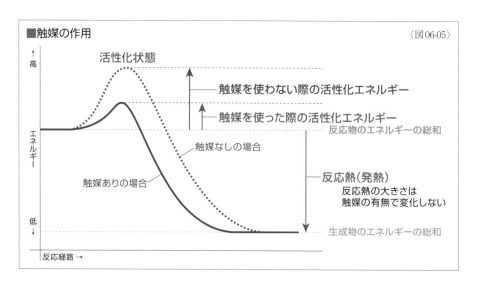

■触媒の作用　　　　　　　　　　　　　　　　　　　　　〈図06-05〉

活性化状態

触媒を使わない際の活性化エネルギー

触媒を使った際の活性化エネルギー

反応物のエネルギーの総和

触媒なしの場合

触媒ありの場合

反応熱（発熱）
反応熱の大きさは
触媒の有無で変化しない

生成物のエネルギーの総和

反応経路 →

わけではない。得られるエネルギーは反応物と生成物のエネルギーの差で決まるので、触媒を使っても使わなくてもかわらない。

◆ ギブズ自由エネルギー

　化学電池は**化学反応**を利用して**化学エネルギー**を**電気エネルギー**に変換（へんかん）する。たとえば、一般的な**燃料電池**（ねんりょうでんち）は水素（すいそ）H_2の燃焼（ねんしょう）と同じ化学反応を利用しているが、水素分子（すいそぶんし）2 mol と酸素分子（さんそぶんし）1 mol から理論上（りろんじょう）で得られる最大の電気エネルギーは474 kJ だ。しかし、先に説明したように、燃焼の場合は**熱エネルギー**は572 kJ が得られる。つまり、電気エネルギーに変換したほうが、得られるエネルギーが小さくなってしまう。

　しかし、エネルギーには**エネルギー保存の法則**があるので、その差である98 kJ は電気エネルギー以外の形態のエネルギーに変換されたことになる。これは物質には圧力や体積（たいせき）などその状態にかかわる熱エネルギーが存在するためだ。

　こうした化学反応によって電気エネルギーとして取り出せないエネルギーを**束縛エネルギー**（そくばく）という。燃焼の場合は化学エネルギーが熱エネルギーに変換されるため、同じく熱エネルギーである束縛エネルギーも含まれることになるが、燃料電池の場合は、束縛エネルギーを電気エネルギーに変換することができないため、得られるエネルギーが小さくなる。

　いっぽう、化学反応によって取り出せるエネルギーを**ギブズエネルギー変化**という。ギブズエネルギー変化は、化学変化から取り出せる最大仕事であり、人間が自由に使えるエネルギーの意味で**ギブズ自由エネルギー**ともいう（参照〈図06-06〉）。ただし、これはあくまでも理論上だ。実際の化学電池ではさまざまに損失（そんしつ）が生じるためギブズ自由エネルギーのすべてを電気エネルギーに変換することは難しい。損失分は熱エネルギーに変換される。

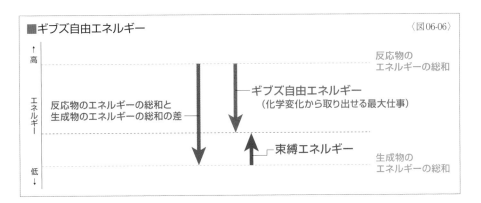

■ギブズ自由エネルギー 〈図06-06〉

電気の基礎

［電気の正体は電荷の移動］

　原子に外部から刺激が加わると、一部の電子が自由電子になることがある。電子が飛び出した原子、つまり陽イオンは、プラスの電荷が多い状態になり、電気的な性質をもつ。このように、物体が電気的な性質をもつことを帯電といい、マイナスの電荷をもつ電子が飛び出した原子はプラスに帯電する。ただし、自由電子が原子の近くに存在していれば、帯電しているわけではない。物体が帯電するためには、電子が他の物体などに移動する必要がある。いっぽう、電子が移動していった先の物体はマイナスに帯電する。

　原子に限らずさまざまな物質が帯電することがある。帯電とは電荷がアンバランスで電気的に不安定な状態といえるので、安定した状態、つまり電気的に中性な状態に戻ろうとしているが、そのままでは日常的に使っている電気のようには流れない。こうした帯電した状態のままで移動しない電気現象を静電気という。

　しかし、プラスに帯電した物体とマイナスに帯電した物体を導体（電気をよく通す物質）でつなぐと、〈図07-01〉のように静電気力によってマイナスの電荷もつ自由電子が、プラスに帯電した物体に引かれて移動する。この自由電子が連続的に移動する電気現象を動電気といい、その流れを電流という。こうした電荷が連続的に移動する電気現象が、日常的に使っている電気のことだ。つまり、電荷が電気の正体だといえる。

　自由電子のような電荷の運び手を電荷キャリアや電荷担体といい、単にキャリアというこ

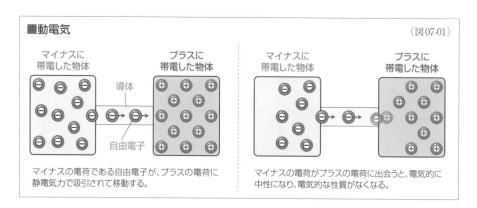

■動電気　　　　　　　　　　　　　　　　　　　　　　　〈図07-01〉

マイナスに帯電した物体　　導体　　プラスに帯電した物体　　　自由電子

マイナスの電荷である自由電子が、プラスの電荷に静電気力で吸引されて移動する。

マイナスに帯電した物体　　　　　　　プラスに帯電した物体

マイナスの電荷がプラスの電荷に出会うと、電気的に中性になり、電気的な性質がなくなる。

とも多い。金属などでは自由電子が電荷キャリアになるが、液体や気体では他の粒子がキャリアになることもある。

電荷という用語は粒子のもつ電気的な性質のことだが、物理量としてその大きさを表現することもある。物理量として電荷を表現する場合、単位には［C］が使われる。ちなみに電子1個の電荷は約 -1.602×10^{-19} C だ。

◆ 電流

電気を通しやすい性質を**電気伝導性**や**導電性**という。電気伝導性のある物質を**電気伝導体**や単に**導体**といい、電気伝導性のない物質を**絶縁体**または**不導体**という。金属は**電荷キャリア**になる**自由電子**がたくさん存在するため、電気伝導性がある。非金属は電気伝導性のないものがほとんどだが、**黒鉛（グラファイト）**は優れた導体としてよく使われている。なお、電子以外の粒子をキャリアとする電気伝導体も存在するため、電子が電荷キャリアになるものを区別する場合は**電子伝導体**といい、その電気を通しやすい性質を**電子伝導性**という。

マイナスに帯電した物体とプラスに帯電した物体を導体でつなぐと、自由電子が連続的に移動する。この電気的な現象が**電流**だ。このとき、〈図07-02〉のように自由電子はマイナス側からプラス側へと移動するが、「電流はプラスからマイナスに流れる」と定義されている。つまり、電流の流れる方向と、自由電子の移動する方向は逆になる。

電流が流れる際には、マイナスに帯電した物体にあった自由電子そのものがプラスに帯電した物体に移動するわけではない。マイナスに帯電した物体から1個の自由電子が導体に入ろうとすると、導体内の自由電子がいっせいに移動し、プラスに帯電した物体に近い位置にあった自由電子が導体から押し出されるようになる。このように、導体内の自由電子の数は変化しないため導体自体は**電気的に中性**の状態が保たれている。 ➡次ページに続く

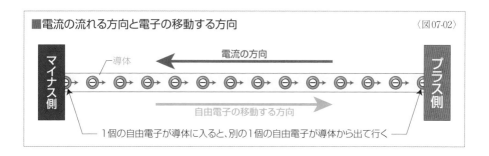

■電流の流れる方向と電子の移動する方向　〈図07-02〉

マイナス側　←　電流の方向　→　プラス側
導体
自由電子の移動する方向
1個の自由電子が導体に入ると、別の1個の自由電子が導体から出て行く

電流という用語は、「電流が流れる」といったように、電子が連続して移動している電気現象を表現するが、その大きさを表現する物理量としても使われる。単位には［A］が使われる。物理量として使われる場合、導線を流れる電流の大きさは、導

■電流の定義

$$I = \frac{Q}{t} \quad \cdots \cdots \langle 式07\text{-}03 \rangle$$

I：電流［A］　　Q：電荷［C］　　t：時間［s］

線の断面を通過する**電荷**の量で定義されている。「1 Aの電流とは、ある断面を1 s（秒）の間に1 Cの電荷が通過すること」を意味する。よって、電流I［A］、電荷Q［C］、時間t［s］の間には、〈式07-03〉の関係が成立する。**電荷キャリア**が**自由電子**の場合なら、1 Aの電流は、導線の断面を1秒間に約$6.24×10^{18}$個の電子が、電流の方向とは逆方向に通過することを意味する。

◆ 電圧

　物体が**帯電**しているだけならば、電荷がすべて移動して**電気的に中性**の状態になれば、**電流**が止まる。いっぽう、電池や発電機といった日常に使っている電源の場合は、**電位**の高い側から電位の低い側へと電流が流れ続ける。電位とは電気的な位置エネルギーの高さを示すものだといえる。

　こうした電流の流れは、水の流れにたとえて考えるとイメージしやすい。〈図07-04〉のように水位の高いタンクと水位の低いタンクをホースなどでつなぐと、水位の高いタンクから低いタ

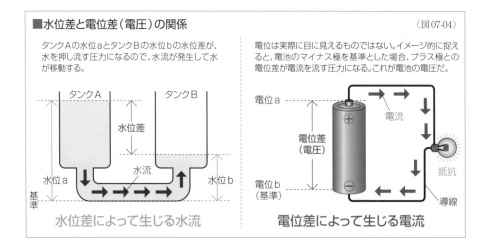

■水位差と電位差（電圧）の関係　　　　　　　　　　　　　　　〈図07-04〉

タンクAの水位aとタンクBの水位bの水位差が、水を押し流す圧力になるので、水流が発生して水が移動する。

電位は実際に目に見えるものではない。イメージ的に捉えると、電池のマイナス極を基準とした場合、プラス極との電位差が電流を流す圧力になる。これが電池の電圧だ。

水位差によって生じる水流

電位差によって生じる電流

ンクへ水が流れるが、水位が同じになると
水流が止まる。電流の場合は、電位が水
流の水位に相当する。電位の高い位置と
電位の低い位置を導体でつなぐと電流が
流れる。水流の場合の水位とは、タンク内
の水の深さではなく、同じ基準となる位置、
たとえば地面から水面までの高さのことだ。双方のタンクの水位の差が、水を押す圧力にな

■電圧の定義

$$V = \frac{W}{Q} \quad \cdots\cdots \text{〈式07-05〉}$$

V：電圧[V]　　W：仕事[J]　　Q：電荷[C]

るため、水が流れる。電流の場合、電位の差が電流を流す圧力になる。そのため、2点
間の電位の差である**電位差**を、**電圧**ともいう。電位や電圧という物理量は[V]という単位
で表される。電池のような電源は、連続して電位差を作り続けることができるものだといえる。
水位を示すには基準となる位置が必要だが、同じように電位を示す際にも基準が必要にな
る。どこを基準にしても問題ないが、一般的には電源のマイナス側を基準にすることが多い。
　物理量としての電圧は、**電荷**によって得られる**仕事**の量（**エネルギー**）によって定義され
ている。「1Cの電荷を2点間を移動させるために1Jの仕事が必要だった場合、その2点
間の電圧（電位差）を1Vという」となる。この関係は〈式07-05〉で示すことができる。[J]
はエネルギーや仕事の量の単位だ。
　実際に流れる電流の大きさは、電圧と**電気抵抗**で決まる。電気抵抗は、単に**抵抗**という
ことも多く、電流の流れにくさを示す物理量だ。単位には[Ω]を使用する。こうした電圧、
電流、抵抗の関係を示したものが、有名な**オームの法則**だ。「導体に流れる電流I[A]は、
電圧V[V]に比例し、抵抗R[Ω]に反比例する」と表現される。この関係は〈式07-06〉
で示すことができ、変形すると〈式07-07〜08〉になる。簡単にいってしまえば、抵抗とは電
流の流れにくさの度合いを示す物理量だが、これとは逆に電流の流れやすさの度合いを示
す物理量を**コンダクタンス**といい、単位には[S]が使われる。コンダクタンスと抵抗は逆
数の関係にあり、コンダクタンスをG[S]とすると抵抗R[Ω]との関係は、$G = \frac{1}{R}$になる。

■オームの法則

$$I = \frac{V}{R} \qquad V = IR \qquad R = \frac{V}{I}$$

I：電流[A]
V：電圧[V]
R：抵抗[Ω]

〈式07-06〉　　　　〈式07-07〉　　　　〈式07-08〉

第1章・化学と電気の基礎知識　第7節・電気の基礎

47

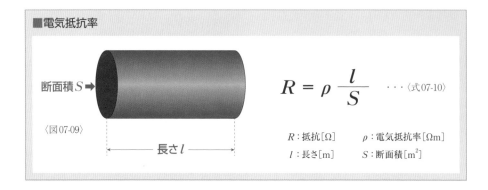

■電気抵抗率

$$R = \rho \frac{l}{S} \quad \cdots \langle 式07\text{-}10 \rangle$$

断面積 S

〈図07-09〉

長さ l

R：抵抗 $[\Omega]$　　ρ：電気抵抗率 $[\Omega m]$
l：長さ $[m]$　　S：断面積 $[m^2]$

◆ 電気抵抗率と電気伝導率

　超伝導という特異な電気現象もあるが、基本的に導体であっても**抵抗**は0ではない。物質が均質の場合、その物質の抵抗は長さに比例し断面積に反比例する。こうした物質の電流の流れにくさを表す比例定数を、**電気抵抗率**や単に**抵抗率**といい、単位には $[\Omega m]$ が使われる。**比抵抗**ということもある。〈図07-09〉の物質の電気抵抗率を ρ $[\Omega m]$、長さを l $[m]$、断面積を $S[m^2]$、抵抗値を $R[\Omega]$ として式に表すと〈式07-10〉になる。なお、金属などの導体は温度が高くなるほど電気抵抗率が大きくなるのが一般的だ。

　電流の流れにくさを示す抵抗に対して、流れやすさを示す**コンダクタンス**があるように、電気抵抗率に対しても**電気伝導率**がある。電気伝導率は**導電率**ともいう。電気伝導率は物質の電流の流れやすさを表す比例定数であり、電気抵抗率の逆数で示される。逆数であるため電気伝導率の単位は $[\Omega^{-1}/m]$ になるが、コンダクタンスの単位 $[S]$ は $[\Omega]$ の逆数であるため、$[S/m]$ も使われる。電気伝導率を σ $[S/m]$ とすると電気抵抗率 ρ $[\Omega m]$ との関係は、$\sigma = \frac{1}{\rho}$ になる。

◆ 電力と電力量

　エネルギーである**電気**は仕事をすることができる。仕事をすると、**電気エネルギー**が他の形態のエネルギーに変換される。一定時間の間に行われる仕事の量を**仕事率**といい、電気の世界では**電力**といい、単位には $[W]$ が使われる。

　「1Wは1s（秒）あたり1Jの仕事ができる電力」として定義されているので、電力 $P[W]$、仕事 W $[J]$、時間 t $[s]$ の関係は、〈式07-11〉のように表すことができる。計算過程は省略するが、電圧を定義する〈式07-05〉と電流を定義する〈式07-03〉を使って〈式07-11〉を

■電力の定義

$$P = \frac{W}{t} \quad = VI \quad = \frac{V^2}{R} \quad = I^2R$$

$$\cdots \langle式07\text{-}11\rangle \qquad \cdots \langle式07\text{-}12\rangle \qquad \cdots \langle式07\text{-}13\rangle \qquad \cdots \langle式07\text{-}14\rangle$$

P：電力[W]　　　W：仕事[J]　　　t：時間[s]　　　V：電圧[V]　　　I：電流[A]　　　R：抵抗[Ω]

変形すると、〈式07-12〉のように電力Pは電圧V[V]と電流I[A]の積（せき）で表すことができる。つまり、電力は電圧と電流に比例するということだ。さらに、オームの法則を使えば、〈式07-13〉のように電力Pを電圧Vと抵抗R[Ω]で表したり、〈式07-14〉のように電力Pを電流Iと抵抗Rで表すことができる。つまり、電力は電圧、電流、抵抗のうち2つの要素の大きさがわかれば求めることができるわけだ。

　電気によって実際に行われた仕事の量は、仕事率である電力に時間を掛ければ求められる。この仕事の量を電気の世界では**電力量**（でんりょくりょう）といい、電気エネルギーの量と考えることもできる。一般的な仕事やエネルギーの単位は[J]（ジュール）だが、電力量の場合は[Ws（W秒）]（ワットセコンド（ワット秒））が使われる。つまり、[J]と[Ws]は等価である。電力を定義する〈式07-11〉を移項すれば、〈式07-15〉のように電力量W[Ws]が電力P[W]と時間t[s]の積であることがわかる。

　また、〈式07-12～14〉のように電力は、電圧V[V]、電流I[A]、抵抗R[Ω]のうち2つの要素で表すことができるので、それぞれの式に時間tを掛けても電力量Wを求めることができる。これら電力量を求める式をまとめると、〈式07-16～18〉のようになる。

　なお、電力量の基本の単位は[Ws（W秒）]が基本だが、大きな量を表すことが多いため[Wh（W時）]（ワットアワー（ワット時））や[kWh（kW時）]（キロワットアワー（キロワット時））もよく使われている。1時間は3600秒なので、換算（かんさん）は1 Wh＝3600 Ws、1 kWh＝3600 kWsになる。

■電力量の定義

$$W = Pt \quad = VIt \quad = \frac{V^2}{R}t \quad = I^2Rt$$

$$\cdots \langle式07\text{-}15\rangle \qquad \cdots \langle式07\text{-}16\rangle \qquad \cdots \langle式07\text{-}17\rangle \qquad \cdots \langle式07\text{-}18\rangle$$

W：電力量[Ws]　　　P：電力[W]　　　t：時間[s]　　　V：電圧[V]　　　I：電流[A]　　　R：抵抗[Ω]

電解質

[電気化学では電気伝導性のある溶液が重要な役割を果たす]

　化学電池では電解質溶液という液体が重要な役割を果たすことが多い。電解質溶液とは電解質が溶けた液体ということであり、電気伝導性がある。

　日常的な感覚では塩も砂糖も小麦粉も水に溶ける。しかし、化学では、食塩と砂糖は水に溶けるが、小麦粉は水に溶けてはいない。化学で水に溶けるといった場合、その物質が1分子ずつバラバラになる必要がある。こうした液状の物質に他の物質が1分子ずつバラバラになって溶けて分散したものを溶液という。溶けている物質は溶質、溶かしている液体は溶媒といい、溶質が溶け込むことを溶解という。溶媒が水の溶液は水溶液ともいう。

◆ 溶液の溶媒と溶質

　食品としては食塩と呼ばれる塩化ナトリウムが水に溶ける現象を化学的に考えてみよう。溶質である塩化ナトリウム NaCl は、ナトリウムイオン Na^+ と塩化物イオン Cl^- がイオン結合したイオン結晶だ。いっぽう、溶媒である水 H_2O は代表的な極性分子であり、構成する酸素原子はマイナスに帯電し、水素原子はプラスに帯電している。

　水のなかに塩化ナトリウムを入れると、〈図08-01〉のように陽イオンであるナトリウムイオンを水分子の酸素原子が取り囲むようにして水中に引き込み、陰イオンである塩化物イオンを水分子の水素原子が取り囲むようにして水中に引き込むことで、塩化ナトリウムがバラバラになっていく。このように、溶媒の分子が取り囲む現象を溶媒和といい、溶媒が水の場合は特に水和という。また、溶媒に溶質が溶けて陽イオンと陰イオンがバラバラになることを電離という。ただし、イオン結合している物質がすべて水に溶けて電離するわけではない。イオン結合による結合が水和による結合より強い物質の場合は水に溶けにくい。

　では、砂糖の場合はどうだろうか。砂糖の主成分であるスクロース（ショ糖）$C_{12}H_{22}O_{11}$ は分子結晶だ。イオン結合した物質ではないのでイオンに分かれることはできないが、水と似ている −OH という極性をもつ構造が数多く存在する。この −OH が水分子の極性と引きあうことで水和するため、スクロースは水に溶ける。

　このように、イオン結合した物質や極性分子は、極性をもつ溶媒である水にはよく溶ける

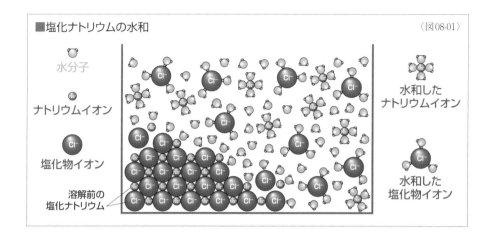

■塩化ナトリウムの水和　〈図08-01〉

水分子
ナトリウムイオン
塩化物イオン
溶解前の
塩化ナトリウム

水和した
ナトリウムイオン

水和した
塩化物イオン

のが一般的だが、極性をもたない**無極性分子**の溶媒にはほとんど溶けない。ただし、溶媒と溶質がともに無極性分子の場合は、よく溶ける。この場合、双方の分子に電気的な力はほとんど作用しないため、溶質が溶媒のなかに拡散していく。

　ちなみに、小麦粉の場合、よくかき混ぜれば水のなかで粉が1粒ずつバラバラになるが、その1粒は何万や何十万ものデンプン分子やタンパク質分子がまとまったものだ。つまり、1分子ずつがバラバラになっていないので、化学的には水に小麦粉は溶けていない。小麦粉と水が混ざっているだけだ。

●濃度

　溶液中の溶質の割合を**濃度**という。化学で用いる濃度にはさまざまなものがあるが、よく使われるのは**質量パーセント濃度**と**モル濃度**だ。

　溶液の質量[g]に対する溶質の質量[g]の割合のことを**質量濃度**というが、百分率(パーセント)で示されるのが一般的なため、質量パーセント濃度ということが多い。単位は[%]だが、質量パーセント濃度であることを明示するために[wt%]と表記されることもある。濃度が低い場合には、千分率[‰]や百万分率[ppm]、十億分率[ppb]が使われることもある。質量を体積に置き換えたものは**体積パーセント濃度**や**容量パーセント濃度**といい、体積比であることを明示する際には[vol%]と表記されることもある。

　単にモル濃度ということが多いが、正式には**体積モル濃度**や**容量モル濃度**といい、溶液1L中に溶質が何mol含まれているかを示す。単位には[mol/L]が使われる。モル濃度によってはイオンや分子などの相互作用によって、濃度通りにふるまわないため補正が必要になる。補正した実効的な濃度を**活量**や**活動度**という。

◆電解液

　溶媒に溶かすと陽イオンと陰イオンに電離する物質を電解質といい、溶媒中に溶解しても電離しない物質を非電解質という。電解質を溶かした溶液を電解質溶液といい、電解液と略されることも多い。実際に電解質がどれだけ電離したかの度合いは電離度で表される。すべての溶質が電離した状態が電離度1であり、このように完全に電離する電解質を強電解質という。電離度が1より非常に小さくほとんど電離しない電解質は弱電解質という。

　先に説明したように電流とは電荷の連続的な移動のことであり、金属などの電子伝導体では電荷キャリアが自由電子になるが、電解液にも電荷キャリアが存在する。電解液では、電離した陽イオンと陰イオンが溶液内に拡散して均一に分布している。また、溶媒和した状態では陽イオンと陰イオンとの間に働く引きあう力は弱くなっているので、それぞれのイオンは溶媒和構造を引き連れて溶液内を移動することができる。つまり、電解液内には移動することができる電荷、つまり電荷キャリアとしてイオンが存在する。

　〈図08-02〉のように電解液中に導体である金属板2枚を入れて、それぞれを直流電源につなぐとどうなるだろうか。電源のプラス側につながれた金属板はプラスに帯電した状態になり、電源のマイナス側につながれた金属板はマイナスに帯電した状態になる。すると、プラスに帯電した金属板には陰イオンが静電気力で引き寄せられ、マイナスに帯電した金属板には陽イオンが引き寄せられる。このようにしてできる電荷に静電気力による力を及ぼす空間を電場という。たとえば、マイナスに帯電した金属板から陽イオンが電子を受け取ると同時に、プラスに帯電した金属板に陰イオンが電子を放出したとすると、電荷が一方の金

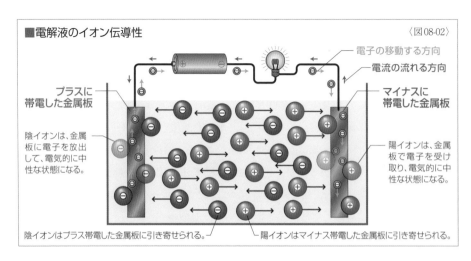

■電解液のイオン伝導性　　　　　　　　　　　　　　　〈図08-02〉

電子の移動する方向
電流の流れる方向

プラスに帯電した金属板
マイナスに帯電した金属板

陰イオンは、金属板に電子を放出して、電気的に中性な状態になる。
陽イオンは、金属板で電子を受け取り、電気的に中性な状態になる。

陰イオンはプラス帯電した金属板に引き寄せられる。
陽イオンはマイナス帯電した金属板に引き寄せられる。

属板からもう一方の金属板に移動したといえる。こうした現象が連続的に起こることで、電解液内を電流が流れる。このようにイオンが電荷キャリアになる**電気伝導体**を**イオン伝導体**といい、その電気を通しやすい性質を**イオン伝導性**という。

なお、化学電池では電解液のようなイオン伝導体を必ず使用するが、先に説明したように電解液中にあらかじめ存在している陽イオンと陰イオンの両方が電荷キャリアになることはない。どちらか一方だけのイオンがキャリアになったり、電池の化学反応によって生じたイオンがキャリアになったりする。電池の電荷キャリアになるイオンは、電池の種類によって異なったものになる。

◆イオン伝導体の電気伝導性

電解液にも**電気抵抗**が存在し、金属などの電子伝導体と同じように電流と電圧の間には**オームの法則**が成立する。なお、電子伝導体の場合、電流の流れやすさを示す物理量を**コンダクタンス**ということが多いが、電気化学の分野で**イオン伝導体**の場合は**電気伝導度**ということも多い。もちろん、電気伝導度の単位には [S] が使われる。

また、断面積が $S [m^2]$ で長さが $l [m]$ の円柱状の電解液を考えると、金属の場合と同じように電解液の**電気抵抗率**を示すことができ、その逆数が**電気伝導率**になる。イオン伝導体の電気伝導率は、電子伝導体に比べると格段に低い。

電解液では、単位体積あたりの**電荷キャリア**の数が多いほど、1個のキャリアが運ぶ**電荷**が大きいほど、キャリアが動きやすいほど、電気伝導率が大きくなる。キャリアの動きやすさはイオンの**移動度**と表現されることが多く、イオンの電荷が大きいほど、**溶媒和**構造を含めたイオンの実質的な半径が小さいほど、移動度が大きくなる。また、溶液の粘度が低いほど、温度が高いほど、移動度が大きくなる。

水は溶媒に使われるもののなかでは比較的粘度が小さいので、溶媒和したイオンが移動しやすい。また、溶媒が水の場合、**水素イオン** H^+ は他のイオンに比べて移動度が大きくなる。詳しい説明は省略するが、**プロトンジャンプ**などと呼ばれる機構によって H^+ そのものは動くことなく、隣り合った水分子の間で水素結合の位置が順次かわっていくことで、実質的な H^+ の位置が変化していくため、イオンそのものが移動するより素早く移動できる。H^+ には劣るものの、同様の機構によって**水酸化物イオン** OH^- も他のイオンに比べて移動度が大きい。そのため、電気化学の分野では電気伝導率が高い**酸性**の水溶液(H^+ が多数存在)もしくは**アルカリ性**の水溶液(OH^- が多数存在)が電解液に使われることが多い。

◆酸と塩基（アルカリ）

　酸と塩基は代表的な電解質であり、化学電池でも使われることがある。酸と塩基の定義にはさまざまなものがあるが、代表的なものは水素イオン H^+ と水酸化物イオン OH^- によって定義されている。この定義では、水に溶けた際に H^+ を生じるものを酸といい、酸として働く性質を酸性という。ほどんどの酸は名称が「○○酸」となっている。いっぽう、水に溶けた際に OH^- を生じるものを塩基といい、塩基のなかで水に溶けているものをアルカリという。塩基（アルカリ）として働く性質を塩基性（アルカリ性）という。塩基は名称が「水酸化○○」となっていて、OH^- になれる原子団をもっているものが多いが、アンモニア NH_3 のように水と反応することで OH^- を生じる塩基もある。代表的な酸と塩基の電離式は〈式08-03〜07〉のようになる。酸と塩基（アルカリ）どちらの性質も示さないものは中性という。

　酸と塩基には強弱がある。水素イオン H^+ を生じやすい酸は強い酸であり、水酸化物イオン OH^- を生じやすい塩基は強い塩基だ。こうした酸や塩基の強弱は、電離度の大小で決まる。電離度の大きい酸、塩基（アルカリ）をそれぞれ強酸、強塩基（強アルカリ）といい、電離度の小さい酸、塩基（アルカリ）をそれぞれ弱酸、弱塩基（弱アルカリ）という。

　酸や塩基は価数で分類されることもある。塩酸 HCl は H^+ になれる水素が1つしかないので1価の酸といい、硫酸 H_2SO_4 のように H^+ になれる水素が2つある酸は2価の酸という。塩基の場合も同様で、水酸化ナトリウム $NaOH$ は1価の塩基であり、水酸化カルシウム $Ca(OH)_2$ は2価の塩基だ。

　水溶液の酸性とアルカリ性の程度は水素イオン指数という物理量で示すことができ、記号 pH が使われる。水素イオン指数は水素イオン濃度指数ともいい、水素イオンのモル濃度から導き出される。水溶液中の水素イオンのモル濃度と水酸化物イオンのモル濃度には一定の関係があるため、水素イオン指数によってアルカリ性の程度も示すことができる。pH

■代表的な酸と塩基の電離式

塩酸・・・・・・・・・	HCl	→	H^+	+	Cl^-	〈式08-03〉
硫酸・・・・・・・・・	H_2SO_4	→	$2H^+$	+	SO_4^{2-}	〈式08-04〉
酢酸・・・・・・・・・	CH_3COOH	→	H^+	+	CH_3COO^-	〈式08-05〉
水酸化ナトリウム・・	$NaOH$	→	Na^+	+	OH^-	〈式08-06〉
水酸化カルシウム・・	$Ca(OH)_2$	→	Ca^{2+}	+	$2OH^-$	〈式08-07〉

は0～14の範囲で示され、pH7が中性になる。pHが7より小さければ酸性であり、数値が小さくなるほど酸性が強くなる。pHが7より大きければアルカリ性であり、数値が大きくなるほどアルカリ性が強くなる。

　強酸や弱塩基といった電離度によって決まる酸や塩基の強弱はpHで表されるものではない。強酸であっても水に入れる量が少なければpHはさほど下がらず、弱酸であっても大量に水に入れればpHが大きく下がる。

　また、酸には、**酸化性の酸**と**非酸化性の酸**がある。酸は、水素イオンとその他の部分に分けて考えることができるが、酸化性の酸は、水素イオン以外の部分にも酸化力がある酸のことだ。これには濃硝酸や濃硫酸がある。いっぽう、非酸化性の酸は水素イオンだけが**酸化剤**として作用する酸のことで、**還元性の酸**と呼ばれることもある。これには塩酸や中濃度（約50%）以下の硫酸がある。一般的に酸といった場合には、非酸化性の酸をさしていることが多い。

◆中和反応と塩

　酸の水素イオン H^+ と**塩基の水酸化物イオン** OH^- とが反応して水 H_2O を生成する化学反応を**中和反応**といい、中和反応の際に水以外に生じる物質を総称して**塩**という。たとえば、塩酸 HCl と水酸化ナトリウム $NaOH$ の水溶液を混ぜると、〈式08-08〉のような中和反応が起こり、水 H_2O と塩化ナトリウム $NaCl$ が生成される。この塩化ナトリウムのように中和反応によって生じる水以外の生成物が塩だ。

$$HCl\ +\ NaOH\ \rightarrow\ NaCl\ +\ H_2O \quad\cdots\cdots\cdots\cdots\cdots\cdots\cdots \langle式08\text{-}08\rangle$$

　中和反応は**酸性**と**塩基性（アルカリ性）**を打ち消し合う反応ともいえ、実際適量同士を混ぜ合わせれば中性になるが、塩は中性であるとは限らない。塩は混ぜ合わせる酸と塩基の強弱によって酸性か塩基性かが決まる。強酸と強塩基からできた塩は中性になるが、強酸と弱塩基からできた塩は酸性になり、弱酸と強塩基からできた塩は塩基性になる。弱酸と弱塩基からできた塩は一般的には中性だが、中性にならないものもある。

　また、塩は**酸性塩**、**塩基性塩**、**正塩**に分類される。化学式中に H^+ を含む塩が酸性塩、OH^- を含む塩が塩基性塩、どちらも含まない塩が正塩だ。ただし、この名称はそれぞれの塩が酸性や塩基性であることを示しているわけではない。あくまでも化学式から判断される。たとえば、炭酸水素ナトリウム $NaHCO_3$ は酸性塩だが、その水溶液は塩基性だ。

◆ 溶融塩とイオン液体

電解液以外にも液体の**イオン伝導体**が存在する。こうした液体には**溶融塩**と**イオン液体**があり、これらは溶媒を含まずイオンだけで構成されている。

たとえば、**電解質**である塩化ナトリウム NaCl は約800℃まで加熱すると、融解して液体になる。この液体はナトリウムイオン Na$^+$ と塩化物イオン Cl$^-$ だけで構成されていて、イオンが**電荷キャリア**として液体内を移動することができるので**イオン伝導性**を示す。

そもそも、酸と塩基の中和によって生じる塩は**イオン結合**により構成されているため、常温では強い**静電気力**によって固体の状態のものが多い。しかし、高温にして融解させると、電離して陽イオンと陰イオンだけから構成される液体になる。これを溶融塩という。溶融塩は液体であるため、それぞれのイオンは移動することができる。

溶融塩は最低でも300℃程度の高温状態にする必要があるが、1990年代に常温で液体状態の塩が合成され、以降も研究開発が続いている。こうした常温で液体である化合物を、融点が低い塩という意味から当初は、**低融点溶融塩**や**常温溶融塩**、**室温溶融塩**などといったが、現在ではイオン液体というのが一般的だ。明確な定義はないが、融点が100°C以下もしくは150°C以下のものをイオン液体という。

◆ 固体電解質

固体のままで高い**イオン伝導性**を示す物質を**固体電解質**という。「溶媒に溶かすと、陽イオンと陰イオンに電離する物質」という**電解質**の定義から考えると、不思議な名称だが、固体電解質は溶液に溶かす前の固体の電解質という意味ではない。固体の**イオン伝導体**のことだと考えたほうがわかりやすい。固体電解質の存在は19世紀に発見されていたが、実用的な固体電解質の開発は1990年代からであり、以降も研究開発が続いている。**有機固体電解質**（**高分子固体電解質**、**ポリマー固体電解質**）もあるが、単に固体電解質といった場合は**無機固体電解質**を示していることが多い。

固体電解質は外部から**電場**を加えると、**電荷キャリア**として**イオン**が移動する。キャリアがイオンという点では電解液と同様だが、物質が固体であるためイオンの移動速度は電解液よりはるかに遅いのが一般的だった。しかし、現在では電解液を上回るイオン伝導性を備えたものも開発されている。また、電解液の場合は2種類以上のイオンが電荷キャリアになることがあるが、固体電解質では1種類のイオンが電荷キャリアになる。代表的な固体電解質には**β-アルミナ**や**窒化リチウム**、**安定化ジルコニア**といったものがある。

第2章

化学電池の原理

化学電池の基本原理

[電子をいったん外部に取り出して仕事をさせる]

　化学電池とは、物質の化学エネルギーを電気エネルギーに変換するものだ。こうした物質の化学エネルギーは、電子がもっているエネルギーだと考えることができる。

　たとえば、水素の燃焼という化学反応は発熱反応だ。つまり、化学エネルギーが熱エネルギーに変換される。この化学反応で実際に何が起こっているかというと、水素が電子を放出して酸化され、酸素は電子を受け取って還元されている。電子のやり取りで熱エネルギーが生じたのだから、電子がエネルギーをもっていると考えられるわけだ。

　燃焼という酸化還元反応の場合、反応する物質同士が直接に電子のやり取りをおこなっているので、電子のもっているエネルギーを外部に取り出すことができず、熱エネルギーに変換されてしまう（参照〈図01-01〉）。電子のもっているエネルギーを電気エネルギーとして利用するためには、酸化反応と還元反応を離れた場所で起こさせ、いったん電子を外部に取り出す必要がある。酸化反応と還元反応は対になって生じる必要があるが、酸化反応で放出された電子をいったん外部に取り出し、外部を通過させた後に還元反応を生じさせる場所に送れば、酸化還元反応は対にすることができる。電子が外部を通過している間であれば、電子のもっているエネルギーに仕事をさせることが可能になる。

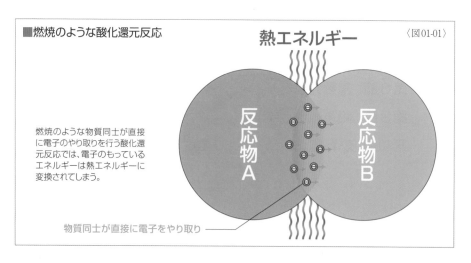

■燃焼のような酸化還元反応　　　　　　　　　熱エネルギー　　　〈図01-01〉

燃焼のような物質同士が直接に電子のやり取りを行う酸化還元反応では、電子のもっているエネルギーは熱エネルギーに変換されてしまう。

反応物A　　反応物B

物質同士が直接に電子をやり取り

◆化学電池の考え方

　電子のもっているエネルギーを**電気エネルギー**として利用するために工夫されたものが**化学電池**だ。化学電池では、〈図01-02〉のように電池内部の2カ所の離れた場所それぞれで**酸化反応**と**還元反応**を生じることが可能な構造になっている。その2カ所を外部の電気回路で接続すると、酸化反応で放出された電子は、外部回路を通じて移動し、還元反応を生じさせられる。外部回路は**電子伝導体**で作られた導線と**負荷**で構成されているので、外部回路を通じて電子が移動する間に、負荷で電気エネルギーに仕事をさせることができる。ちなみに、電気の分野で負荷とは電気回路内で実際に仕事をする要素のことで、モーターや照明器具、暖房器具などさまざまなものがある。つまり、負荷とは電気エネルギーを他の形態のエネルギーに変換するものだ。

　しかし、これだけでは**電荷**の移動が一方通行であり、電荷の存在がアンバランスになり**電気的に中性**が保てなくなるため、連続的な電子の移動が生じない。そのため、化学電池では酸化反応と還元反応を**電解液**などの**イオン伝導体**でも接続している。これにより、電気的なアンバランスが**イオン**の移動によって解消される。結果、外部回路では電子が移動し、電池内部ではイオンが移動することで、連続した電荷の移動が可能になる。

　以上をまとめると、酸化反応が生じる場所と還元反応が生じる場所をイオン伝導体でつないだものが化学電池だといえる。酸化反応が生じる場所と還元反応が生じる場所それぞれが、電池の端子になり、この2つの端子を負荷を介して電子伝導体でつなぐと、負荷で電気エネルギーを利用できるようになる。

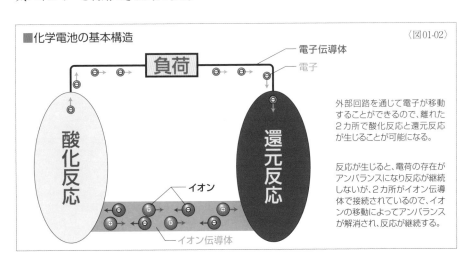

■化学電池の基本構造　　　　　　　　　　　　　　　　　　　〈図01-02〉

負荷　　　　　　　　　　　電子伝導体
　　　　　　　　　　　　　電子

酸化反応　　還元反応

イオン

イオン伝導体

外部回路を通じて電子が移動することができるので、離れた2カ所で酸化反応と還元反応が生じることが可能になる。

反応が生じると、電荷の存在がアンバランスになり反応が継続しないが、2カ所がイオン伝導体で接続されているので、イオンの移動によってアンバランスが解消され、反応が継続する。

イオン化傾向

［金属には酸に溶けるものと溶けないものがある］

　金属のなかには酸(さん)に溶けるものがある。このように金属が液体のなかに溶け込む現象を溶解(ようかい)といい、溶液中に溶け出すことを溶出(ようしゅつ)という。化学電池内で生じる化学反応(ちない)において、金属の溶解は重要な役割を果たすことが多い。しかし、酸に溶ける金属があるいっぽうで、同じ酸に溶けない金属もある。こうした酸に溶ける金属と溶けない金属の違いはイオン化(か)傾向(けいこう)というもので考えることができる。なお、金属であることを明示する場合は、その元素名(げん)の前もしくは後ろに「金属」とつけて表現することがある。たとえば、金属結晶中の亜鉛原(きんぞくけっしょうちゅう)(あえんげん)子(し)は金属亜鉛(きんぞくあえん)と表現することがある。

◆ 金属の溶解

　〈図02-01〉のように硫酸(りゅうさん) H_2SO_4 の薄い水溶液である希硫酸(すいようえき)(きりゅうさん)(あえん)に亜鉛 Zn の板を入れるという実験をしてみると、亜鉛板は泡を出しながら溶けていく。その際に生じる泡は気体の水素(あえんばん)(あわ)(すいそ) H_2 だ。この反応を化学式で表すと〈式02-02〉のようになる。なお、この反応は発熱反応(かがくしき)(はつねつはんのう)だ。

$$Zn + H_2SO_4 \rightarrow ZnSO_4 + H_2 \quad \cdots\cdots\cdots\cdots\cdots\cdots\cdots\cdots\cdots \langle 式02-02 \rangle$$

　こうした反応式を全反応式(ぜんはんのうしき)というが、示されているのは反応物(はんのうぶつ)と生成物(せいせいぶつ)だけなので、実

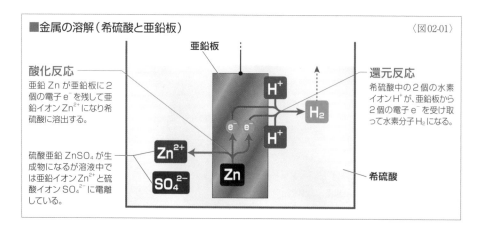

■金属の溶解（希硫酸と亜鉛板）　　　　　　　　　　　　　　　　　　　　　〈図02-01〉

酸化反応
亜鉛 Zn が亜鉛板に2個の電子 e^- を残して亜鉛イオン Zn^{2+} になり希硫酸に溶出する。

亜鉛板

還元反応
希硫酸中の2個の水素イオン H^+ が、亜鉛板から2個の電子 e^- を受け取って水素分子 H_2 になる。

硫酸亜鉛 $ZnSO_4$ が生成物になるが溶液中では亜鉛イオン Zn^{2+} と硫酸イオン SO_4^{2-} に電離している。

希硫酸

際に何が起こっているかはよくわからない。

　この反応を順に追って考えてみると以下のようになる。まず、硫酸は**電解質**であるため、〈式02-03〉のように**電解液**中では水素イオン H^+ と硫酸イオン $SO4^{2-}$ に**電離**している。この希硫酸に亜鉛板を入れると、溶けてなくなっていくように見えるわけだが、これは金属亜鉛が亜鉛イオン Zn^{2+} になって電解液中に溶け込んだことを意味する。亜鉛イオンは無色透明なので、溶けた分だけなくなったように見える。その際には亜鉛板上に2個の電子 e^- を残していくので、〈式02-04〉のように示すことができる。この2個の電子が、希硫酸中の2個の水素イオン H^+ に取り込まれて2個の水素原子 H になり、さらに水素原子が2個が結びついて水素分子 H_2 の気体になる。これを式で表すと〈式02-05〉になる。

$$H_2SO_4 \quad \rightarrow \quad 2H^+ + \quad SO_4^{2-} \quad \cdots\cdots\cdots\cdots\cdots \quad \langle 式02\text{-}03 \rangle$$

$$Zn \quad \rightarrow \quad Zn^{2+} + 2e^- \quad \cdots\cdots\cdots\cdots\cdots\cdots\cdots \quad \langle 式02\text{-}04 \rangle$$

$$2H^+ + 2e^- \quad \rightarrow \quad H_2 \quad \cdots\cdots\cdots\cdots\cdots\cdots\cdots \quad \langle 式02\text{-}05 \rangle$$

　全反応式では生成物として硫酸亜鉛 $ZnSO_4$ が示されているが、実際には電離して亜鉛イオン Zn^{2+} と硫酸イオン SO_4^{2-} になっているため、目に見える生成物にはなっていない（硫酸塩を水溶液から結晶化させれば白色の結晶になる）。電離しているものを明示して全反応式を示すと、〈式02-06〉になる。この式のほうが、〈式02-02〉より実際の状況を理解しやすいはずだ。溶液中の硫酸イオンは反応の前後でまったく変化していない。

$$Zn + 2H^+ + SO_4^{2-} \quad \rightarrow \quad Zn^{2+} + SO_4^{2-} + H_2 \quad \cdots\cdots\cdots\cdots \quad \langle 式02\text{-}06 \rangle$$

　〈式02-04〉で示したように亜鉛は電子を失っているので**酸化反応**であり、〈式02-05〉で示したように水素イオンは電子を受け取っているので**還元反応**だ。この**酸化還元反応**が、亜鉛板と電解液が接している境界面で生じている。

　念のために全反応式を**酸化数**で確認してみると以下の〈式02-07〉のようになる。亜鉛は酸化数が増えているので酸化されていて、水素は酸化数が減っているので還元されていることがわかる。硫酸イオンは酸化も還元もされていない。

※ 硫酸イオンを構成する硫黄 S と酸素 O は酸化数が変化していないので酸化も還元もされていない。

◆イオン化傾向

　前ページの実験で、希硫酸に亜鉛板を入れると、亜鉛が**溶解**し、水素が発生するのは、亜鉛には水素より**イオン**になりやすい性質があるためだと考えることができる。こうした溶液中における金属原子の**陽イオン**へのなりやすさの性質を**イオン化傾向**といい、大小で比較することができる。水素は金属ではないが、陽イオンになる性質をもっているため、金属とイオン化傾向の大小を比較することができる。前ページの実験では、亜鉛がイオンになって溶解し、水素イオンが水素になったので、水素は亜鉛よりイオン化傾向が小さいわけだ。ただし、イオン化傾向はあくまでも相互の大小関係を示すものだ。数値で表すことができる物理量ではない。

　〈図02-08〉のように、希硫酸 H_2SO_4 に銅 Cu の板を入れても、見た目には何も変化が起こらない。これは、銅はイオンになることはなく、水素イオン H^+ がイオンの状態を保っているといえる。つまり、銅は水素よりイオン化傾向が小さいといえる。

　亜鉛と銅の関係を考えてみると、銅は水素よりイオン化傾向が小さく、亜鉛は水素よりイオン化傾向が大きいので、銅は亜鉛よりイオン化傾向が小さいと考えることができる。

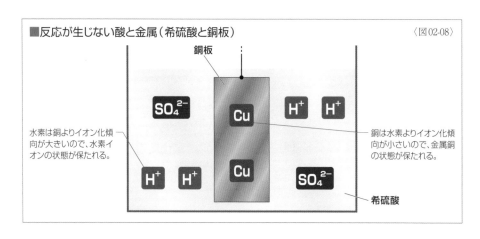

■反応が生じない酸と金属（希硫酸と銅板）　　　　　　　　　〈図02-08〉

銅板

水素は銅よりイオン化傾向が大きいので、水素イオンの状態が保たれる。

銅は水素よりイオン化傾向が小さいので、金属銅の状態が保たれる。

希硫酸

◆金属の析出

　今度は〈図02-09〉のように硫酸銅（Ⅱ）$CuSO_4$ の水溶液に、亜鉛 Zn の板を入れる実験をしてみよう。硫酸銅（Ⅱ）水溶液はきれいな青色だが、この青色は銅イオン Cu^{2+} の色だ。多くの金属イオンは無色透明だが2価の銅イオンは青い色をもっている。ちなみに、硫酸銅（Ⅱ）は結晶水という水分子を含む結晶であるため、結晶の状態でもきれいな青色を示す。

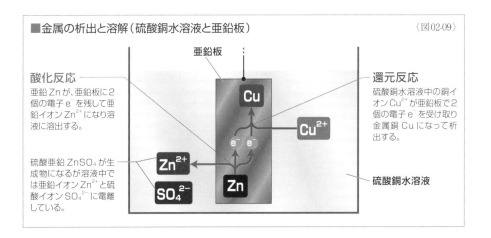

■金属の析出と溶解（硫酸銅水溶液と亜鉛板） 〈図02-09〉

亜鉛板

酸化反応
亜鉛 Zn が、亜鉛板に2個の電子 e⁻ を残して亜鉛イオン Zn²⁺ になり溶液に溶出する。

還元反応
硫酸銅水溶液中の銅イオン Cu²⁺ が亜鉛板で2個の電子 e⁻ を受け取り金属銅 Cu になって析出する。

硫酸亜鉛 ZnSO₄ が生成物になるが溶液中では亜鉛イオン Zn²⁺ と硫酸イオン SO₄²⁻ に電離している。

硫酸銅水溶液

　硫酸銅（II）水溶液に亜鉛板を入れてしばらく待っていると、亜鉛板が赤っぽくなり、水溶液の色が薄くなっていく。亜鉛板が赤くなるのは、その表面に金属銅 Cu が付着したからであり、水溶液の青色が薄くなっていくのは銅イオンが減少していったためだ。この反応を**全反応式**で表すと〈式02-10〉のようになる。なお、この反応は**発熱反応**だ。

$$Zn + CuSO_4 \rightarrow ZnSO_4 + Cu \quad \cdots\cdots\cdots\cdots\cdots\cdots \text{〈式02-10〉}$$

　この場合も、硫酸銅（II）は水溶液中で〈式02-11〉のように銅イオン Cu²⁺ と硫酸イオン SO₄²⁻ に**電離**している。先に説明したように、亜鉛は銅より**イオン化傾向**が大きいため、亜鉛板の金属亜鉛 Zn は〈式02-12〉のように亜鉛イオン Zn²⁺ になって溶液中に溶け出し、亜鉛板に2個の電子 e⁻ を残す。その電子を受け取った銅イオン Cu²⁺ は〈式02-13〉のように金属銅 Cu になって亜鉛板に付着する。電離しているものを明示して全反応式を示すと、〈式02-14〉になる。

$$CuSO_4 \rightarrow Cu^{2+} + SO_4^{2-} \quad \cdots\cdots\cdots\cdots\cdots\cdots \text{〈式02-11〉}$$
$$Zn \rightarrow Zn^{2+} + 2e^- \quad \cdots\cdots\cdots\cdots\cdots\cdots\cdots \text{〈式02-12〉}$$
$$Cu^{2+} + 2e^- \rightarrow Cu \quad \cdots\cdots\cdots\cdots\cdots\cdots\cdots \text{〈式02-13〉}$$
$$Zn + Cu^{2+} + SO_4^{2-} \rightarrow Zn^{2+} + SO_4^{2-} + Cu \quad \cdots\cdots\cdots\cdots \text{〈式02-14〉}$$

　このように溶液中の溶質の成分が固体になって現れる現象を**析出**という。つまり、この実験では亜鉛が**溶解**し、銅が析出している。なお、この反応も亜鉛の酸化と、銅イオンの還元という**酸化還元反応**だ。

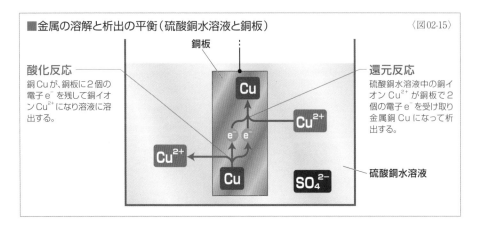

銅板

酸化反応
銅 Cu が、銅板に２個の電子 e⁻ を残して銅イオン Cu²⁺ になり溶液に溶出する。

還元反応
硫酸銅水溶液中の銅イオン Cu²⁺ が銅板で２個の電子 e⁻ を受け取り金属銅 Cu になって析出する。

Cu

Cu²⁺

e⁻ e⁻

Cu²⁺

Cu

SO₄²⁻

硫酸銅水溶液

◆金属の溶解と析出の平衡

〈図02-15〉のように硫酸銅（Ⅱ）CuSO₄ の水溶液に銅 Cu の板を入れるとどうなるだろうか。この場合、見た目には何も変化が起こらないが、実際には金属銅は〈式02-16〉のように銅板に電子を残して銅イオンになって**溶解**し、溶液中の銅イオンはその電子を受け取って〈式02-17〉のように金属銅になって**析出**する。しかし、**酸化反応**と**還元反応**は必ず対になって進行するため同じ速度で進行する。結果、見た目には変化が起こらないわけだ。

$$Cu \rightarrow Cu^{2+} + 2e^-$$ ・・・・・・・・・・・・・・・・・・・・・・・・・・・・・・・・・・・・〈式02-16〉

$$Cu^{2+} + 2e^- \rightarrow Cu$$ ・・・・・・・・・・・・・・・・・・・・・・・・・・・・・・・・・・・・〈式02-17〉

こうした状態を**平衡状態**といい、その反応を**平衡反応**という。この平衡反応を化学式で示すと〈式02-18〉のようになる。一般的な化学反応では、右向きの矢印を使用するが、平衡反応の場合は逆方向の矢印も併記される。

$$Cu^{2+} + 2e^- \rightleftarrows Cu$$ ・・・・・・・・・・・・・・・・・・・・・・・・・・・・・・・・・・・〈式02-18〉

硫酸亜鉛 ZnSO₄ の水溶液に亜鉛 Zn の板を入れた場合も同様に考えることができる。亜鉛板には金属亜鉛が存在し、水溶液には亜鉛イオンが存在するため、〈式02-19〉のような平衡反応が生じ、見た目には変化が生じない。

$$Zn^{2+} + 2e^- \rightleftarrows Zn$$ ・・・・・・・・・・・・・・・・・・・・・・・・・・・・・・・・・・・〈式02-19〉

ただし、硫酸亜鉛水溶液に亜鉛板を入れても見た目には変化が起こらないが、亜鉛板

はわずかに帯電する。水溶液中には水分子もわずかに電離した水素イオン H^+ と水酸化物イオン OH^- が存在している。水素よりイオン化傾向が大きい亜鉛のような金属の場合、このわずかな水素イオンの存在により、わずかな金属亜鉛が酸化されて、亜鉛イオンが水溶液中に溶出し、電子が亜鉛板に残る。結果、亜鉛板がわずかに**マイナスに帯電**する。

　銅のように水素よりイオン化傾向が小さな金属の場合は逆の現象が生じる。硫酸銅水溶液に銅板を入れても平衡反応が生じるので見た目には変化が生じないが、わずかな銅イオンが析出することで、銅板がわずかに**プラスに帯電**する。

◆ イオン化列

　イオン化傾向の大小の順に**金属元素**を並べたものを**イオン化列**という。**水素**は金属ではないが、各種水溶液中の反応の基準にすることができるため一般的にイオン化列に含められている。イオン化列からは、2種類の金属の関係を知ることができる。たとえば、金属Aのイオンを含む溶液に、それよりイオン化傾向の大きい金属Bを浸したのであれば、金属Bが**溶解**してイオン化する。逆に、金属Aよりイオン化傾向の小さい金属Cを浸したのであれば、金属Cには変化が起こらない。また、イオン化列からは、水や酸素との反応しやすさや反応しにくさを読み取ることができる。

　中学理科や高校化学でよく使われるイオン化列は〈表02-20〉のように16種類の金属と水素のイオン化傾向の順番を示したものだ。この並び順に間違いはないのだが、簡単な実験では順番通りの結果が得られないこともある。これはイオン化傾向が溶液の濃度などさまざまな要素に影響を受けるためだ。そのため、最近の中学や高校では、〔Li、K、Ca、Na〕＞〔Mg〕＞〔Al、Zn、Fe〕＞〔Ni、Sn、Pb〕＞〔H₂、Cu〕＞〔Hg、Ag〕＞〔Pt、Au〕のように細かい順をつけずグループごとの関係としてイオン化傾向が説明されることもある。

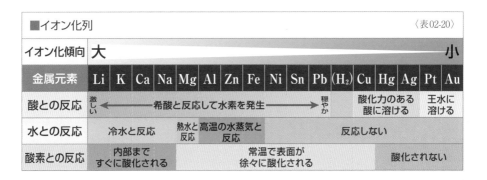

■イオン化列																〈表02-20〉
イオン化傾向	大															小
金属元素	Li	K	Ca	Na	Mg	Al	Zn	Fe	Ni	Sn	Pb	(H₂)	Cu	Hg	Ag	Pt	Au
酸との反応	激しい ← 希酸と反応して水素を発生 → 穏やか											酸化力のある酸に溶ける			王水に溶ける	
水との反応	冷水と反応				熱水と反応	高温の水蒸気と反応	反応しない										
酸素との反応	内部まですぐに酸化される			常温で表面が徐々に酸化される										酸化されない			

ボルタ電池

[化学電池の原理を解明したボルタの発明]

　科学史上で最初の**化学電池**とされるのが**ボルタ電池**だ。1800年にイタリアの物理学者ボルタによって発明されたため、ボルタ電池と呼ばれる。ボルタは1794年には**ボルタ電堆**というものを発明して電流という現象を確認したが、その電堆を改良していくことでボルタ電池が発明された。この発明によって化学電池の原理が解明されたといえる。また、ボルタ電池の発明によって比較的簡単に連続して電流が得られるようになったことが、数多くの電気や電磁気についての重要な発見や発明に貢献したといえる。

　ボルタ電池は電圧が低下したりすぐに使えなくなったりするなどの欠点があったため、より実用的な電池であるダニエル電池（P70参照）が発明されると使われなくなっていった。しかし、ボルタ電池は構造がシンプルで一次電池の原理を理解しやすい電池であるため、現在でも中学理科で取り上げられることが多い。本書でもボルタ電池から化学電池を説明していく。なお、ボルタ電池の問題点については本章第6節で説明する（P77参照）。

◆ ボルタ電池の動作原理

　ボルタ電池の構造を模式的に示すと〈図03-01〉のようになる。希硫酸で満たした容器のなかに**亜鉛**の板と**銅**の板を浸したものだ。電池として使用する際には、亜鉛板と銅板が負荷を備えた外部回路でつながれる。

　硫酸 H_2SO_4 の水溶液である希硫酸は**電解液**であり、水素イオン H^+ と硫酸イオン SO_4^{2-} に電離している。亜鉛は水素より**イオン化傾向**が大きいので、亜鉛板の金属亜鉛 Zn は2個の電子 e^- を残して亜鉛イオン Zn^{2+} になって電解液中に溶け込む。つまり、金属の**溶解**が起こる。

　亜鉛板に残された電子は、外部回路を通って銅板に移動する。銅は水素よりイオン化傾向が小さいので、移動してきた2個の電子 e^- は、希硫酸中の2個の水素イオン H^+ に取り込まれて2個の水素原子 H になり、さらに水素原子が2個結びついて水素分子 H_2 の気体になる。

　こうした化学反応によって電解液の水素イオンは減っていくが、同時に亜鉛板から溶出す

る亜鉛イオンが増えるため、電解液は**電気的に中性**が保たれる。そのため、亜鉛板では金属亜鉛が溶解して亜鉛イオンになり続けることで次々と電子が供給され、その電子が銅板に移動していく。これにより連続した電子の移動が生じる。つまり、外部回路を**電流**が流れるわけだ。亜鉛板から銅板に電子が連続して移動するということは、電流は銅板から亜鉛板に流れることになる。このように、電池から電流を取り出している状態を**放電**という。

　ボルタ電池の原理は以上のように説明されることが多いが、「金属の溶解（P60参照）」で説明したように希硫酸に亜鉛板を浸すと、亜鉛が溶解してその場で水素が発生する。ボルタ電池の場合はどうして電子がわざわざ外部回路を通って銅板に移動し、そこで水素を発生させるのだろうか。これは、亜鉛より銅のほうが水素発生反応の**触媒**の作用が強いためだ。化学反応は起こりやすい場所で起こるため、水素発生反応が起こりやすい銅板に電子が移動して、そこで水素を発生させる。

　しかし、実際にボルタ電池を作って実験してみればわかるが、銅板よりは少ないものの、亜鉛板でも水素が発生することが多い。これは外部回路を移動せず、その場で水素を発生させる電子もあるためだ。たとえば、水素発生反応の触媒作用が銅より強い白金の板を銅板の代わりに使えば、亜鉛板での水素の発生を抑えることができる。

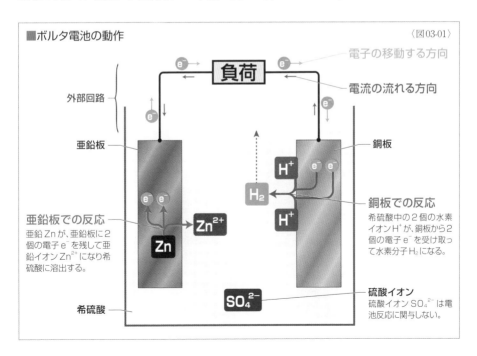

■ボルタ電池の動作　〈図03-01〉

電子の移動する方向

負荷

電流の流れる方向

外部回路

亜鉛板

銅板

H⁺　e⁻　e⁻

H₂

H⁺

e⁻　e⁻

Zn²⁺

Zn

亜鉛板での反応
亜鉛 Zn が、亜鉛板に2個の電子 e⁻ を残して亜鉛イオン Zn²⁺ になり希硫酸に溶出する。

銅板での反応
希硫酸中の2個の水素イオン H⁺ が、銅板から2個の電子 e⁻ を受け取って水素分子 H₂ になる。

SO₄²⁻

硫酸イオン
硫酸イオン SO₄²⁻ は電池反応に関与しない。

希硫酸

◆化学電池の電極

ボルタ電池における亜鉛板や銅板のように化学反応が生じる場所を電気化学の分野では電極という。厳密には、**イオン伝導体**に触れている**電子伝導体**の境界面を電極というが、その電子伝導体全体を電極ということも多い。ボルタ電池では、イオン伝導体が**電解液**（希硫酸）であり、そこに触れている電子伝導体が亜鉛板と銅板だ。

化学電池の電極には**正極**と**負極**の2種類がある。電流が流れ出す側、つまり電子が流れ込む側の電極を正極といい、電流が流れ込む側、つまり電子が流れ出す側を負極という。ボルタ電池では、電子が流れ出す亜鉛板が負極であり、電子が流れ込む銅板が正極だ。また、電気化学の分野では2つの電極とイオン伝導体の組み合わせを**電気化学セル**という。

乾電池のような身近な電池で考えてみると、電池には**プラス端子**と**マイナス端子**があり、電池を使う際にはプラス端子からマイナス端子に電流が流れる。つまり、電池のプラス端子は正極につながっていて、マイナス端子は負極につながっている。

◆ボルタ電池の化学反応

この章の第1節で説明したように、**化学電池では酸化反応**と**還元反応**を離れた2つの場所で生じさせ、2つの場所を**イオン伝導体**でつなぐ必要がある。実際の化学電池では、その2つの場所が**正極**と**負極**になり、**電解液**が正極と負極をつなぐことになる。ボルタ電池の電解液では、〈式03-02〉のように硫酸 H_2SO_4 が水素イオン H^+ と硫酸イオン SO_4^{2-} に電離している。

$$電解液 \quad H_2SO_4 \quad \rightarrow \quad 2H^+ \quad + \quad SO_4^{2-} \quad \cdots\cdots\cdots\cdots\cdots 〈式03-02〉$$

正極と負極のそれぞれで生じる**電極反応**を**半電池反応**や**単極反応**といい、電池全体で生じる電池としての反応を**全電池反応**という。放電時に生じる反応なので**放電反応**ともいう。

ボルタ電池の負極である亜鉛板で生じている**半電池反応式**は〈式03-03〉のように示すことができる。金属亜鉛 Zn が2個の電子 e^- を失って**亜鉛イオン** Zn^{2+} になるので、この**負極反応**は酸化反応だ。いっぽう、正極である銅板で生じている半電池反応式は〈式03-04〉のように示すことができる。電解液中の2個の水素イオン H^+ が2個の電子 e^- を受け取って最終的に**水素分子** H_2 になるので、この**正極反応**は還元反応だ。**全電池反応式**は〈式03-05〉のように〈式03-03〉と〈式03-04〉の2つ式をまとめたものになる。この式は、亜鉛の酸化反応と水素イオンの還元反応をまとめたものなので当然、**酸化還元反応**だ。

$$\text{負極反応} \quad Zn \quad \rightarrow \quad Zn^{2+} \quad + \quad 2e^- \quad \cdots\cdots\cdots\cdots\cdots\cdots \langle\text{式}03\text{-}03\rangle$$

$$\text{正極反応} \quad 2H^+ \quad + \quad 2e^- \quad \rightarrow \quad H_2 \quad \cdots\cdots\cdots\cdots\cdots\cdots \langle\text{式}03\text{-}04\rangle$$

$$\text{全電池反応} \quad Zn \quad + \quad 2H^+ \quad \rightarrow \quad Zn^{2+} \quad + \quad H_2 \quad \cdots\cdots\cdots \langle\text{式}03\text{-}05\rangle$$

ボルタ電池全体の全反応式は〈式03-06〉になり、電離しているものを明示すると〈式03-07〉になる。この式と全電池反応式を比較してみると、硫酸イオン $SO_4{}^{2-}$ は電池反応に関与していないことがわかる。つまり、ボルタ電池の電解液に不可欠なものは水素イオンだ。酸性の電解液であれば同様の電池反応を生じさせられると考えられる。

$$Zn \quad + \quad H_2SO_4 \quad \rightarrow \quad ZnSO_4 \quad + \quad H_2 \quad \cdots\cdots\cdots\cdots\cdots\cdots \langle\text{式}03\text{-}06\rangle$$

$$Zn \quad + \quad 2H^+ \quad + \quad SO_4{}^{2-} \quad \rightarrow \quad Zn^{2+} \quad + \quad SO_4{}^{2-} \quad + \quad H_2 \quad \cdots \langle\text{式}03\text{-}07\rangle$$

実は〈式03-07〉は、希硫酸に浸した亜鉛板が溶解する反応式とまったく同じだ（P61〈式02-06〉参照）。同じ反応ではあるが、酸化反応と還元反応を離れた場所で生じさせることで化学電池として機能させることが可能になっている。また、銅 Cu については、全電池反応式はもちろん全反応式にも登場しない。銅は反応する場所、つまり電極として機能しているだけであることがわかる。では、正極はどんな金属でもよいかというと、そうではない。水素より**イオン化傾向**が小さい必要があり、さらに亜鉛より水素発生反応の**触媒**作用が強い必要がある。こうした金属には白金などがある。なお、ここでは説明のために全電池反応式と全反応式を区別したが、実際には全反応式を全電池反応式ということも多い。

◆ 化学電池の活物質

化学電池の**電極**で実際に電池反応する物質を**活物質**といい、**正極**で反応する物質を**正極活物質**、**負極**で反応する物質を**負極活物質**という。正極活物質は電池反応によって**還元**されるので**酸化剤**であり、負極活物質は電池反応によって**酸化**されるので**還元剤**だ。ボルタ電池の場合は、**半電池反応式**で示されるように、水素イオンが正極活物質になり、亜鉛が負極活物質になる。電池が使われると、活物質は減少していく。いずれかの活物質がなくなれば、一次電池は機能を停止する。つまり電池の寿命が訪れる。

化学電池では電極と活物質が混同されやすいが、動作原理を考える際には区別して認識する必要がある。ボルタ電池の場合、負極では亜鉛板が電極であると同時に活物質だが、正極では銅板が電極であり水素イオンが活物質なので、電極と活物質が同一ではない。

ダニエル電池

［商業利用も行われた世界初の実用的な化学電池］

　ボルタ電池には電圧が低下したりすぐに使えなくなったりするなどの欠点があった。この欠点を改良した化学電池が、イギリスの物理学者ダニエルが1836年に発明したダニエル電池だ。電極に亜鉛板と銅板を使う点はボルタ電池と同じだが、電解液を工夫することで、電圧の変化が少なく長く使い続けられる実用性の高い電池となり、商業利用も始まった。

◆ダニエル電池の動作原理

　ダニエル電池の構造を模式的に示すと〈図04-01〉のようになる。負極に亜鉛の板、正極に銅の板を使うが、電解液を入れる容器が素焼きの板によって負極側と正極側の2つのスペースに分けられ、負極側には硫酸亜鉛水溶液、正極側には硫酸銅水溶液を入れている。素焼きの板は微小な穴が無数にあいている多孔質であるため、2種類の電解液がすぐに混ざり合うことはないが、穴を通じて電解液同士が接触しているので、イオンは容易に移動できる。こうした化学電池の負極側と正極側を分離するものをセパレータという。隔壁や隔膜ということもある。正極と負極は負荷を備えた外部回路でつながれる。

　負極側の電解液は〈式04-02〉のように亜鉛イオン Zn^{2+} と硫酸イオン SO_4^{2-} に電離し、正極側の電解液は〈式04-03〉のように銅イオン Cu^{2+} と硫酸イオン SO_4^{2-} に電離している。

$$負極側電解液 \quad ZnSO_4 \quad \rightarrow \quad Zn^{2+} \quad + \quad SO_4^{2-} \quad \cdots\cdots\cdots\cdots\cdots 〈式04-02〉$$

$$正極側電解液 \quad CuSO_4 \quad \rightarrow \quad Cu^{2+} \quad + \quad SO_4^{2-} \quad \cdots\cdots\cdots\cdots\cdots 〈式04-03〉$$

　亜鉛は銅よりイオン化傾向が大きいので、この2つの金属の関係では、金属亜鉛は亜鉛イオンになろうとし、銅イオンは金属銅になろうとする。また、「金属の溶解と析出の平衡」で説明したように、硫酸亜鉛水溶液に浸した亜鉛板はわずかにマイナスに帯電し、硫酸銅水溶液に浸した銅板はわずかにプラスに帯電している。そのため亜鉛板では金属亜鉛 Zn が2個の電子 e^- を放出して亜鉛イオン Zn^{2+} になる溶解が生じる。残された電子は外部回路を通って銅板に移動する。移動してきた2個の電子 e^- は、電解液中の銅イオン Cu^{2+} に取り込まれて金属銅 Cu になって銅板上に析出する。

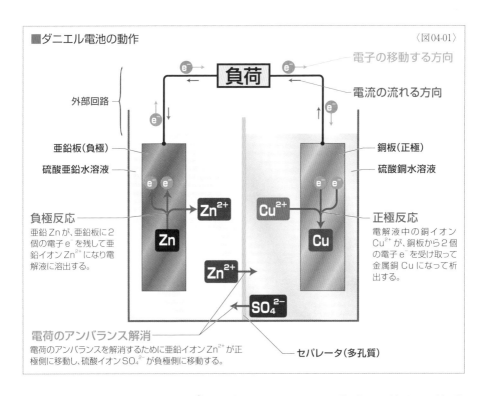

■ダニエル電池の動作　　　　　　　　　　　　　　　　　　　　〈図04-01〉

電子の移動する方向

電流の流れる方向

負荷

外部回路

亜鉛板(負極)

硫酸亜鉛水溶液

負極反応
亜鉛 Zn が、亜鉛板に2個の電子 e⁻ を残して亜鉛イオン Zn²⁺ になり電解液に溶出する。

銅板(正極)

硫酸銅水溶液

正極反応
電解液中の銅イオン Cu²⁺ が、銅板から2個の電子 e⁻ を受け取って金属銅 Cu になって析出する。

電荷のアンバランス解消
電荷のアンバランスを解消するために亜鉛イオン Zn²⁺ が正極側に移動し、硫酸イオン SO₄²⁻ が正極側に移動する。

セパレータ(多孔質)

　負極側の電解液は亜鉛イオン Zn^{2+} が増えていくことでプラスに帯電し、正極側の電解液は銅イオン Cu^{2+} が減少することでマイナスに帯電し、そのままでは**電荷**の存在がアンバランスになるが、イオンはセパレータを通過することができるため、**プラスの電荷**をもつ亜鉛イオン Zn^{2+} が負極側から正極側に移動し、**マイナスの電荷**をもつ硫酸イオン SO_4^{2-} が正極側から負極側に移動することで、**電気的に中性**が保たれる。これにより、外部回路に連続した電子の移動が生じ、電流が流れる。ダニエル電池の**負極反応**と**正極反応**の**半電池反応式**と、**全電池反応式**は〈式04-04〜06〉のようになる。

負極反応	$Zn \rightarrow Zn^{2+} + 2e^-$	$\cdots\cdots\cdots\cdots\cdots\cdots$〈式04-04〉
正極反応	$Cu^{2+} + 2e^- \rightarrow Cu$	$\cdots\cdots\cdots\cdots\cdots\cdots$〈式04-05〉
全電池反応	$Zn + Cu^{2+} \rightarrow Zn^{2+} + Cu$	$\cdots\cdots\cdots\cdots$〈式04-06〉

　いうまでもなく負極反応は**酸化反応**であり正極反応は**還元反応**だ。硫酸イオン SO_4^{2-} は電池反応の式には現れないが、電荷キャリアとして重要な役割を果たしている。また、**負極活物質**は亜鉛板の亜鉛であり、**正極活物質**は電解液の銅イオンだ。銅板の銅ではない。

標準電極電位と電池の起電力

[化学電池の正極と負極には電位差がある]

　電流は電位の高い場所から低い場所へと流れるものだ。化学電池に外部回路をつなぐと正極から負極へ電流が流れるということは、正極のほうが負極より電位が高いことを意味している。化学電池に外部回路がつながれていない状態（開回路）で現れる正極と負極の電位差を電池の起電力という。正極と負極それぞれを半電池と考えると、2つの半電池の電位の差が電池の起電力になる。

◆ 標準電極電位

　半電池の電位とは、酸化反応もしくは還元反応を起こす電極と電解液との境界面間の電位差だ。この電位差を電極電位という。しかし、半電池の電極電位を測定しようとしても、測定のための電解液に電子伝導体を入れた時点で、その電子伝導体が電極になってしまうので、測定することは不可能だ。そのため、基準とする電極を定めて、測定すべき半電池と組み合わせて電池を構成させて起電力を測定し、その相対的な電位差の値を電極電位としている。基準とする電極は基準電極といい、照合電極や参照電極などともいう。

　電極電位では、標準電極電位が一般的に使われている。標準電極電位では標準水素電極が基準電極に使われる。水素電極とは〈図05-01〉のように水素と水素イオンの反応を利用した半電池だ。水素イオンを含む溶液に白金 Pt の板を半分まで浸し、容器の下部から水素ガスを送ってその気泡を液中の白金板に当てることで、水素と水素イオンの平衡状態を作り出している。本書では詳しい

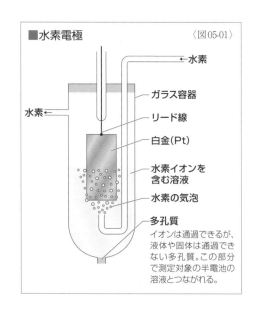

■水素電極　　　　　　　　　　　　　〈図05-01〉

← 水素
ガラス容器
リード線
白金(Pt)
水素イオンを含む溶液
水素の気泡
多孔質
イオンは通過できるが、液体や固体は通過できない多孔質。この部分で測定対象の半電池の溶液とつながれる。

水素 ←

説明は省略するが、水素イオン濃度などを標準状態として定められた条件に適合させたものを標準水素電極といい、その電位が基準の0Vに定められている。

標準水素電極と組み合わせて求められた半電池の電極電位が標準電極電位になる。簡単にいってしまえば、水素と水素イオンの反応を基準の0Vにしたさまざまな半電池の電極電位が標準電極電位だ。標準電極電位の量記号には$E°$が使われることが多く、単位は当然のごとく［V］だ。標準水素電極を基準電極にしていることを明示するために、その電位の値の後ろに（vs. SHE）と付記することもある。標準電極電位は、**標準酸化還元電位**、**標準電位**、**標準単極電位**、**標準レドックス電位**などということもある。

なお、標準水素電極が標準電極電位の基準ではあるが、この電極は取り扱いが難しい。そのため、一般的には標準水素電極に対して一定の電位を示す電極を基準電極として使用して〈図05-02〉のように測定を行う。こうした基準電極には、**飽和カロメル電極（甘汞電極）**や**銀・塩化銀電極**、**飽和硫酸銅電極**などがある。これらの基準電極を使用して電極電位を測定した際には、標準水素電極を基準にした場合の値に換算する必要がある。

扱いやすい基準電極を使ったとしても、定められた条件通りに測定するのは非常に難しい。しかし、さまざまな物質の標準電極電位はデータベース化されていて、電気化学便覧などにも掲載されているので容易に調べることができる（次ページに代表的な物質の標準電極電位〈表05-03〉を掲載）。

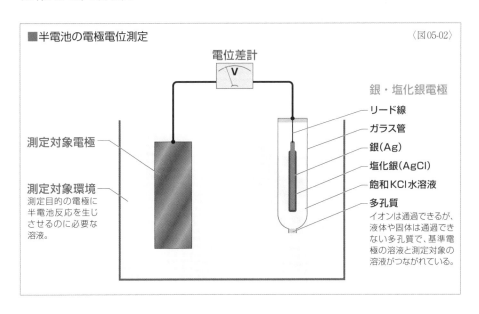

■半電池の電極電位測定　〈図05-02〉

電位差計

銀・塩化銀電極

リード線
ガラス管
銀（Ag）
塩化銀（AgCl）
飽和KCl水溶液
多孔質
イオンは通過できるが、液体や固体は通過できない多孔質で、基準電極の溶液と測定対象の溶液がつながっている。

測定対象電極

測定対象環境
測定目的の電極に半電池反応を生じさせるのに必要な溶液。

電極反応	電極電位 [V]
$Li^+ + e^- \rightleftarrows Li$	−3.045
$K^+ + e^- \rightleftarrows K$	−2.925
$Ba^{2+} + 2e^- \rightleftarrows Ba$	−2.92
$Ca^{2+} + 2e^- \rightleftarrows Ca$	−2.84
$Na^+ + e^- \rightleftarrows Na$	−2.714
$Mg^{2+} + 2e^- \rightleftarrows Mg$	−2.356
$Al^{3+} + 3e^- \rightleftarrows Al$	−1.676
$Ti^{2+} + 2e^- \rightleftarrows Ti$	−1.63
$Cr^{2+} + 2e^- \rightleftarrows Cr$	−0.90
$Zn^{2+} + 2e^- \rightleftarrows Zn$	−0.7626
$Fe^{2+} + 2e^- \rightleftarrows Fe$	−0.44
$Cd^{2+} + 2e^- \rightleftarrows Cd$	−0.4025
$Co^{2+} + 2e^- \rightleftarrows Co$	−0.277
$Ni^{2+} + 2e^- \rightleftarrows Ni$	−0.257
$Sn^{2+} + 2e^- \rightleftarrows Sn$	−0.1375
$Pb^{2+} + 2e^- \rightleftarrows Pb$	−0.1263
$2H^+ + 2e^- \rightleftarrows H_2$	0.0000
$Cu^{2+} + 2e^- \rightleftarrows Cu$	0.340
$O_2 + 2H_2O + 4e^- \rightleftarrows 4OH^-$	0.401
$Fe^{3+} + e^- \rightleftarrows Fe^{2+}$	0.771
$Hg_2^{2+} + 2e^- \rightleftarrows 2Hg(l)$	0.7960
$Ag^+ + e^- \rightleftarrows Ag$	0.7991
$Pt^{2+} + 2e^- \rightleftarrows Pt$	1.188
$Cl_2(aq) + 2e^- \rightleftarrows 2Cl^-$	1.396
$Au^{3+} + 3e^- \rightleftarrows Au$	1.52

（aq）はaquaの略で大量の水に溶けた状態を示し、（l）はliquidの略で液体の状態を示す。

◆ 電池の理論起電力

　標準電極電位を用いると、**正極反応**と**負極反応**の組み合わせから、電池の**起電力**を推定することができる。この理論上で得られる電池の起電力を**理論起電力**といい、〈式05-04〉

で求めることができる。

理論起電力 ＝ （正極の標準電極電位）−（負極の標準電極電位）　　・・・・〈式05-04〉

　ダニエル電池の場合、正極活物質である銅の標準電極電位は0.340 Vで、負極活物質である亜鉛の標準電極電位は−0.7626 Vだ。よって、理論起電力は0.340−(−0.7626)≒1.1 Vと計算される。いっぽう、ボルタ電池の場合は、正極活物質である水素の標準電極電位は0.0000 Vで、負極活物質である亜鉛の標準電極電位は−0.7626 Vだ。よって、理論起電力は0.0000−(−0.7626)≒0.76 Vと計算される。

　ただし、理論起電力はあくまでも正極活物質と負極活物質の標準電極電位から求められる起電力だ。実際に化学電池を作って実験しても、理論起電力通りの電圧が得られることは少ない。詳しくは以降で説明するが、電池内で生じるさまざまな現象によって電池の端子電圧は低下する。

◆イオン化列と標準電極電位

　標準電極電位は、その値が負で、その絶対値が大きい物質ほど酸化されやすい、つまり陽イオンになりやすいことを意味する。逆に、標準電極電位の値が正で、その絶対値が大きい物質ほど還元されやすい、つまり陽イオンになりにくいことを意味する。よって、標準電極電位の大小は、イオン化傾向の大小と逆順になる。

　事実、よく使われているイオン化列（P65〈表02-20〉参照）は16種類の金属と水素のイオン化傾向の大小の順番を示しているが、各金属などの標準電極電位を左ページの表から抽出して並べてみると、〈表05-05〉のように標準電極電位の大きさとは逆順に並んでいるのがわかる。しかし、たとえばリチウムとナトリウムの標準電極電位の差は約0.33 Vしかない。実際の電極電位は電解液の種類や濃度などで0.3 V程度は容易に変動する。そのため、最近では個々の金属に細かい順をつけず、グループごとの関係としてイオン化傾向が説明されることもあるわけだ。

■イオン化列と
　標準電極電位〈表05-05〉

金属元素	標準電極電位
Li	−3.045
K	−2.925
Ca	−2.84
Na	−2.714
Mg	−2.356
Al	−1.676
Zn	−0.7626
Fe	−0.44
Ni	−0.257
Sn	−0.1375
Pb	−0.1263
(H₂)	0.0000
Cu	0.340
Hg	0.7960
Ag	0.7991
Pt	1.188
Au	1.52

大 ↑ イオン化傾向 ↓ 小

電池の分極と過電圧

［電池の理論起電力は端子電圧にはならない］

　化学電池の理論起電力は両電極の標準電極電位の差だが、実際に電池が放電しているときの端子電圧は理論起電力より低くなることが多い。こうした電圧が低下する現象を分極といい、理論起電力と端子電圧の差を過電圧という。端子電圧が低下するということは、電池内部で損失が生じている、つまりエネルギーの消費があるということになる。化学電池の分極は、**活性化分極**、**抵抗分極**、**拡散分極**に大別される。それぞれの分極で生じる過電圧を**活性化過電圧**、**抵抗過電圧**、**拡散過電圧**といい、理論起電力、端子電圧との関係は〈図06-01〉のようになる。

　活性化分極は、**活性化エネルギー**として消費されるエネルギーによる分極だ。化学反応を開始させるためには、いったん活性化エネルギーよりエネルギーの高い状態にする必要がある。電極での反応に必要な活性化エネルギーが比較的大きな場合はそれが活性化分極として現れる。

　抵抗分極は、電池内の抵抗成分によって消費されるエネルギーによる分極だ。電池内には、電極のような**電子伝導体**や電解液のような**イオン伝導体**が使われているが、これらには抵抗が存在する。そのため、電流が流れると電圧降下を生じる。抵抗による電圧降下なので抵抗過電圧を**オーム損**や**iR降下**ともいう。

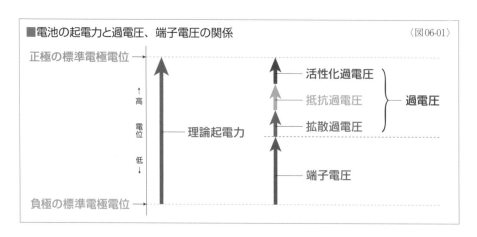

■電池の起電力と過電圧、端子電圧の関係　　　　　　　　　　　　〈図06-01〉

拡散分極は、電解液内の**反応物**が電極表面に到達するため、また**生成物**が電極表面から電解液に拡散するために必要なエネルギーによる分極だ。反応物となるイオンは電解液内を移動して電極表面に到達することで電極反応が生じるが、電流の大きさによっては反応物の供給に遅れが生じて分極が起こる。また、生成物が電極表面にとどまっていると反応物が電極表面に到達できないので、同じように反応物の供給に遅れが生じて分極が起こる。拡散分極は、電極表面付近の反応物と生成物の濃度差に起因するともいえるので、**濃度分極**ともいい、その電圧降下を**濃度過電圧**ともいう。

なお、分極という用語は電磁気学や化学結合の分野にもあるが、化学電池の分極とはまったく意味が異なる。区別が必要な場合には、電池の分極は**電気化学的分極**という。

◆ 水素過電圧

ボルタ電池の欠点のなかでももっとも大きなものが**水素過電圧**だった。ボルタ電池の**理論起電力**は約0.76 Vだが、実際に実験してみると最初は理論起電力に近い電圧が測定できることもあるが、すぐに0.4 V程度に端子電圧が低下してしまうことが多い。

銅板は亜鉛板より水素発生反応の触媒作用が強いとはいえ、それでも銅板表面で水素イオン→水素原子→水素分子という反応を起こすのには比較的大きな**活性化エネルギー**が必要だ。この水素発生反応の活性化エネルギーに相当する電圧降下が水素過電圧だ。銅電極の水素過電圧は0.3 〜 0.4 Vあるので、ボルタ電池の端子電圧が0.4 V程度まで低下することになる。

また、ボルタ電池は放電すると正極の銅板で水素ガスが発生するが、そのガスは気泡になって銅板表面にとどまることが多い。気泡で覆われてしまうと、銅板表面に電解液中の水素イオンが到達しにくくなる。これが一種の抵抗成分になってさらに端子電圧を0.4 Vからさらに低下させていく。ちなみに、水素発生反応の触媒作用が銅より強い白金の板を銅板の代わりに使うと、水素過電圧がほとんど生じないため、端子電圧がすぐに低下することはない。しかし、水素ガスの気泡は白金板表面に付着するため、やはり少しずつ端子電圧は低下していってしまう。

ダニエル電池の場合、水素は発生しないので、水素過電圧は生じない。しかし、イオンがセパレータの微小な穴を通過する際の物理的な抵抗によって**抵抗分極**を生じる。そのため、ダニエル電池では、理論起電力である1.1 Vがそのまま得られることは少なく、端子電圧が約1 Vになることが多い。

ルクランシェ電池

[現在のマンガン乾電池の原形になった電池]

　ダニエル電池は銅イオンがなくなるか、亜鉛イオンの濃度が高くなって飽和状態になり亜鉛がそれ以上は溶出できなくなると反応が終了するので、長く使うためには頻繁に溶液の交換が必要だった。そこに登場したのが**ルクランシェ電池**だ。フランス人科学者のルクランシェが1866年頃に発明した電池は低コストで長期間使うことができるため、電信用や電話用として普及した。ルクランシェ電池は**マンガン乾電池**の原形ともいえるもので、その原理は現在まで引き継がれている。

◆ ルクランシェ電池の動作原理

　ルクランシェ電池の構造の特徴は**正極**側にある。**二酸化マンガン** MnO_2 の粉末を多孔質の材料で作った容器に詰め、そこに**炭素棒**を挿入したものを正極として使用し、その容器ごと電解液に入れている。この容器は二酸化マンガンの粉末を保持するためのもので、多孔質とはいってもダニエル電池のセパレータのようにイオンだけを通過させるものではなく、**電解液**そのものが浸透できる。**負極**には**亜鉛** Zn の板を使い、電解液には**塩化アンモニウム** NH_4Cl の水溶液を使う。なお、MnO_2 の現在の正式な呼称は**酸化マンガン（IV）**だが、一般的には二酸化マンガンという呼称もよく使われているので本書でもこちらを使用する。

　構造を模式的に示すと〈図07-01〉のようになる。図からは炭素棒が電極のように見えるが、その表面で反応が生じるわけではない。**正極活物質**は二酸化マンガンであり、その粉末のそれぞれの表面が電極になる。二酸化マンガンは**電子伝導体**であるので、触れ合っている粉末相互を通じて電子が移動することができる。炭素棒は外部回路と接続して電子を効率よく導くためのものだ。こうした機能をもつ電子伝導体の棒や板を**集電体**という。

　電池内で起こっている反応は複雑であり定説はないが、一般的には〈式07-02～04〉ように示される。負極ではボルタ電池やダニエル電池と同じく金属亜鉛 Zn が亜鉛イオン Zn^{2+} になって電解液に溶出する。放出された電子は外部回路を通じて正極に移動する。

　電解液中には水素イオンが存在するため、正極に移動してきた電子と結びついて水素が発生しそうだが、二酸化マンガンは強力な**酸化剤**であるため、分極の原因になる水素発

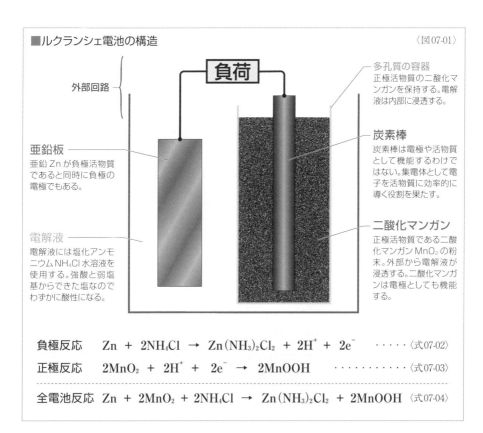

■ルクランシェ電池の構造 〈図07-01〉

負荷

外部回路

多孔質の容器
正極活物質の二酸化マンガンを保持する。電解液は内部に浸透する。

亜鉛板
亜鉛 Zn が負極活物質であると同時に負極の電極でもある。

炭素棒
炭素棒は電極や活物質として機能するわけではない。集電体として電子を活物質に効率的に導く役割を果たす。

電解液
電解液には塩化アンモニウム NH_4Cl 水溶液を使用する。強酸と弱塩基からできた塩なのでわずかに酸性になる。

二酸化マンガン
正極活物質である二酸化マンガン MnO_2 の粉末。外部から電解液が浸透する。二酸化マンガンは電極としても機能する。

負極反応 　　$Zn + 2NH_4Cl \rightarrow Zn(NH_3)_2Cl_2 + 2H^+ + 2e^-$ 　・・・・・〈式07-02〉

正極反応 　　$2MnO_2 + 2H^+ + 2e^- \rightarrow 2MnOOH$ 　・・・・・・・・〈式07-03〉

全電池反応 　$Zn + 2MnO_2 + 2NH_4Cl \rightarrow Zn(NH_3)_2Cl_2 + 2MnOOH$ 〈式07-04〉

生反応は生じない。電子と水素イオンは二酸化マンガンに取り込まれ、オキシ水酸化マンガン MnOOH が生成される。単純に化学式だけを見ているとわかりにくいが、マンガンの酸化数を計算してみると二酸化マンガンでは〈+4〉なのが、オキシ水酸化マンガンでは〈+3〉に変化しているので、マンガンが還元されていることがわかる。このマンガンの**還元反応**と、亜鉛の**酸化反応**によって、ルクランシェ電池は約1.5Vの**起電力**が得られる。

　溶出した亜鉛イオンは塩化アンモニウムと反応して$Zn(NH_3)_2Cl_2$を生成するが、この**生成物**は固体になって沈澱するため、亜鉛イオンの濃度が高くなって反応が停止することがない。この反応では、正極反応に必要な水素イオンも生じるため、電解液のイオン濃度の変化が抑制される。結果、ルクランシェ電池はそれまでの電池に比べて格段に長い寿命が実現できた。また、水素過電圧も生じないため、安定した電圧が維持される。

　なお、化学電池において分極の発生を抑える物質を**減極剤**という。ルクランシェ電池では、二酸化マンガンが正極活物質であると同時に減極剤としても作用しているわけだ。

電気分解と充電

[電気を使って物質を分解することができる]

〈図08-01〉のような水の**電気分解**の実験は学校で経験したことがある人も多いはずだ。水酸化ナトリウム水溶液に白金や炭素などの電極を2本入れて直流電源につなぐと、〈式08-02〉で示される反応が生じ、プラス端子につないだ電極には酸素ガスが発生し、マイナス端子につないだ電極には水素ガスが発生する。電気を利用して物質を分解するため、こうした現象を電気分解といい、**電解**と略されることも多い。

電気分解では化学電池と同じように**電気化学セル**を使用し、これに外部電源を接続する。電気分解では外部電源のプラス端子に接続され、電流が流れ込む側、つまり電子が流れ出す側の電極を**陽極**といい、電源のマイナス端子に接続され、電流が流れ出す側、つまり電子が流れ込む側の電極を**陰極**という。これにより、陽極では電子を失う反応である**酸化反応**、陰極では電子を受け取る反応である**還元反応**を起こすことが可能になる。

電気分解が生じる最低の電圧を**分解電圧**という。2つの電極の**標準電極電位**の差が**理論分解電圧**になるが、電気分解でも**過電圧**が生じるので、実際の分解電圧と理論分解電圧の差が過電圧になる。ちなみに、水の理論分解電圧は1.229 Vだ。

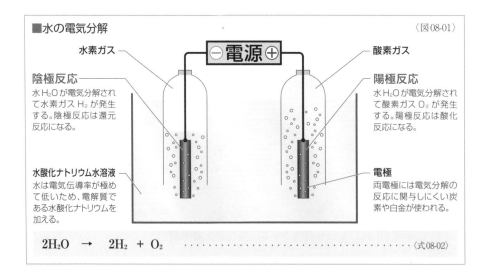

■水の電気分解　　　　　　　　　　　　　　　　　　　　　〈図08-01〉

水素ガス　　　　━ 電源 ＋　　　　酸素ガス

陰極反応
水 H_2O が電気分解されて水素ガス H_2 が発生する。陰極反応は還元反応になる。

陽極反応
水 H_2O が電気分解されて酸素ガス O_2 が発生する。陽極反応は酸化反応になる。

水酸化ナトリウム水溶液
水は電気伝導率が極めて低いため、電解質である水酸化ナトリウムを加える。

電極
両電極には電気分解の反応に関与しにくい炭素や白金が使われる。

$$2H_2O \rightarrow 2H_2 + O_2$$ ・・・・・・・・・・・・・・・・・・・〈式08-02〉

◆二次電池の放電と充電

　化学電池は〈図08-03〉のように**電気化学セル**の2つの**電極**のうち、**負極**で**酸化反応**、**正極**で**還元反応**を起こすことで、外部回路に連続した電子の移動を生じさせている。**放電**の結果として、**活物質**が反応して**生成物**になっている。この生成物を電気分解によって、放電前の状態に戻すことができれば、電池を**充電**して再び使用できるようにすることができるわけだ。充電の際には、〈図08-04〉のように電池の正極を電気分解の**陽極**として外部電源のプラス端子に接続し、電池の負極を電気分解の**陰極**として外部電源のマイナス端子に接続する。これにより、負極から正極へ電流が流れ、つまり正極から負極への連続して電子が移動し、正極では酸化反応、負極では還元反応という放電時とは逆の反応が生じる。

　ただし、どんな化学電池でも充電できるわけではない。逆方向の反応を起こさせることができない化学電池が**一次電池**であり、逆方向の反応を起こすことができる化学電池が**二次電池**だ。たとえば、ボルタ電池の場合、正極で生成される水素は大気中に放出されて残っていないので、充電によって逆の反応を生じさせることができない。ルクランシェ電池の場合、生成物は電池内にすべて残っているが、$Zn(NH_3)_2Cl_2$は固体になって電解液内に沈澱しているので、電気分解することができない。そのため、どちらも一次電池だ。

　ダニエル電池の場合は、充電を行うと、正極では金属銅が電子を放出して銅イオンになって溶出するので、放電時とは逆の反応が起こる。負極では、イオン化傾向で考えると水の水素イオンが還元されそうだが、水素過電圧が大きいため亜鉛が析出する。しかし、水素ガスも発生する。また、充電を続けていると正極側の電解液の銅イオンがセパレータを通じて負極側に移動してくる。すると、イオン化傾向の関係から負極には銅が析出するようになる。結果、充電しても元の状態に戻ることはないので、ダニエル電池も一次電池だ。

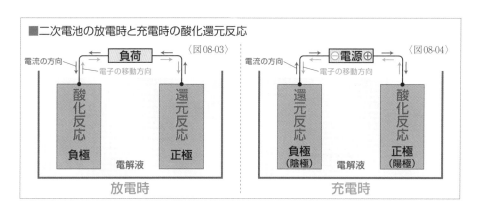

■二次電池の放電時と充電時の酸化還元反応

〈図08-03〉

電流の方向
電子の移動方向
負荷
酸化反応 負極
還元反応 正極
電解液
放電時

〈図08-04〉

電流の方向
電子の移動方向
⊖電源⊕
還元反応 負極（陰極）
酸化反応 正極（陽極）
電解液
充電時

鉛蓄電池

[史上初の二次電池は現在でも使われている]

　科学史上で最初の**二次電池**は、フランスの科学者プランテによって1859年に発明された**鉛蓄電池**だ。実用性を高めるために構造などにはさまざまに工夫が重ねられてきたが、動作原理はそのままに現在でもエンジン自動車をはじめさまざまな分野で使われている。なお、鉛蓄電池の発明当時はまだ直流発電機が開発されていなかったため、充電にはダニエル電池などの一次電池が使われた。

◆ 鉛蓄電池の放電反応

　鉛蓄電池の構造を模式的に示すと〈図09-01〉のようになる。**負極**には**鉛** Pb、**正極**には**二酸化鉛** PbO_2 を使用し、**電解液**には**硫酸** H_2SO_4 の水溶液である**希硫酸**が使われる。なお、PbO_2 の現在の正式な呼称は**酸化鉛（IV）**だが、一般的には二酸化鉛という呼称も

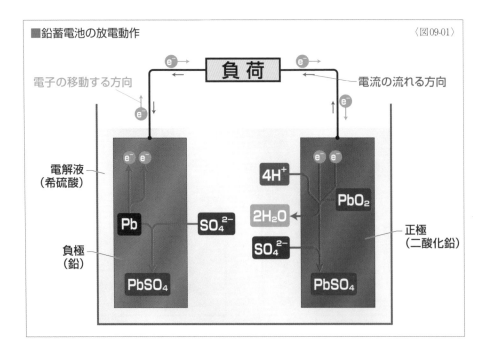

■鉛蓄電池の放電動作　　　　　　　　　　　　　　　　　〈図09-01〉

電子の移動する方向　　　　負荷　　　　電流の流れる方向

電解液（希硫酸）

負極（鉛）

正極（二酸化鉛）

よく使われているので、本書でもこちらを使用する。

電解液では〈式09-02〉のように硫酸 H_2SO_4 が水素イオン H^+ と硫酸イオン SO_4^{2-} に電離している。

電解液　　$H_2SO_4 \rightarrow 2H^+ + SO_4^{2-}$　・・・・・・・・・・・・・・・〈式09-02〉

正極と負極を負荷を備えた外部回路で接続すると、〈式09-03〉のように負極の金属鉛 Pb は2個の電子 e^- を放出して鉛イオン Pb^{2+} になるが、すぐに〈式09-04〉のように電解液中の硫酸イオン SO_4^{2-} と結合して**硫酸鉛** $PbSO_4$ になる。この硫酸鉛は固体になって負極上に析出する。以上をまとめると放電時の**負極反応**は〈式09-05〉のようになる。

$$Pb \rightarrow Pb^{2+} + 2e^-$$　・・・・・・・・・・・・・・・〈式09-03〉

$$Pb^{2+} + SO_4^{2-} \rightarrow PbSO_4$$　・・・・・・・・・・・・・・・〈式09-04〉

負極反応　　$Pb + SO_4^{2-} \rightarrow PbSO_4 + 2e^-$　・・・・・・・・・・・・〈式09-05〉

いっぽう、負極に放出された電子は、外部回路を通って正極に移動する。この電子によって正極をマイナスに帯電させ、電解液中の水素イオン H^+ を引き寄せる。引き寄せられた水素イオンは、〈式09-06〉のように正極の二酸化鉛 PbO_2 から酸素を奪って水 H_2O になり、酸素を奪われた二酸化鉛は鉛イオン Pb^{2+} になるが、すぐに〈式09-07〉のように電解液中の硫酸イオン SO_4^{2-} と結合して硫酸鉛 $PbSO_4$ になって正極上に析出する。以上をまとめると放電時の**正極反応**は〈式09-08〉のようになる。

$$PbO_2 + 4H^+ + 2e^- \rightarrow Pb^{2+} + 2H_2O$$　・・・・・・・・・・〈式09-06〉

$$Pb^{2+} + SO_4^{2-} \rightarrow PbSO_4$$　・・・・・・・・・・・・・・・〈式09-07〉

正極反応　　$PbO_2 + 4H^+ + SO_4^{2-} + 2e^- \rightarrow PbSO_4 + 2H_2O$　・・・〈式09-08〉

負極反応と正極反応をまとめると、放電時の**全電池反応**は〈式09-09〉になる。

全電池反応　　$PbO_2 + Pb + 2H_2SO_4 \rightarrow 2PbSO_4 + 2H_2O$　・・・・〈式09-09〉

鉛の**酸化数**を考えてみると、負極では酸化数が〈0〉から〈+2〉に酸化され、正極では酸化数が〈+4〉から〈+2〉に還元されている。負極活物質は金属鉛、正極活物質は二酸化鉛といえるが、反応式からは硫酸も活物質として働いていることがわかる。そのため、放電が進むと電解液の硫酸の濃度が低下していく。

◆鉛蓄電池の充電反応

鉛蓄電池を充電する際には電気分解を行うことになる。〈図09-10〉のように正極に外部電源のプラス端子を接続して電気分解の陽極とし、負極にマイナス端子を接続して陰極とする。

外部電源から負極に電子を送り込むと、〈式09-11〉のように放電時に生成した硫酸鉛 $PbSO_4$ が金属鉛 Pb に還元され、硫酸イオン SO_4^{2-} を電解液に放出する。鉛の酸化数は〈+2〉から〈0〉に減少している。

$$負極反応 \quad PbSO_4 + 2e^- \rightarrow Pb + SO_4^{2-} \quad \cdots\cdots\cdots\cdots\cdots \langle式09\text{-}11\rangle$$

いっぽう、外部電源によって電子が引き抜かれる正極では、〈式09-12〉のように放電時に生成した硫酸鉛 $PbSO_4$ と電解液中の水 H_2O の分子2個が反応して二酸化鉛 PbO_2 を生成し、4個の水素イオン H^+ と1個の硫酸イオン SO_4^{2-} を電解液中に放出する。鉛の酸化数は〈+2〉から〈+4〉に増加しているので酸化されている。

$$正極反応 \quad PbSO_4 + 2H_2O \rightarrow PbO_2 + 4H^+ + SO_4^{2-} + 2e^- \quad \cdots \langle式09\text{-}12\rangle$$

2式をまとめると、充電時の全電池反応式は〈式09-13〉になる。

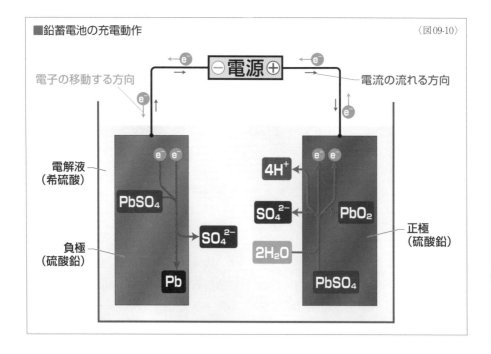

■鉛蓄電池の充電動作 　　　　　　　　　　　　　　　　　　　　　〈図09-10〉

$$\text{全電池反応} \quad 2PbSO_4 + 2H_2O \rightarrow PbO_2 + Pb + 2H_2SO_4 \quad \cdots\cdots \langle 式09\text{-}13 \rangle$$

　この充電時の反応式を先に説明した放電時の反応式〈式09-09〉と比較してみると、まったく逆の反応になっていることがわかる。負極の硫酸鉛は金属鉛に戻り、正極の硫酸鉛は二酸化鉛に戻る。また、放電時に増加した水は充電時には減少し、放電時に減少した硫酸は充電時には増加する。これにより放電前の状態に戻っていくわけだ。

　ここまででは放電反応と充電反応を別々に説明したが、二次電池の**電池反応式**では、逆方向の矢印も併記して〈式09-14〜16〉のように示すのが一般的だ。

$$\text{負極反応} \quad Pb + SO_4{}^{2-} \rightleftarrows PbSO_4 + 2e^- \quad \cdots\cdots\cdots\cdots\cdots\cdots \langle 式09\text{-}14 \rangle$$

$$\text{正極反応} \quad PbO_2 + 4H^+ + SO_4{}^{2-} + 2e^- \rightleftarrows PbSO_4 + 2H_2O \quad \cdot \langle 式09\text{-}15 \rangle$$

$$\text{全電池反応} \quad PbO_2 + Pb + 2H_2SO_4 \rightleftarrows 2PbSO_4 + 2H_2O \quad \cdots\cdots \langle 式09\text{-}16 \rangle$$

　このように、どちら向きにも起こりうる反応を**可逆反応**という。可逆反応に対して一次電池の電池反応のように逆向きの反応が起こせない反応を**不可逆反応**という。

◆ 鉛蓄電池の起電力と充電電圧

　鉛蓄電池の放電時の正極反応〈式09-08〉の**標準電極電位**は1.698 V、負極反応〈式09-05〉の標準電極電位は−0.3505 Vなので、**理論起電力**は1.698−(−0.3505)≒2.05 Vになる。

　水溶液を電解液に使用する場合、電池反応の起電力が水の**理論分解電圧**（1.229 V）より高いと、水の**電気分解**が生じてしまうため、化学電池として成立しない。しかし、鉛蓄電池の場合は、鉛の**水素過電圧**も二酸化鉛の**酸素過電圧**も大きいため、水の電気分解は生じず、ほぼ理論起電力通りの起電力が得られる。

　しかし、放電によって負極と正極に生成する硫酸鉛は**電気伝導率**が非常に低いので、抵抗成分になっていく。また、放電によって硫酸の濃度が低下すると電池反応が鈍くなっていく。そのため、鉛蓄電池の端子電圧は少しずつ低下していく。一般的には端子電圧が1.7〜1.8 Vで使用を停止する。

　いっぽう、理論分解電圧は理論起電力と等しいので約2.05 Vになるが、**充電電圧**を高くするほど**充電**が速く進む。しかし、あまり充電電圧を高くすると、水の電気分解など不要な反応が生じてしまうため、一般的には2.2〜2.3 Vで充電が行われる。

燃料電池

［燃料電池はNASAが採用したことで注目が高まった］

　　燃料電池の歴史は古い。ボルタ電池発明の翌年である1801年にはイギリスの化学者デービーがその原理を提唱している。1839年にはイギリスの科学者グローブが燃料電池によって電気を作り出す実験に成功している。しかし、蒸気機関と発電機による発電の普及によって、燃料電池に注目が集まることはなかった。

　　1930年代になると少しずつ燃料電池の研究開発が始まり、1965年にNASAが有人宇宙船ジェミニ5号に燃料電池を搭載したことで状況が大きくかわり、さまざまな分野で燃料電池の研究開発が進んでいった。現状、燃料電池自動車が目立った存在だが、分散形の電力供給源としても燃料電池への期待は大きい。

◆ 燃料電池の動作原理

　　燃料電池も化学電池であるため、**正極**、**負極**と**イオン伝導体**で構成される**電気化学セル**を使用し、**活物質**を外部から供給する。一般的には**負極活物質**は**水素**であり、**正極活物質**は**酸素**だ。そのため、燃料電池では負極を**水素極**や**燃料極**ともいい、正極を**酸素極**ともいう。空気を送り込み含まれる酸素を活物質として使う場合は、正極を**空気極**ともいう。

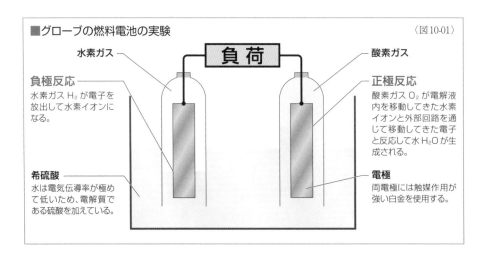

■グローブの燃料電池の実験　　　　　　　　　　　　　　　　　　　〈図10-01〉

負 荷

水素ガス　　　　　　　　　　　　　　　　　　　酸素ガス

負極反応
水素ガス H_2 が電子を放出して水素イオンになる。

正極反応
酸素ガス O_2 が電解液内を移動してきた水素イオンと外部回路を通じて移動してきた電子と反応して水 H_2O が生成される。

希硫酸
水は電気伝導率が極めて低いため、電解質である硫酸を加えている。

電極
両電極には触媒作用が強い白金を使用する。

グローブの燃料電池の実験を模式的に示すと〈図10-01〉のようになる。電解液には希硫酸を使い、両電極には触媒作用の強い白金を使用している。負荷を備えた外部回路をつなぐと、負極では水素が還元されて水素イオンになり、電子を電極に残す。放出された電子は外部回路を通じて正極に移動する。水素イオンは電解液内を移動して正極に近づく。正極では酸素と水素イオン、電子が反応して水が生成される。それぞれの反応を化学式で示すと〈式10-02～04〉のようになる。

負極反応　　$2H_2 \rightarrow 4H^+ + 4e^-$　・・・・・・・・・・・・・・・〈式10-02〉

正極反応　　$O_2 + 4H^+ + 4e^- \rightarrow 2H_2O$　・・・・・・・・・・〈式10-03〉

全電池反応　$2H_2 + O_2 \rightarrow 2H_2O$　・・・・・・・・・・・・・・・〈式10-04〉

　燃料電池にはさまざまな形式のものがあるが、燃料電池自動車や家庭用電源で実用化されている**固体高分子形燃料電池**の動作原理はグローブの実験とまった同じだ。固体高分子形では、電気化学セルのイオン伝導体に水分を含むと水素イオンを通す高分子（ポリマー）の膜が使われる。こうした膜を**イオン交換膜**という。構造を模式的に示すと〈図10-05〉のようになる。正極と負極には多孔性の素材を使用し、孔の表面には触媒として白金が塗られている。負極で生じた水素イオンはイオン伝導体の**電荷キャリア**として正極に移動する。

　家庭用の発電装置として実用化されている**リン酸形燃料電池**も基本的な動作は同じだ。リン酸形の場合は多孔質の素材にリン酸水溶液を含ませたものがイオン伝導体に使われる。リン酸は酸性の電解液なので、この形式でも水素イオンがキャリアになるが、水素イオン以外をイオン伝導体の電荷キャリアとする形式の燃料電池もある。

➡次ページに続く

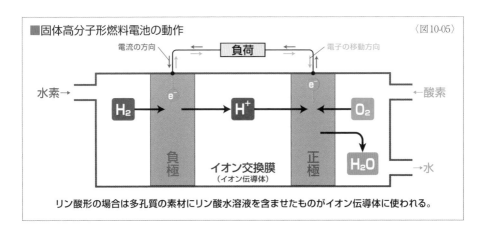

■固体高分子形燃料電池の動作　　　　　　　　　　　　　〈図10-05〉

リン酸形の場合は多孔質の素材にリン酸水溶液を含ませたものがイオン伝導体に使われる。

宇宙で最初に用いられた**燃料電池**は**アルカリ形燃料電池**といい、〈図10-06〉のように**イオン伝導体**に水酸化カリウムなどのアルカリ性電解液が使われる。全電池反応式はグローブの実験や固体高分子形とまったく同じだが、イオン伝導体の電荷キャリアは水酸化物イオン OH^- だ。負極反応と正極反応は異なったものになり、両反応に水が関与する。開発途上にある**固体酸化物形燃料電池**では〈図10-07〉のようにイオン伝導体に**固体電解質**である**酸化物セラミックス**を使用し、**酸化物イオン** O^{2-} が通過できるようにしている。この酸化物イオンが正極から負極へ移動し、負極側に水が生成される。

このほか、イオン伝導体に炭酸リチウムや炭酸ナトリウムなどの炭酸塩を使用し、キャリアに炭酸イオンを使用する**溶融炭酸塩形燃料電池**といったものも研究開発されている。

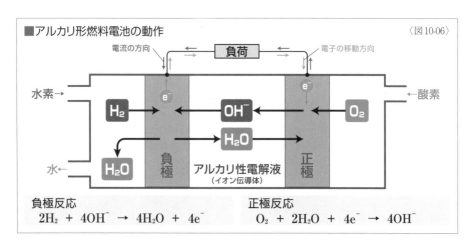

■アルカリ形燃料電池の動作 〈図10-06〉

負極反応
$2H_2 + 4OH^- \rightarrow 4H_2O + 4e^-$

正極反応
$O_2 + 2H_2O + 4e^- \rightarrow 4OH^-$

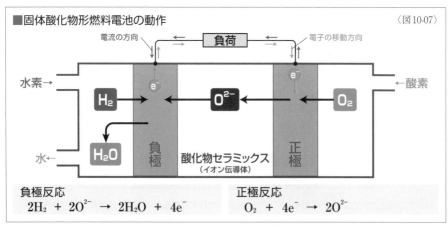

■固体酸化物形燃料電池の動作 〈図10-07〉

負極反応
$2H_2 + 2O^{2-} \rightarrow 2H_2O + 4e^-$

正極反応
$O_2 + 4e^- \rightarrow 2O^{2-}$

第3章

化学電池の性能と構成

電池の電圧と電流

[電池の端子電圧は一定ではない]

　乾電池の電圧が1.5 Vであることを知っている人は多いはずだ。この電圧を**公称電圧**という。しかし、乾電池の使い始めから寿命が訪れるまで、ずっと公称電圧が維持できているわけではない。電池は使い続けることによって**端子電圧**が少しずつ低下していき寿命に至るのが一般的だ。また、流れる電流の大きさによっても電池の端子電圧は変化する。このほか、電池の温度なども電池反応に影響を及ぼす。

◆ 電池の端子電圧

　化学電池に外部回路がつながれていない状態で現れる電池の**端子電圧**を**起電力**といい、**開放電圧**や**開回路電圧**、**開路電圧**ともいう。いっぽう、**公称電圧**とは負荷につないで通常の状態で使用した場合の端子電圧の目安として電池のメーカーなどが定めているものだ。メーカーによっては公称電圧ではなく**定格電圧**として示していることもある。

　新品の一次電池では公称電圧より少し高い端子電圧が得られることが多い。この電圧を**初期電圧**という。二次電池の場合も完全に充電すると端子電圧が公称電圧より少し高い初期電圧を示すものがある。電池を使い始めると、放電による生成物などの影響を受けて**過電圧**が大きくなり、端子電圧は低下していく。それ以上は放電を継続してはならない電圧を

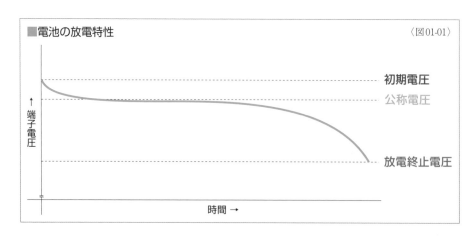

■電池の放電特性　　　　　　　　　　　　　　　　　　　〈図01-01〉

初期電圧
公称電圧

↑
端子電圧

放電終止電圧

時間 →

放電終止電圧や単に終止電圧という。一次電池であればその時点で寿命になり、二次電池であれば残量0という扱いになる。

　こうした端子電圧の変化を表した〈図01-01〉のようなグラフを放電曲線といい、その特性を放電特性という。放電方法には一定負荷で行う定抵抗放電や一定電流で行う定電流放電などの場合があり、時間の経過による電圧変化のほか、放電容量（P94 参照）や放電深度（P97 参照）に対する変化が示されることもある。

　公称電圧に近い電圧を維持できる期間が長く、一気に終止電圧に大きく低下する特性の電池もあれば、少しずつ低下していく電池もある。一定電圧を維持する期間が長い電池のほうが扱いやすそうだと思えるが、電圧の変化は一概にデメリットだとはいえない。端子電圧の変化を利用して電池の寿命を警告したり、電池の残量を検出できたりもする。

　また、電池のなかには放電によって低下した端子電圧が、少し休ませることで回復するものもある。こうした電池の場合には、連続放電ではなく、間欠放電による放電曲線が示される。さらに、電池の使われ方は機器によって異なるので、定抵抗放電や定電流放電以外にも定電力放電やパルス放電などメーカーはさまざまな放電曲線を示していることもある。なお、パルス放電とは瞬間的に大電流を流すことを断続的に繰り返す放電方法だ。

　二次電池の場合、充電を行うと端子電圧が上昇していく。満充電の状態になったときの電圧を満充電電圧という。それ以上は充電を継続してはならない電圧なので充電終止電圧や充電上限電圧ともいう。放電曲線と同じように、充電時の端子電圧の変化を示した〈図01-02〉のようなグラフを充電曲線といい、その特性を充電特性という。放電曲線と充電曲線がまとめて示されたものは充放電曲線という。

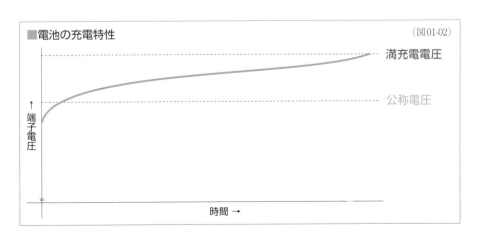

■電池の充電特性　〈図01-02〉

満充電電圧

公称電圧

↑端子電圧

時間 →

◆ 電池の過放電と過充電

　電池が**放電終止電圧**以下になっても負荷につながれていると、わずかな放電が続くことがある。こうした状態を**過放電**といい、本来の電池反応とは異なる反応が生じてしまう。一次電池の場合、過放電させると不要なガスの発生によって液漏れなどの問題が生じることがある。二次電池を過放電させた場合、本来とは異なる反応による生成物が電池の性能を低下させてしまい、充電しても元の状態に戻らなくなる。

　いっぽう、**満充電電圧**を超えても、それ以上の電圧で充電を継続すれば**過充電**になる。過充電を行うと、正極と負極の電位差が大きくなり、電解質や活物質が分解するなどやはり本来とは異なる反応が生じる。結果、電池の容量が低下したり、不要なガスの発生によって電池が破損するなどの問題が生じる。

　こうした過放電や過充電は二次電池にとって大きなダメージになり、危険な状態になることもある。そのため、現在の二次電池では電池側や機器側に過放電や過充電を防ぐための機構が備えられていることが多い。

◆ 電池の過電圧と電流

　電気回路を学んだことがある人なら、理想の電源と現実世界の電源の違いを知っているだろう。現実世界の電源には**内部抵抗**というものがあり、負荷抵抗の大きさによって電源の**端子電圧**や**放電電流**の大きさが変化する。電池の**起電力**を$E[V]$、内部抵抗を$r[\Omega]$、流れる電流を$I[A]$とすると、〈式01-03〉のように電池の端子電圧$V[V]$が表される。

$$V = E - Ir \quad \cdots\cdots\cdots\cdots\cdots\cdots\cdots\cdots\cdots\cdots\cdots\cdots\cdots\cdots \text{〈式01-03〉}$$

　この内部抵抗による電圧降下Irを化学電池では**過電圧**という。第2章第6節で説明したように過電圧には**活性化過電圧**、**抵抗過電圧**、**拡散過電圧**の3種類がある。活性化過電圧は電極での反応に必要な活性化エネルギーによる過電圧、抵抗過電圧は電池内部の抵抗成分による過電圧、拡散過電圧は反応物や生成物の拡散の遅れによって生じる過電圧だ。

　電気回路の学習で電源を考える場合、内部抵抗は一定の値として扱うことが多いが、現実世界の電池の内部抵抗は一定の大きさではない。流れる電流が大きくなるほど過電圧は大きくなるが、正確に比例関係を示すわけではない。電池反応の種類や内部の構造、また使用条件によって変化の仕方は異なるが、概略として電池の放電電流と端子電圧の関係を示すと〈図01-04〉のようになる。

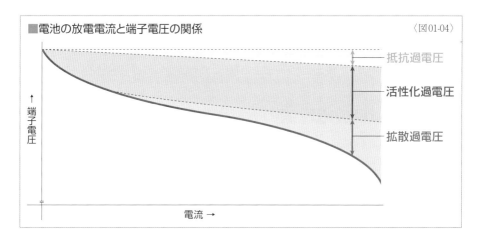

■電池の放電電流と端子電圧の関係 〈図01-04〉

↑端子電圧

電流 →

抵抗過電圧
活性化過電圧
拡散過電圧

　抵抗過電圧は抵抗成分による電圧降下なので、電流の大きさに比例する。いっぽう、活性化過電圧は電池反応に必ず影響を与えるものなので、電流が小さい状態からある程度の過電圧が生じるが、以降は電流に比例するほどは増大していかない。また、拡散過電圧は電流が小さく拡散が間に合っている間はほとんど生じないが、電流が大きくなると急激に大きくなっていく。

　放電時の電池の端子電圧は起電力−過電圧になるが、二次電池の充電時には起電力＋過電圧を端子電圧にする必要がある。前の見開きに掲載した放電特性と充電特性のグラフは同じ二次電池の放電時と充電時を想定したものとしているので、充電時の端子電圧のほうが高くなっている。

　なお、放電時も充電時も過電圧は電池内部での損失になる。この損失は**熱エネルギー**に変換される。

◆電池の出力

　電池を負荷につないで放電させているときの電池の**端子電圧**と**電流**の積を**出力**という。出力は電池が供給する**電力**であるため、単位には［Ｗ］が使われる。電池の出力とは、電池が発することができる瞬間的なパワーだと考えることができる。

　電池の出力性能を比較する際には**出力密度**がその指標として使われる。出力密度は**電力密度**や**パワー密度**ともいい、単位質量または単位体積あたりの最大の出力を示す。単位質量あたりの出力を**質量出力密度**といい、単位には［W/g］などが使われる。単位体積あたりの出力を**体積出力密度**といい、単位には［W/cm³］などが使われる。

電池の放電容量

［電池の容量は放電電流の大きさや温度に影響を受ける］

　電池の使い始めからその端子電圧が**放電終止電圧**に到達するまでに取り出される**電気量**を**放電容量**という。単に**容量**ということも多い。放電終止電圧になった二次電池を**満充電**するまでに充電に使われた電気量は**充電電気量**というが、充電容量ということは少ない。

　また、放電容量や容量という用語は放電終止電圧に到達するまでに取り出される電気量ではなく、使用途中のある時点までに取り出された電気量を示すこともある。たとえば、**放電曲線**のなかには〈図02-01〉のように放電容量に対する電圧変化を示しているものがある。この場合の容量はある時点までに取り出された電気量を示している。

◆放電容量

　放電容量は**電気量**を示している。電気量の本来の**単位**は［C］だが、電池の分野では容量の単位に［Ah］などを使用することが多い。1秒間に1Cの電気量が流れるときの電流の大きさが1Aなので、1Ah＝3600Cになる。

　電池を**定電流放電**させた場合であれば、その電流値と終止電圧に到達するまでの時間の積が放電容量になる。たとえば、放電容量が1Ahの電池であれば、理論上では1Aで

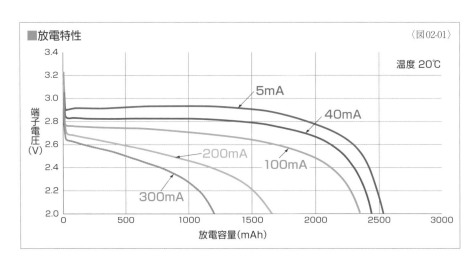

■放電特性　　　　　　　　　　　　　　　　　　　　　　　　〈図02-01〉

温度 20℃

端子電圧（V）／放電容量(mAh)

5mA　40mA　200mA　100mA　300mA

放電すれば1時間使うことができ、2Aで放電すれば0.5時間、0.5Aで放電すれば2時間使えるということになるが、放電容量は放電時の電流の大きさや温度によって変動する。

　一般的に、**放電電流**が大きいほど容量が小さくなり、温度が低いほど容量が小さくなる。〈図02-01〉は、ある一次電池をさまざまな電流値で定電流放電させた際の端子電圧と容量の変化を示したものだ。放電電流を大きくするほど容量が小さくなっていくことがわかる。〈図02-02〉は、同じ電池をさまざまな温度環境で定電流放電させた際の端子電圧と容量の変化を示したものだ。温度が低くなるほど容量が小さくなっていくことがわかる。

　メーカーでは放電容量の目安として**定格容量**を示していることが多いが、さまざまな条件に放電容量は影響を受けるため、標準的な条件（放電電流や温度）を設定したうえで、定格容量を示している。定格容量は**標準容量**や**公称容量**ともいう。なお、乾電池の場合は放電電流による容量の変化が非常に大きいため定格容量が示されることは少ない。

◆ 容量密度

　電池の**放電容量**を比較する際には、**容量密度**がその指標として使われる。容量密度は**比容量**ともいい、単位質量または単位体積あたりの容量を示す。単位質量あたりの容量を**質量容量密度**といい、単位には［Ah/g］などが使われる。単位体積あたりの容量を**体積容量密度**といい、単位には［Ah/cm^3］などが使われる。

　また、容量密度には、活物質の量から求められる**理論容量密度**（理論比容量）と、電池全体の質量や体積から求められる**実容量密度**（実比容量）がある。

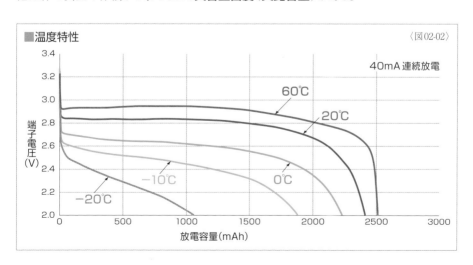

■温度特性　　　　　　　　　　　　　　　　　　　　　　　〈図02-02〉

40mA 連続放電

端子電圧（V）／放電容量（mAh）

◆放電レート

　電池の**放電容量**に対する**放電電流**の大きさを**放電レート**という。放電レートでは1時間で定格容量が完全に放電される際の電流値を1Cと定義している。そのため放電レートをC**レート**ということも多い。最近ではCレートではなく**It レート**と表現されることも多い。Cレートと It レートの関係は1C = 1ItAになる。

　Cレートはその値が大きくなるほど放電電流が大きくなる。たとえば、定格容量が10 Ahの電池であれば、1C放電（1ItA 放電）は10 Aの定電流で放電させることであり、2C放電（2ItA 放電）は20 Aで、0.5C放電（0.5ItA 放電）は5 Aで放電させることを示す。〈図02-03〉は、ある二次電池をさまざまなCレートで定電流放電させた際の端子電圧と容量の変化を示したものだ。Cレートを大きくするほど容量が小さくなっていくことがわかる。

　充電についても同様に**充電レート**が定義されていて、Cレート（It レート）を使用する。充電と放電を合わせて**充放電レート**ということも多い。

　放電レートと同じように、放電時の電流値を示すものには**時間率**がある。**1時間率**とは、1時間で満充電状態から完全に放電する電流値を示している。定格容量が10 Ahの電池であれば、1時間率は10 Aの定電流で放電することであり、2時間率は5 Aで放電することを示すといえるが、時間率は放電容量を示すための前提条件として使われることが多い。このように示される放電容量を**時間率容量**という。たとえば、**5時間率容量**であれば、5時間で満充電状態から完全に放電される電流値で放電したときの放電容量になる。この電池を1時間率で放電した場合、5時間率容量より容量が小さくなることがほとんどだ。〈図02-

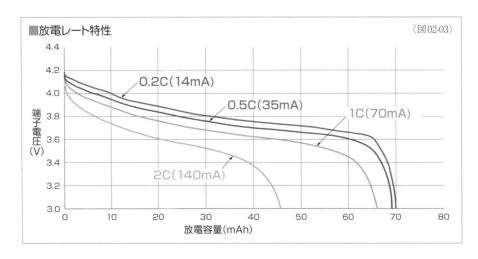

■放電レート特性　　　　　　　　　　　　　　　　〈図02-03〉

端子電圧（V）／放電容量（mAh）

0.2C（14mA）
0.5C（35mA）
1C（70mA）
2C（140mA）

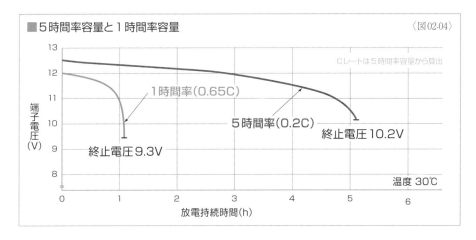

■5時間率容量と1時間率容量　　　　　　　　　　　　　　　　〈図02-04〉

端子電圧（V）

- 1時間率(0.65C)
- 5時間率(0.2C)
- Cレートは5時間率容量から算出
- 終止電圧9.3V
- 終止電圧10.2V
- 温度30℃

放電持続時間(h)

04〉に放電特性を示した鉛蓄電池の場合、5時間率容量は100 Ahあるが、1時間率容量は65 Ahになってしまう。

◆SOCとDOD

二次電池の**放電容量**に対して電池内に残っている**電気量**の比率を**充電状態**や**充電率**、**充電深度**といい、一般的に百分率［％］で示される。充電状態の英語"state of charge"の頭文字から**SOC**と略されることも多い。満充電の状態であればSOC100％であり、放電終止電圧になればSOC0％だ。スマートフォンなどでお馴染みの**電池残量（バッテリー残量）**と同じ意味だ。

いっぽう、放電容量に対して放電した電気量の比率を**放電深度**や**放電深さ**といい、一般的に百分率［％］で示される。放電深度の英語"depth of discharge"から**DOD**と略されることも多い。満充電の状態であればDOD0％であり、放電終止電圧になればDOD100％だ。放電深度と充電状態は相互に逆方向から見た同じ指標だと考えることができ、実際にそのように使われていることも多い。こうした使われ方の場合、SOC70％とDOD30％が同じ状態を意味する。つまり、100－SOC＝DODの関係が常に成立することになる。

しかし、一部ではSOCとDODが使い分けられていることもある。使い分ける場合は、SOCは「状態」を示し、DODは「量」を示すことが多い。たとえば、SOC80％の電池をDOD30％放電すると、SOC50％になるといった表現になる。この場合、SOCは電池の充電状態を放電容量を基準にして示しているのに対して、DODは放電した電気量を放電容量を基準にして示しているわけだ。

電池のエネルギー

［エネルギー容量の分だけ電池は仕事ができる］

　電池の使い始めからその端子電圧が**放電終止電圧**に到達するまでに取り出される**電力量**を**エネルギー容量**や**電力容量**といい、単に**エネルギー**ということもあれば、**容量**と略されることもある。エネルギー容量はその電池がどれだけの**仕事**ができるかを示しているといえる。先に説明した放電容量は電池に蓄えられた電気量であるのに対して、エネルギー容量は電池に蓄えられた電力量を示している。どちらも単に容量と略されることがあるので、容量という用語の取り扱いには注意が必要だ。文脈や示された数値の単位からどちらの容量であるかを確認するようにしたい。

◆ エネルギー容量

　電池の**エネルギー容量**は**電力量**、つまり**エネルギー**の量を示している。エネルギーや**仕事**の本来の単位は［J］だが、電気の分野では電力量の単位に［Wh］などを使用することが多く、電池のエネルギー容量でも［Wh］が使われる。

　電力量は**電力**と**時間**の積で求めることができる。電池ではその電力を**出力**というので、電池の使い始めからその端子電圧が**放電終止電圧**に到達するまでの出力を時間積分した

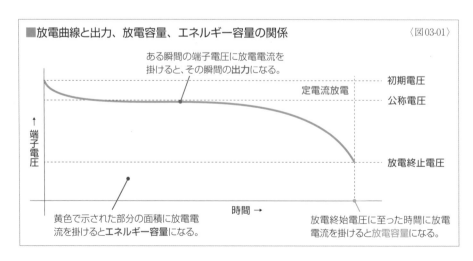

■放電曲線と出力、放電容量、エネルギー容量の関係　　　　　　〈図03-01〉

ある瞬間の端子電圧に放電電流を掛けると、その瞬間の出力になる。

定電流放電

初期電圧

公称電圧

放電終止電圧

↑端子電圧

時間 →

黄色で示された部分の面積に放電電流を掛けると**エネルギー容量**になる。

放電終始電圧に至った時間に放電電流を掛けると放電容量になる。

ものがエネルギー容量になる。

　電力量は**電気量**と電圧の積でも求められるので、電池のエネルギー容量は**放電容量**と端子電圧の積でも求められることになるが、電池の端子電圧はSOCによって変化する。そのためエネルギー容量は放電容量と平均端子電圧（平均放電電圧）の積で求めることが多いが、平均端子電圧のかわりに**公称電圧**を使うこともある。

　電池の出力、放電容量、エネルギー容量は電池を理解するうえでは重要な要素だ。たとえば〈図03-01〉のような**定電流放電**の**放電曲線**の場合、曲線上のある1点の端子電圧に放電電流を掛ければ、その瞬間の出力が求められる。放電終止電圧に達した時間に放電電流を掛ければ放電容量が求められる。この曲線に囲まれた面積に放電電流を掛ければエネルギー容量が求められる。

　また、出力、放電容量、エネルギー容量と、端子電圧、放電電流、放電時間（放電開始から放電終止電圧に至るまでの時間）の関係を式で示すと〈式03-02〉のようになる。

■端子電圧、放電電流、放電時間と出力、放電容量、エネルギー容量の関係　〈式03-02〉

出力 [W]	=	**端子電圧** [V]	×	**放電電流** [A]	
放電容量 [Ah]	=			**放電電流** [A]	×	**放電時間** [h]
エネルギー容量 [Wh]	=	**端子電圧** [V]	×	**放電電流** [A]	×	**放電時間** [h]

◆エネルギー密度

　電池の**エネルギー容量**を比較する際には、**エネルギー密度**がその指標として使われる。エネルギー密度は**比エネルギー**ともいい、単位質量または単位体積あたりのエネルギー容量を示す。単位質量あたりのエネルギー容量を**質量エネルギー密度**といい、単位には［Wh/g］などが使われる。単位体積あたりのエネルギー容量を**体積エネルギー密度**といい、単位には［Wh/cm^3］などが使われる。

　また、エネルギー密度には、活物質の量から求められる**理論エネルギー密度（理論比エネルギー）**と、電池全体の質量や体積から求められる**実エネルギー密度（実比エネルギー）**がある。電池は活物質以外にもさまざまな材料が必要不可欠なので、実エネルギー密度は理論エネルギー密度の数分の1程度になることも多い。

99

二次電池の効率

［電気量と電力量についての充放電効率がある］

　二次電池の充放電の性能を評価する指標には**充放電効率**がある。充放電効率には、充放電の**電気量**から求められる**クーロン効率**と、充放電の**電力量**から求められる**エネルギー効率**がある。充放電効率が高いほど二次電池として優れているということはいうまでもない。評価方法にはさまざまなものがあるが、0.2 ～ 1Cという低いCレートでゆっくりと充電を行って満充電（SOC100%）にし、同じCレートでSOC0%まで放電を行った結果から効率を算出することが多い。

◆ クーロン効率

　充電に使用した**電気量**（**充電電気量**）に対する放電の際に取り出せる電気量（**放電容量**）の比率を**クーロン効率**といい、〈式04-01〉のように一般的に百分率［%］で示される。ここでいうクーロンとは電気量の単位［C］のことだ。また、電池の分野では電気量を［Ah］で示すことが多いためクーロン効率を**アンペアアワー効率**（**Ah効率**）ということもある。普及している二次電池ではかなり高いクーロン効率が実現されている。鉛蓄電池で87%以上、ニッケル水素電池で90%以上、リチウムイオン電池は95%以上あり100%に近づきつつある。

　なお、一般的なリチウムイオン電池では、初回時のクーロン効率は2回目以降のクーロン効率より下がる傾向にある。これは初回充電時に生じる反応によって、以降の充放電に役立つSEIという被膜が形成されるためだ（P243参照）。この反応に電気エネルギーが使われるため、初回の充電電気量に比べて、初回の放電容量が小さくなる。

◆ エネルギー効率

　充電に使用した**電力量**（**充電電力量**）に対する放電の際に取り出せる電力量（**エネルギー容量**）の比率を**エネルギー効率**といい、〈式04-02〉のように一般的に百分率［%］で示される。電池の分野では電力量を［Wh］で示すことが多いため、エネルギー効率を**ワットアワー効率**（**Wh効率**）ということもある。電池の端子電圧が**過電圧**の影響を受けるため、エネルギー効率はクーロン効率より必ず低くなる。

■充放電効率

$$\text{クーロン効率}\,[\%] = \frac{\text{放電容量}\,[\text{Ah}]}{\text{充電電気量}\,[\text{Ah}]} \times 100 \quad \cdots\cdots\langle\text{式}04\text{-}01\rangle$$

$$\text{エネルギー効率}\,[\%] = \frac{\text{エネルギー容量}\,[\text{Wh}]}{\text{充電電力量}\,[\text{Wh}]} \times 100 \quad \cdots\cdots\langle\text{式}04\text{-}02\rangle$$

　〈図04-03〉と〈図04-04〉はある二次電池を定電流で充電あるいは放電した際に見られる充電曲線と放電曲線だ。どちらも横軸を容量（電気量）にしているので、曲線に囲まれた面積が充電に使用した充電電力量と放電の際に取り出せるエネルギー容量になる。放電時は起電力より過電圧の分だけ端子電圧が下がっているのに対して、充電時は過電圧の分だけ充電電圧を高くする必要があるので、どうしても充電時の電力量のほうが大きくなる。この二次電池のクーロン効率が100％だと仮定して、電気量の目盛りが同じになるように放電曲線を反転させて充電曲線に重ねると〈図04-05〉になり、面積の違いがよくわかる。この面積の差がエネルギーの損失になるわけだ。

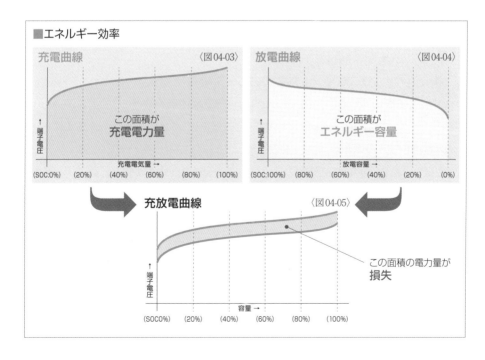

二次電池の充電

[二次電池は最適な方法で充電する必要がある]

　二次電池を繰り返し使用するためには充電が必要だ。さまざまな電池反応や構造の電池があるため、それぞれの電池に適した充電方法が異なる。適した方法で充電すれば、性能を維持したまま長く使うことができるが、適さない方法で充電すると放電容量が低下したり寿命が縮まったりといったダメージを電池に与えることになる。

　二次電池には充電を行える電流の許容量があるといえる。SOC0%の二次電池には未充電の活物質が多く存在する（未充電活物質の表面積が大きい）ため、大きな電流で充電することができる。しかし、充電が進み、未充電の活物質が少ない（未充電活物質の表面積が小さい）状態になってくると、小さな電流でしか充電できなくなる。また、充電の際には電池の端子電圧より高い電圧をかける必要があるが、電圧をあまり高くすると、充電時の電池反応とは異なる反応が生じてしまい、電池にダメージを与える。もちろん、満充電になっても充電を続ける過充電を避ける必要がある。SOC0%になった電池を長期間そのまま放置することも避けるべきだ。負荷につながっていない状態でも、自己放電によって過放電になってしまうこともある。

　二次電池の充電は、サイクル充電とスタンバイ充電に大別される。スマートフォンなどの携帯用電子機器の場合、昼間は充電を行わずに機器を使い続け、夜間に充電を行うという人が多い。このように、ある程度使ってから充電を行って、通常は満充電を目指すという使い方をサイクル充電という。電気自動車の二次電池もこうした使われ方をしている。

　いっぽう、常に満充電の状態を保っておき、必要に応じた放電が行われたり自己放電が生じたりすると、放電分だけを充電して常に満充電を保つという使い方をスタンバイ充電という。スタンバイ充電は従来のエンジン自動車の始動用二次電池や非常電源用の電池で行われている。

　サイクル充電には普通充電と急速充電がある。普通充電は、それぞれの二次電池に最適な充電方法が使われるのが一般的で、充電時間は長くなる。急速充電はやむを得ない状況で使われるもので、大電流を使って充電が行われる。急速充電の際にも可能な限り負担が小さくなるように行われるが、普通充電より電池にダメージを残す可能性が高い。

◆ 自己放電

　化学電池を動作させていない保存状態や放置状態で、蓄えられている電気量が時間の経過とともに徐々に減少していく現象を**自己放電**という。**自然放電**や**内部放電**ということもある。**放電容量**に対する一定の期間の間に自己放電した電気量の比率を**自己放電率**といい、期間を明示した［％/年］、［％/月］、［％/日］などの単位で示されることもあれば、1カ月の自己放電率10%のように表現されることもある。

　一次電池でも自己放電は生じるが、一般的に二次電池のほうが自己放電率が大きい。一次電池のなかでは酸化銀電池やリチウム一次電池が自己放電が非常に小さい。二次電池の場合、1カ月あたりの自己放電率は、鉛蓄電池は1.5%程度、リチウムイオン二次電池は1～10%とされる。ニッケル水素電池は自己放電が大きいものが多い。以前は1カ月あたり10～30%の自己放電率であったため、乾電池タイプのニッケル水素電池は未充電の状態で販売され、購入後に充電を行う必要があったが、最近では自己放電率の低いものも開発されていて、充電済みで販売されている乾電池タイプのニッケル水素電池もある。

　自己放電は電池内部の化学反応によって生じるため、一般的に温度が高いほど自己放電率が高くなる（参照〈図05-01〉）。一次電池の場合、電池反応が不可逆反応なので自己放電で失われた電気量を回復させることは難しい。二次電池の場合、自己放電が通常の電池反応と同じ反応によるものであれば、充電によって回復させられるが、正極と負極での反応量に差があれば、その差の分は回復させられない。また、自己放電が本来とは異なる反応によるものであれば、放電容量が減少したことになり、充電では回復させられない。

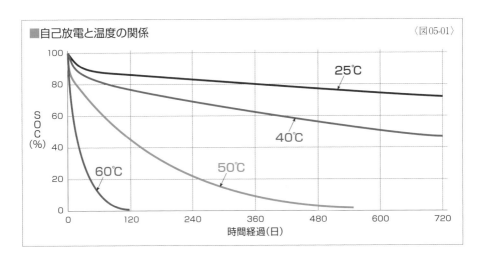

■自己放電と温度の関係　　　　　　　　　　　　　　　　　〈図05-01〉

◆スタンバイ充電

　スタンバイ充電には**トリクル充電**と**フロート充電**がある。また、後で説明するパルス充電がスタンバイ充電に使われることがある。

　トリクル充電とは、二次電池を絶えず一定の微小電流で充電する方法で、**細流充電**ともいう。0.02C ～ 0.05Cの電流が使われることが多い。**自己放電**に相当する電流で充電し続けているといえるので、過充電を心配することなく連続して充電を行うことができる。英語の"trickle"には、「ちょろちょろ流れる」や「ぽたぽた滴る」といった意味がある。たとえば、交流電源で用いる直流負荷用の非常電源装置にトリクル充電を採用した場合は、〈図05-02〉のような回路が考えられる。通常時、負荷には整流回路で整流された直流が供給される。いっぽう、二次電池は負荷から切り離されていて、整流充電回路の微小電流による充電が続けられている。停電が検出されると、制御回路によって回路が切り替わり、二次電池が負荷につながれる。

　フロート充電では、負荷と二次電池が並列にされた状態で外部電源につながれている。これにより二次電池の端子電圧が常に一定になるように充電が行われる。電源は負荷に電気を供給すると同時に微小電流で充電も行なうことになる。電源と負荷で構成される本来の回路に対して、二次電池が浮かんでいるように見えるため、「中空に浮かぶ」を意味する英語"float"からフロート充電と呼ばれる。ほかにも、「中空に浮かんでいる」を意味する英語

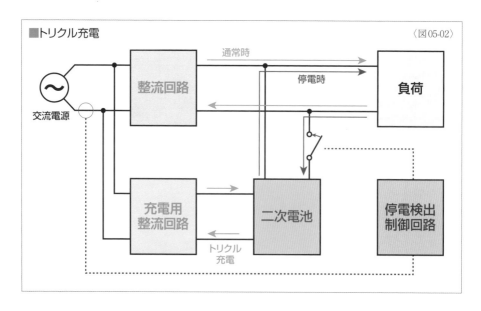

■トリクル充電　　　　　　　　　　　　　　　　　　　　　　〈図05-02〉

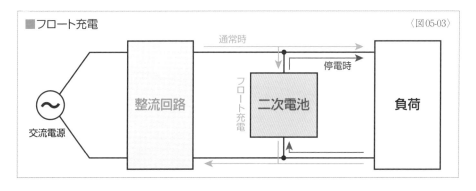

■フロート充電　〈図05-03〉

交流電源　整流回路　フロート充電　二次電池　負荷

通常時　停電時

"floating" から**フローティング充電**や、日本語で**浮動充電**ということもある。

　たとえば、交流電源で用いる直流負荷用の非常電源装置にフロート充電を採用した場合
は、〈図05-03〉のような回路が考えられる。負荷と二次電池は並列にされているので、通常
時は整流回路で整流された直流が負荷に供給されると同時に、二次電池の充電も行って
いる。停電になると、二次電池を流れる電流の方向が逆になり、負荷に二次電池の直流
が供給される。トリクル充電の非常用電源の場合、電源が消失した際に瞬間的には負荷
への電気が途切れることになるが、フロート充電であれば途切れることなく負荷への電気の
供給を続けることができるので、信頼性の高いシステムになる。

　なお、いずれの非常電源装置の場合も、過充電を防ぐために、満充電が検出されると
制御回路によって二次電池が切り離されるようになっていることもある。

◆ 充電の電流と電圧

　二次電池を充電する際の電流や電圧の設定や制御にはさまざまなものがある。主なもの
には、**定電流充電**、**定電圧充電**、**定電流定電圧充電**、**パルス充電**などがある。

●定電流充電

　定電流充電は、その名の通り充電電流が一定の電流になるように制御しながら充電する
方法だ。定電流の英語 "constant current" の頭文字から**CC充電**ともいう。充電が進む
につれて、充電電圧は上昇していく。充電曲線は〈図05-04〉のようになる（次ページ掲載）。

　定電流充電には充電時間を予測しやすいという利点があるが、大きな電流で充電すると
充電末期に**過充電**になりやすい。満充電を検出して充電を終わらせるように制御するするこ
とが望ましい。小さな電流を使えば電池にダメージを残す可能性は低くなるが、充電に時間
がかかる。

➡次ページに続く

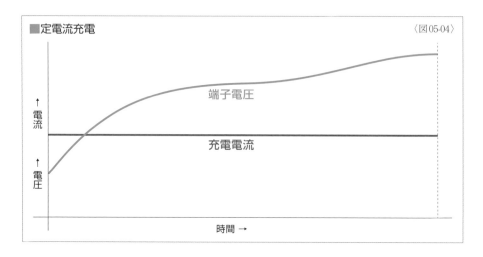

■定電流充電　　　　　　　　　　　　　　　　　　　　　〈図05-04〉

端子電圧

充電電流

↑
電流

↑
電圧

時間 →

　同じように定電流を使うが、充電が進むにつれて段階的に電流を小さくしていく多段式の充電方法を**準定電流充電**という。準定電流充電では充電初期に大きな電流が使えるので、充電時間を短縮することができる。なお、**トリクル充電**は定電流充電の一種だといえる。そのため、トリクル充電を**連続定電流充電**ということもある。

●定電圧充電

　定電圧充電は、その名の通り電池の端子電圧が一定の電圧になるように制御しながら充電する方法だ。定電流の英語"constant voltage"の頭文字から**CV充電**ともいう。充電が進むにつれて、充電電流が小さくなっていく。充電曲線は〈図05-05〉のようになる。公称

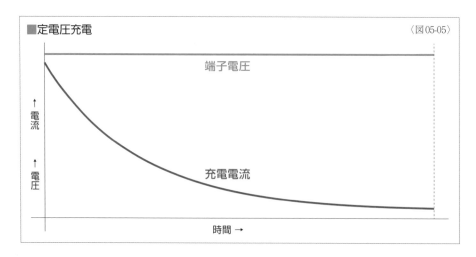

■定電圧充電　　　　　　　　　　　　　　　　　　　　　〈図05-05〉

端子電圧

↑
電流

↑
電圧

充電電流

時間 →

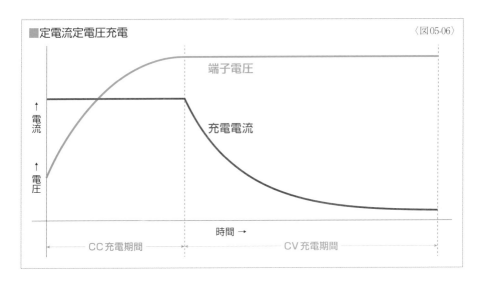

■定電流定電圧充電 〈図05-06〉

端子電圧

電流↑

充電電流

電圧↑

時間 →

CC充電期間

CV充電期間

電圧の1.2 ～ 1.3倍程度の電圧で充電することが多い。

　定電圧充電では、充電末期の電流が小さくなるので、過充電を防ぐことができる。しかし、場合によっては充電初期に電流が流れすぎて、電池にダメージを残すこともある。そのため、充電初期には低めの電圧を使い、充電が進むにつれて段階的に電圧を上げていく充電方法もよく使われている。こうした充電後半に電圧を高くする充電方法を**準定電圧充電**という。なお、**フロート充電**は定電圧充電の一種だといえる。そのため、フロート充電を**連続定電圧充電**ということもある。

●**定電流定電圧充電**

　定電流充電と定電圧充電にはそれぞれにメリットがあるが、デメリットもある。定電圧充電は充電初期に電池にダメージを残す可能性があり、定電流充電は充電末期に過充電になる危険性がある。これらのデメリットを解消するために2つの充電方法を組み合わせたものが**定電流定電圧充電**だ。**CC−CV充電**と略されることが多い。充電曲線は〈図05-06〉のようになる。

　定電流定電圧充電では、充電初期は比較的大きな電流で定電流充電を行うことで充電時間が短縮でき、ある程度まで充電が進んだら定電圧充電に切り替えることで過充電が防がれる。満充電が近づくと、再び定電流充電に戻し、非常に小さな電流で充電を行う充電方法もよく使われている。最終段階で行われる定電流充電は自己放電に対応したトリクル充電だといえる。

●パルス充電

〈図05-07〉のように電流のオン・オフを繰り返す周期的なパルス電流で充電する方法を**パルス充電**という。オンの期間の電流の大きさは一定に保たれる。たとえばリチウムイオン電池の場合、電流がオフの期間にリチウムイオンの濃度が回復するので、効果的に充電が行える。充電時間を短縮できるが、大きな電流や高い電圧によって電池にダメージを残すこともある。

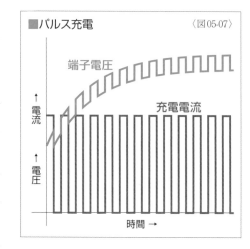

トリクル充電は微小な電流で充電し続けることで満充電状態を保つが、あまりに小さな電流では充電がスムーズに進まないため、損失が生じる。そのため、トリクル充電にかわる**スタンバイ充電**の方法としてパルス充電が使われることがある。オンの期間の電流の大きさは効率の高い充電が行えるものとし、電流の平均値は自己放電を補う程度のものにすることで損失を低減している。

なお、鉛蓄電池はサルフェーション（P170参照）という生成物によって性能が低下するが、パルス充電はサルフェーションの生成を防ぐことができるとされている。

◆充電の制御方法

二次電池の充電は満充電になった時点で終わらせるのが理想だ。満充電になる以前に充電を終わらせてしまったのでは、放電容量のすべてを使うことができなくなる。逆に、満充電になった以降も充電を続けると**過充電**が生じてしまう。特に**急速充電**を行う場合は満充電になった時点で確実に充電を終わらせる必要がある。

こうした充電を終了させる制御の方法にもいろいろなものがあり、二次電池の種類によってもさまざまだ。制御の方式には、**タイマ制御方式**、**電圧制御方式**、**温度検出制御方式**、**−ΔV制御方式**などがある。

●タイマ制御方式

充電開始後、一定時間が経過した時点で充電を終了する方式を**タイマ制御方式**という（参照〈図05-08〉）。充電回路の構成が簡単で低コストだが、周囲の温度によって充電の進み具合は変化するし、電池が古くなると実質的な放電容量が低下したりするため、設

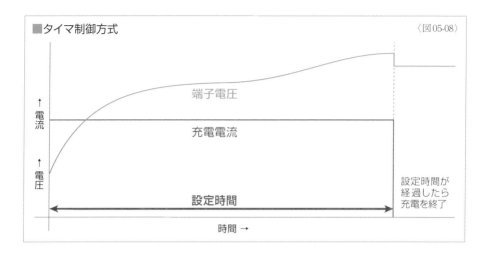

■タイマ制御方式　　　　　　　　　　　　　　　　　　　　　　〈図05-08〉

端子電圧

充電電流

設定時間

設定時間が
経過したら
充電を終了

↑
電流

↑
電圧

時間 →

定時間によっては満充電にならず充電不足になることもあれば過充電になることもある。急速充電には不向きな制御方法だといえる。

● 電圧制御方式

　充電中の電池の端子電圧を検出して制御する方式を**ピーク電圧制御方式**や単に**電圧制御方式**という（参照〈図05-09〉）。二次電池はSOCによって端子電圧が変化するので、設定した端子電圧に達した時点で充電終了とする。充電回路の構成が簡単で低コストだが、端子電圧は温度の影響を受けるほか、電池が古くなると内部抵抗の影響が大きくなってくるので、確実に満充電にすることが難しい。

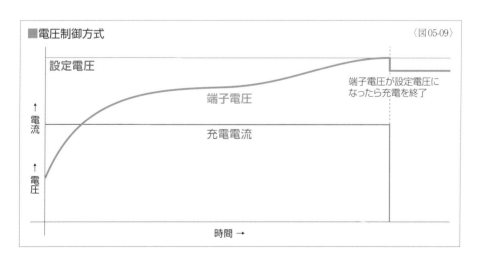

■電圧制御方式　　　　　　　　　　　　　　　　　　　　　　〈図05-09〉

設定電圧

端子電圧

充電電流

端子電圧が設定電圧に
なったら充電を終了

↑
電流

↑
電圧

時間 →

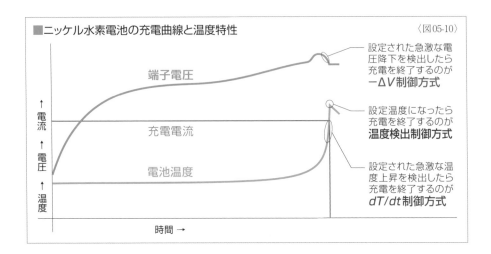

■ニッケル水素電池の充電曲線と温度特性　　　　　　　　　　〈図05-10〉

端子電圧

設定された急激な電圧降下を検出したら充電を終了するのが−ΔV制御方式

充電電流

設定温度になったら充電を終了するのが温度検出制御方式

電池温度

設定された急激な温度上昇を検出したら充電を終了するのがdT/dt制御方式

↑電流　↑電圧　↑温度

時間 →

●温度検出制御方式

　ニッケル水素電池やニッケルカドミウム電池は、満充電の直前に生じる反応熱によって急激に温度が上昇する性質がある。電池の温度をセンサなどで検出し、設定温度に達した時点で充電を終了する方式を温度検出制御方式という（参照〈図05-10〉）。温度検出制御方式の場合、周囲の温度の影響を受けてしまうため、充電末期の単位時間当たりの温度変化率を検出して満充電を判断する制御方式もある。温度変化を検出するため、こうした方式をdT/dt制御方式や絶対温度検出制御方式という（参照〈図05-10〉）。

●−ΔV制御方式

　ニッケル水素電池やニッケルカドミウム電池は、満充電が近づくと端子電圧が上昇していくが、先に説明したように満充電の直前には温度が上昇するため、温度の影響で端子電圧が急上昇後にわずかに低下する。そのため、この電圧低下で満充電を検出できる。この制御方式は電圧低下の変化を検出しているため−ΔV制御方式という（参照〈図05-10〉）。ニッケル水素電池やニッケルカドミウム電池に限られるが、温度検出制御方式より高い精度で満充電を検出することができる。

◆ メモリ効果

　二次電池の容量を残したまま放電をやめて、継ぎ足し充電することを繰り返すと、使用可能な容量が残っているにもかかわらず、放電を停止した容量以降の端子電圧が低下してしまうことがある。これをメモリ効果という。

たとえば、毎回SOC70%まで使ったところで、充電を行なって満充電にすることを繰り返すと、〈図05-11〉のように放電曲線が変化する。電圧の低下は放電をやめたSOC付近で生じる。まるで継ぎ足し充電を行ったSOCを覚えているようなので、「記憶する」を意味する英語"memory"からメモリ効果と名づけられた。

メモリ効果は、継ぎ足し充電の繰り返しによって二次電池の放電容量が減少する現象と説明されることがあるが、実際には放電容量はさほど減少していない。しかし、二次電池を使う機器では過放電を防ぐために放電終止電圧など一定の電圧まで端子電圧が低下すると動作を停止するようにされている。メモリ効果が生じていると〈図05-11〉のように早期に動作を停止する電圧に達してしまう。結果として放電容量が小さくなったように感じるわけだ。メモリ効果はニッケルカドミウム電池では顕著に生じ、ニッケル水素電池でも生じるが、リチウムイオン電池ではメモリ効果が生じてもほとんど影響のない程度で、鉛蓄電池ではまったく生じないとされる。

メモリ効果が生じる原因についてはさまざまな説があるが、現状では明確になっていない。しかし、メモリ効果を解消する方法は判明している。電池を完全に使い切ってSOC0%の状態にしたうえで、満充電まで充電するとメモリ効果が解消されることが多い。これを**リフレッシュ充電**や単に**リフレッシュ**という。ただし、完全に放電させるといっても安易に負荷をつないだだけで放電を行うと過放電になり、電池にダメージを残すことになる。そのため、付属の充電器などにはリフレッシュ機能が備えられていることがあり、安全にリフレッシュ充電が行えるようにされている。

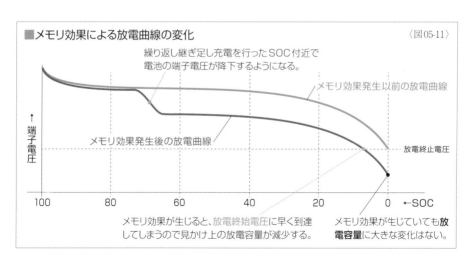

■メモリ効果による放電曲線の変化　〈図05-11〉

繰り返し継ぎ足し充電を行ったSOC付近で
電池の端子電圧が降下するようになる。

メモリ効果発生以前の放電曲線

端子電圧↑

メモリ効果発生後の放電曲線

放電終止電圧

100　80　60　40　20　0　←SOC

メモリ効果が生じると、放電終始電圧に早く到達してしまうので見かけ上の放電容量が減少する。　メモリ効果が生じていても**放電容量**に大きな変化はない。

二次電池の劣化と寿命

［二次電池が劣化すると容量が減少し内部抵抗が増大する］

二次電池は使っていても使っていなくても、元に戻れない変化が蓄積されいく。この変化によって、**放電容量**が減少したり**内部抵抗**が大きくなったりすることで電池が**劣化**していく。

二次電池を充放電する際には本来の電池反応にともなって副次的な化学反応が生じることがある。こうした副次的な反応を**副反応**といい、副反応自体やその生成物が電池を劣化させることが多い。**自己放電**で説明したように、電池を使っていない状態でもこうした副反応による劣化が生じることがある。また、ほとんどの二次電池は充放電の際に**発熱**するし、充放電の際に活物質が**膨張**と**収縮**を繰り返す二次電池もある。こうした熱や力によっても電池は劣化していく。

電池の充放電を繰り返すことで進行する劣化を**サイクル劣化**といい、電池を**フロート充電**して一定のSOCを維持した状態で進行する劣化を**フロート劣化**という。このほか劣化については**カレンダー劣化**という表現が使われることもある。カレンダー劣化は電池を使用していない状態で進行する劣化、つまり自己放電などによる劣化と説明されることもあるが、サイクル劣化とフロート劣化をあわせたものをカレンダー劣化ということもある。

劣化の度合いは**容量維持率**や内部抵抗の変化で評価される。容量維持率とは、〈式06-01〉のように新品の状態の放電容量つまり**初期放電容量**に対するある時点における放電容量の比率のことで、一般的に百分率［%］で示される。なお、容量維持率は放電容量ではなく**エネルギー容量**から算出されることもある。

容量維持率はSOHということもある。SOHとは「健康状態」を意味する英語"state of health"の頭文字だが、容量維持率ではなくSOHが内部抵抗の変化を示すこともあれば、容量維持率と内部抵抗の変化の両者を含めて表現されることもあるので注意が必要だ。

■容量維持率

$$容量維持率 [\%] = \frac{ある時点における放電容量 [Ah]}{初期放電容量 [Ah]} \times 100 \quad \cdot\cdot \langle式06\text{-}01\rangle$$

◆ サイクル寿命とフロート寿命

サイクル劣化を評価する試験を**サイクル試験**という。サイクル試験ではどの程度まで充放電させるかによって劣化の度合いが大きく変化する。一般的には〈図06-02〉のようにDOD0%↔100%を繰り返すともっとも劣化が速く、DOD0%↔80%を繰り返すといった具合にDODを浅くしていくほど劣化が遅くなる傾向がある。また、一般的に**充放電レート**が高いほど劣化が速くなり、**温度**が高いほど劣化が速くなる。

電池の種類によっては満充電状態でのストレスが大きいものもある。こうした電池の場合、毎回の充放電で満充電にしないほうが劣化を抑えられる。たとえば、DOD60%↔100%の繰り返しと、DOD40%↔80%の繰り返しでは1サイクルで使える電気量は同じだといえるが、DOD40%↔80%の繰り返しのほうが劣化が遅くなる。

サイクル試験の結果から示される二次電池の寿命を**サイクル寿命**というが、二次電池の寿命を評価するのは難しい。たとえば、容量維持率が50%になったとしても、機器が使えないわけではない。そのためサイクル寿命は、たとえば容量維持率が80%を下回るまでの充放電回数3000回といった具合に条件が明示されたうえで示される。もちろん、サイクル試験のDODや充放電レート、温度などの条件も明示されている。

フロート劣化を評価する試験を**フロート試験**という。電池は放置しているだけでも**自己放電**などによって劣化が進むが、満充電状態で高い電圧を保つほうが速く劣化が進む。そのため満充電を維持する試験ばかりでなく、SOC50%や20%といったさまざまなSOCを維持する試験が行われることもある。フロート試験の結果から示される寿命を**フロート寿命**といい、サイクル寿命と同じように条件を明示したうえで時間が示される。

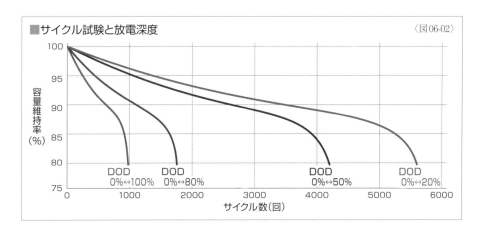

■サイクル試験と放電深度　　〈図06-02〉

二次電池に求められる性能

［現状ではリチウムイオン電池の性能がもっとも優れている］

　二次電池に求められる性能にはさまざまなものがあり、用途によって重視される性能が異なっていたりする。代表的な性能の指標には、ここまでに説明してきたように**エネルギー密度、出力密度、充放電効率、サイクル寿命**といったものがある。このほか、**コスト**の低さも二次電池には求められているので、エネルギー容量あたりのコストが指標として示されることがあり、［円/Wh］といった単位が使われる。現状で実用化されている二次電池のなかでは、多くの指標についてリチウムイオン電池が他の電池より性能が高いが（参考〈図07-01〉）、エネルギー容量あたりのコストについては鉛蓄電池がもっとも優れている。

　数値による指標で評価できないものもあるが、**信頼性**や**安全性**の高さ、**使い勝手**といった性能も重要だ。二次電池は情報機器や非常装置に使われることもある。電圧が不安定になったりすぐに使えなくなったりしたのでは安心して使えない。今後、電力系統に使われることが増えれば、信頼性はさらに重要だ。二次電池の異常発熱や破裂といった事故は、使う人やその財産を危険にさらすことになる。電池が大型化すると、その安全性の確保はさらに重要だ。廃棄された場合を想定すると、構成している物質に毒性がないことも望まれる。

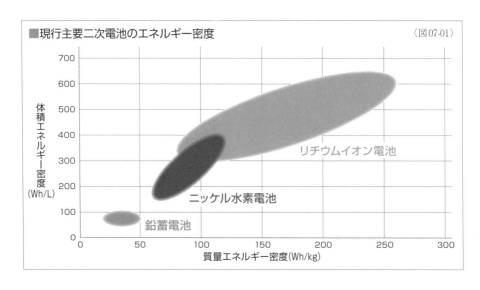

■現行主要二次電池のエネルギー密度　　〈図07-01〉

使い勝手では、使用可能な温度範囲の広さが第一に求められる。人が携帯用機器を持って出向く場所や電気自動車で走行する場所は、灼熱から極寒まで幅広いが、どんな温度の場所でも動作できることが望ましい。また、鉛蓄電池のなかには転倒させると液漏れするものがあり、使い勝手が悪い。横倒しにしても転倒させても問題なく使えるものが理想だ。もちろん軽い衝撃では壊れないような堅牢性も必要になる。

このほか、電池を構成する材料は、資源量が豊富なものが理想的だ。希少な資源を材料にすると、政情によって入手困難な事態になることもある。もちろん、希少であればコストが上昇する可能性も高い。

◆ 二次電池の性能を高める方法

二次電池の性能のなかでも重視されることが多いのが**エネルギー密度**だ。エネルギー密度を高めるには、**端子電圧**を高めるか**容量密度**を高めればいい。そのため、**起電力**が高くなるような**正極活物質**と**負極活物質**の組み合わせで、なおかつ容量密度の大きい**活物質**を選ぶことが基本になる。

電池が放電している状態の端子電圧は**過電圧**で低下する。電流が大きくなるほど過電圧が大きくなって電圧降下が大きくなる。そのため、過電圧を抑えて流せる電流を大きくすればエネルギー密度が向上する。また、流せる電流を大きくすれば**出力密度**も向上する。

電池反応は活物質とイオン伝導体の接触面で生じるので、この**反応面積**を広くすれば、大きな電流が流せるようになり出力密度が向上する。たとえば、活物質を多孔質にしたり小さな粒状にすれば反応面積を大きくできる。反応面積が大きくなれば、**拡散過電圧**を抑えることも可能になる。

電流が流れる距離を短くできれば**抵抗過電圧**を抑えることが可能だ。一般的に**電子伝導体**に比べて**イオン伝導体**のほうが**電気伝導率**が低いので、電極間の距離を短くすれば抵抗過電圧が抑えられる。反応面積を大きくすることはイオン伝導体で生じる抵抗過電圧を抑えることにもなる。活物質のなかには電気抵抗率が高いものもあるが、こうした場合には電気伝導性を高めるために**導電助剤**といったものを使ったりする（P116参照）。

そのほかにも性能を高めるための工夫はさまざまにある。たとえば活物質の**純度**を高めれば**実容量密度**が向上する。純度を高めれば不純物が減少する。不純物は**副反応**の原因になったりするので、減少すれば**劣化**が抑えられるなどなど……。こうした工夫を積み重ねることで、電池の性能が高められ、実用性が高まっていく。

二次電池の構成

［充放電の反応に必要不可欠な物質］

　二次電池は**負極**、**イオン伝導体**、**正極**で構成される。正負の**電極**は、イオン伝導体と触れ合っている境界面で電池反応を生じる**電子伝導体**だ。多くの電池では電極そのものが電池反応する物質で構成される。こうした電池反応する物質を**活物質**というが、なかには電極と活物質が別の物質のこともある。活物質がイオン伝導体である**電解液**内に存在する電池もあれば、気体の活物質を使う電池や、活物質を高温にして溶融させ液体の状態で使用する電池もある。

　電池のイオン伝導体には、電池反応に必要なイオンを電極間で受け渡す役割がある。主に使われているイオン伝導体は電解液だが、ほかにも**溶融塩**、**イオン液体**、**固体電解質**などがある。これらを使用する電池の研究開発が行われており、一部には実用化されているものもある。また、現在の電池においては**セパレータ**が重要な役割を果たしていることが多い。もちろん、電池には**容器**も不可欠だ。このほか、外部回路と接続するための**端子**や**リード線**など実際に二次電池として動作させるためにはさまざまなものが必要になる。

◆ 電極と活物質

　活物質や**電極**は表面積が大きいほど**反応面積**を大きくでき、大きな電流を流すことができ**過電圧**も抑えられる。そのため、現在の電池では固体の活物質を粉末状にして使うことが多い。活物質が粉末状の場合、**集電体**によって電流が集められる。

　活物質には**電子伝導体**が使われることが多いが、なかには**電気伝導率**が低いものもある。こうした場合は、電極の電気伝導性を高めるために、電気伝導率が高い物質の粉末が活物質に混合される。こうした粉末を**導電助剤**という。導電助剤には、電池反応に関与しない炭素の粉末などが使われることが多い。

　粉末の活物質や導電助剤を結合するのが**結着剤**だ。結着剤は**バインダー**ともいい、活物質や導電助剤を固める接着剤のようなもので、集電体と活物質や導電助剤を結びつける役割もある。結着剤も電池反応に悪影響を与えないものが選ばれる。

　集電体には電気伝導率の高い炭素や金属が使われる。棒状や板状ばかりでなく、非常

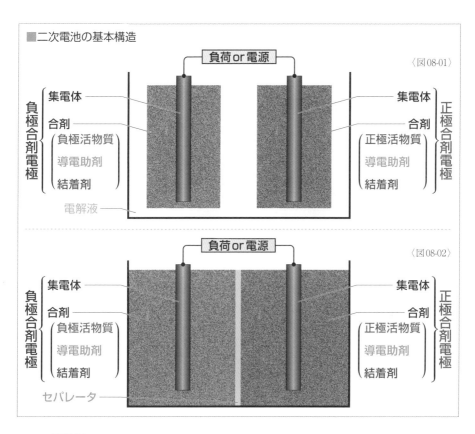

■二次電池の基本構造

〈図08-01〉

負荷or電源

集電体
合剤
（負極活物質
導電助剤
結着剤）
電解液
負極合剤電極

集電体
合剤
（正極活物質
導電助剤
結着剤）
正極合剤電極

〈図08-02〉

負荷or電源

集電体
合剤
（負極活物質
導電助剤
結着剤）
セパレータ
負極合剤電極

集電体
合剤
（正極活物質
導電助剤
結着剤）
正極合剤電極

に薄い**金属箔**が使われることもある。もちろん集電体にも化学的に安定な材料が選ばれる。

　活物質、導電助剤、結着剤の混合物を**電極合剤**や単に**合剤**といい、合剤と集電体をあわせて**合剤電極**という。こうした合剤に**電解液**が染み込むことで、粉末状の活物質の表面で電池反応が生じる。合剤電極の電池の構造を模式的に示すと〈図08-01〉のようになるが、電解液のみが存在する容積は電池の容量向上に貢献しない。そのため、実際の電池では〈図08-02〉のような構造になることも多い。こうした構造にする場合、**セパレータ**が不可欠になり、電解液は合剤内やセパレータ内に保持されることになる。

　このほか合剤には、分極の発生を抑える**減極剤**や、活物質の凝集を防ぎ分散させるための**分散剤**、電解液を良好に接触させる**濡れ性**を維持するための**レベリング剤**、合剤の粘度を高める**増粘剤**などのほか、電池のさまざまな性能を向上させるために各種の**添加剤**が加えられることもある。なお、濡れ性とは固体表面に対する液体の付着しやすさの性質を表すものだ。

◆ 電解液

電解液には**イオン伝導性**の高さが求められる。**電気伝導率**が高ければ**抵抗過電圧**を抑えられる。また、電解液は**電位窓**が広いことが望ましい。電位窓とは、簡単にいってしまえば電解液が**電気分解**されない電圧の上限だ。電解液には電池の端子電圧がかかるので、その電圧が電位窓より高いと電解液自体が電気分解されてしまい電池反応が続けられなくなる。たとえば、電解液の溶媒が水の場合、水の**理論分解電圧**である約 1.23 V が電位窓になる。ただし、電位窓は物質によって決まっている数値ではない。使われている電極によっても変化するし、添加剤で多少は調整することもできる。

電解液には、溶媒に水を使う**水系電解液**（**水溶液系電解液**）と、水を使わない**非水系電解液**があり、非水系では**有機溶媒**を使う**有機電解液**が一般的だ。電解液中の陽イオンと陰イオンはそれぞれに**溶媒和**している。溶媒和は、イオンの電荷と溶媒分子の極性との相互作用に基づいているため、溶媒分子の極性が強いほど溶媒和の効果は大きくなる。こうした溶媒分子の極性の強さは、**誘電率**という物理量で表せる。つまり、溶媒分子の誘電率が高いほど溶媒和の効果は大きくなる。水は誘電率が非常に高く電解質を電離させやすいうえ、粘度も低いため優れた電解液の溶媒になるが、水の電位窓は狭い。

水系電解液に比べて有機電解液は電位窓を広くとることができ、端子電圧が 3 〜 4 V の電池を実現できる。しかし、有機電解液は水系電解液に比べると誘電率が低く、電気伝導率が 2 桁程度低い。誘電率が高いほど電解質は溶けやすいが、分子間の相互作用が強いため粘度が高くなりやすい。粘度が高いとイオンが移動しにくくなり電気伝導率が低下する。そのため、有機電解液では誘電率の高い溶媒と低い溶媒を混合して使うことが多い。また、有機溶媒には発火や引火の危険性があるので、そのための対策が必要になる。

◆ セパレータ

ダニエル電池のように**セパレータ**が必要不可欠な電池もあるが、多くの化学電池の動作原理においてセパレータは必ずしも必要なものではない。しかし、実用される電池では、前ページの模式図〈図 08-02〉のようにセパレータが備えられることがほとんどだ。

セパレータの大きな役割が**正極**と**負極**の**短絡**の防止だ。さまざまに性能を高めることができるため、実用される電池では電極間の距離が小さいことが望ましい。こうした電池に何らかの**外力**が加わると、正極と負極が接触してしまうことがある。両極が接触して短絡すると、電池として使えなくなるのはもちろん、**異常発熱**などの問題が生じることもある。外力以外にも、

電池反応による析出によって電極形状が変化して正極と負極が接触する可能性もある。そのため、正極と負極が簡単には接触しないように間にセパレータが配置される。

　短絡を防止する必要があるため、セパレータには電子伝導性のないものが使われる。そのいっぽうで、イオンは素早く通す材料が使われ、電解液に対して**濡れ性**が優れている必要がある。電池の種類によってはセパレータが電解液を保持することもある。

　セパレータは電池内のさまざまな物質に対して化学的に安定であることが求められる。さらに、電池では発熱反応が多く、充放電の際に膨張と収縮を繰り返す活物質もあるため、セパレータには熱や応力に対する耐久性も必要だ。

◆ デンドライト

　電極に使われている金属の種類によっては析出の際に樹枝状の結晶が生じることがある。これを**デンドライト**という。デンドライトとは**樹枝状結晶**全般を指す名称で特定の物質の結晶を示すわけではない。霜や雪の結晶もデンドライトの一種だといえる。

　電池に使われる金属では**リチウム**や**亜鉛**がデンドライトを生じやすいものとして知られている。デンドライトの枝は非常に細いので、振動などで折れて脱落することがある。これにより電池の放電容量が低下するばかりか、脱落した破片が電池内の異物として性能を低下させる可能性もある。デンドライトが成長を続けると、〈図08-03〉のように**セパレータ**を突き抜けて先端が正極に到達することもある。すると電極間が**短絡**し、さまざまな問題が生じてしまう。

　そのため、デンドライト対策は二次電池の開発において重要な課題になる。セパレータによる対策や、発生を防ぐ添加剤などさまざまな研究開発が行われている。

■デンドライト　　　　　　　　　　　　　　　　　〈図08-03〉

正極

デンドライト
デンドライトがセパレータを突き抜けて正極に達すると短絡が生じる。

セパレータ

負極

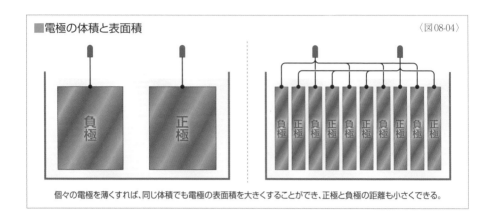

■電極の体積と表面積　　　　　　　　　　　　　　　　〈図08-04〉

負極　正極

負極 正極 負極 正極 負極 正極 負極 正極 負極 正極

個々の電極を薄くすれば、同じ体積でも電極の表面積を大きくすることができ、正極と負極の距離も小さくできる。

◆積層電極と巻回電極

　化学電池は**電気化学セル**で構成されている。その基本構成単位を**セル**といい、1つの
セルで構成された電池を**単セル**や**単電池**という。単セルのなかに必要な**電極**は**正極**と**負極**
が1つずつだが、実用の電池では電極を複数枚にすることがある。〈図08-04〉のように電極
を複数枚にすると、同じ体積の電極でも表面積を大ききすることができ、大きな電流が流せ
るようになる。また、電極間の距離を小さくすることも可能になるため、**抵抗過電圧**の低減に
もつながる。

　集電体に薄い**金属箔**を使う**合剤電極**の場合は、〈図08-05〉のように集電箔の表裏に活
物質を備えた正極と負極を、**セパレータ**を挟んで交互に重ね合わせた構造が採用されるこ
ともある。こうした構造の電極を**積層電極**といい、積層されたものを**積層体**という。リチウム
イオン電池では積層体を薄い箱状のケースや**ラミネートパック**に収めたりしている。ラミネー

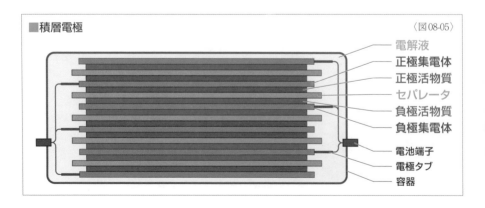

■積層電極　　　　　　　　　　　　　　　　　　　　〈図08-05〉

電解液
正極集電体
正極活物質
セパレータ
負極活物質
負極集電体

電池端子
電極タブ
容器

トパックとはレトルト食品などにも使われている袋状のフィルムのことだ。それぞれの集電体には**タブ**と呼ばれる端子が備えられていて、正極と負極でそれぞれのタブをつなぐことで電流を取り出している。

また、ニッケル水素電池やリチウムイオン電池では箔状の集電体の表裏に活物質を備えた帯状の合剤電極を〈図08-06〉のように正極－セパレーター負極－セパレータの順に重ねたものを巻いた構造が採用されることもある。こうした構造の電極を**巻回電極**といい、巻回されたものを**巻回体**や**ジェリーロール**という。円柱状

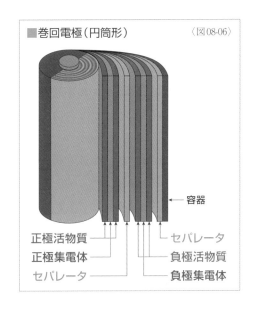

■巻回電極（円筒形）　〈図08-06〉

容器

正極活物質
正極集電体
セパレータ
セパレータ
負極活物質
負極集電体

に巻き重ねた巻回体が基本形といえるもので、これを円筒形のケースに収める。こうした電池の構造を**スパイラル構造**という。製造しやすい方法だが、中心部の放熱が悪くなるので円筒の太さには限界がある。〈図08-07〉のように扁平に巻き重ねた巻回体や円筒状の巻回体を押し潰したものであれば薄い箱状のケースやラミネートパックに収めることがでる。

巻回電極の場合、集電体は正極と負極でそれぞれ1枚なので、両集極の集電体にタブを備えれば電流を取り出せる。しかし、これでは電流の流れる距離が長くなり**抵抗過電圧**の面で不利になる。そのため、集電体の各所にタブを備え巻き重ねた状態で正極と負極のタブが近い位置になるようにしたうえで、それぞれのタブをつないで電流を取り出すこともある。

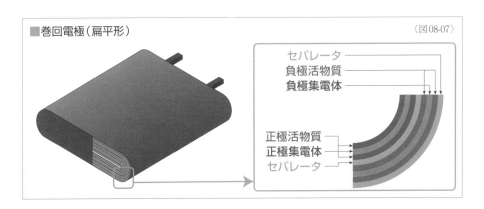

■巻回電極（扁平形）　〈図08-07〉

セパレータ
負極活物質
負極集電体

正極活物質
正極集電体
セパレータ

◆バイポーラ形電池

電池に関する技術のなかで注目を集めているのがバイポーラ形電極だ。一般的な電池の場合、正極と負極はそれぞれ独立した存在だ。たとえば、集電体に薄い金属箔を使う合剤電極の場合、表裏に同じ極の活物質の合剤が備えられる。しかし、バイポーラ形電極の場合、集電体の表裏に異なった極の活物質の合剤が備えられる。こうした電極をバイポーラ形電極といい、その電極によって構成される電池をバイポーラ形電池という。

バイポーラ形電極を使えば1個の電池のなかに直列に接続された複数のセルを作り込める。たとえば、一般的な電池を3個を直列に接続すると〈図08-08〉ようになるが、3つのセルを備えたバイポーラ形電池は〈図08-09〉のような構造になる。一般的な電池ではセルごとの容器や複数のセルを連結するための導体が必要だが、バイポーラ形電池では容器は1つで接続する導体は不要だ。集電体の数もバイポーラ形電池のほうが少なくて済む。結果として、同じスペースであればバイポーラ形電池のほうが多くのセルが搭載できることになる。

さらに、バイポーラ形電池のもっとも大きなメリットは電子伝導体による内部抵抗が抑えられることだ。電気抵抗は電流の流れる長さに比例し断面積に反比例する。一般的な電池では、集電体である薄い箔の面方向に電流が流れる必要があるので、断面積が非常に小さく、流れる距離も長い。いっぽう、バイポーラ形電池では、箔の面に垂直な方向に電流が流れるので、断面積が非常に大きく、流れる距離も極端に短くなる。しかも、セル間を接続する導体も必要ないので、バイポーラ形電池は内部抵抗が小さくなる。結果、抵抗過電圧が低減され、大きな電流が流せるようになる。抵抗過電圧が小さくなれば発熱も抑えられるため、熱対策のための機構が簡素化できたり不要になったりもする。

バイポーラ形電池の発想は古くからあったが、製造上の問題から近年まで実現されていなかった。積層電極にも多数の電極があるが、あくまでも単セルなので電解液が共通でも

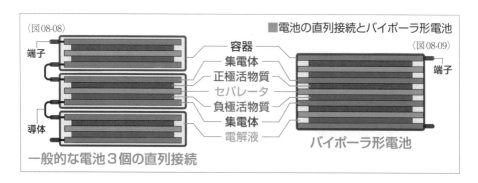

〈図08-08〉　　　　　　　　　　　■電池の直列接続とバイポーラ形電池

端子　　　　　　　　　　　　　容器　　　　　　　　　　　〈図08-09〉
　　　　　　　　　　　　　　集電体　　　　　　　　　　　　　　　　端子
　　　　　　　　　　　　正極活物質
　　　　　　　　　　　　セパレータ
　　　　　　　　　　　　負極活物質
導体　　　　　　　　　　　集電体
　　　　　　　　　　　　　電解液　　　　　　バイポーラ形電池
一般的な電池3個の直列接続

問題ないが、バイポーラ形電池は1つの容器のなかでセルごとに電解液が独立している必要がある。もし、それぞれの電解液を完全に封止されていないと、セル間をイオンが移動して短絡が生じてしまい、さまざまな問題が発生する。しかし、近年の製造技術の向上によってバイポーラ形電池が実現された。

なお、図のバイポーラ形電池の例では各セルが電解液で満たされているが、セパレータに電解液を保持させるといった構造もある。また、イオン伝導体に固体電解質を使用すれば、比較的容易にバイポーラ形電池が実現できるとされている。

◆ 電池の形状

電池の形状は円筒形と角形に大別され、それぞれ円筒形電池や角形電池という。二次電池の場合は薄いラミネートパックを容器に使用するラミネート形電池がある。〈写真08-10〜12〉は、いずれも電気自動車に搭載されたことがあるさまざまな形状の二次電池だ。実用化されている二次電池にはナトリウム硫黄電池やレドックスフロー電池もあるが、これらは電力貯蔵用に使われている小さなプラントのようなものであり、特定の形状というものはない。

円筒形はいうまでもなく単1乾電池や単3乾電池のような形状のものだが、大きさはさまざまだ。コイン形電池やボタン形電池と呼ばれる小型のもの円筒形に含まれる。非常に細いものはピン形電池と呼ばれることもあるが、これも円筒形の一種だといえる。

角形電池は直方体のものをさすが、こちらも大きさはさまざまにある。放熱の面で有利であるため、二次電池では薄い形状のものも多い。ラミネート形も薄い角形の一種だといえないことはないが、容器に柔軟性があるのが特徴で、パウチ形電池ともいう。

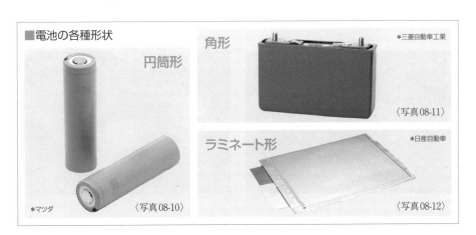

■電池の各種形状

円筒形 ＊マツダ 〈写真08-10〉

角形 ＊三菱自動車工業 〈写真08-11〉

ラミネート形 ＊日産自動車 〈写真08-12〉

◆ 組電池

　情報通信機器のような小型の電子機器であれば、**単セル**の二次電池で動作させることができるが、単セルの電圧やエネルギー容量では対応し切れない機器も多い。こうした機器では、複数のセルを組み合わせて使用する。電池を直列に接続すれば電圧を高めることができ、並列に接続すればエネルギー容量を高めることができる。このように複数の電池を組み合わせて1つの電池のように扱えるようにしたものを**組電池**という。

　電気自動車などの場合は、扱いやすいように複数の単セルを組み合わせて、ある程度の電圧と容量にした組電池を**バッテリーモジュール**という。複数個のバッテリーモジュールを車両に搭載しやすいようにケースに収め、さらに二次電池の保護や監視のため機構や冷却機構などを盛り込んだものを**バッテリーパック**という（参照〈写真08-13〜16〉）。

　モジュールやパックという用語に明確な定義はないが、セルだけではなく保護や監視のため機構などが盛り込まれたものはパックということが多いようだ。そのため、電動アシスト自転車や電動工具に使われている脱着できる二次電池の電源は、こうした機構が盛り込まれているため一般的にバッテリーパックという。

■ バッテリーモジュールとバッテリーパック

＊三菱自動車工業　〈写真08-13〉

＊日産自動車　〈写真08-15〉

＊三菱自動車工業　〈写真08-14〉

前ページの角形セルで構成されたバッテリーモジュールとそのモジュールで構成されたバッテリーパック。

＊日産自動車　〈写真08-16〉

前ページのラミネート形セルで構成されたバッテリーモジュールとそのモジュールで構成されたバッテリーパック。

第4章

二次電池の用途

携帯機器

［21世紀の生活に二次電池は欠かせない存在］

　スマートフォン、タブレット端末、ノートパソコン……、現在ではいつでもどこでも情報に触れることができ発信することができる。序章でも説明したように、1960年代に**ニッケルカドミウム電池**が普及したことで携帯できる電子機器が誕生し、1990年代に開発された**ニッケル水素電池**と**リチウムイオン電池**によって携帯用電子機器がさまざまに発展していった。現在の高度情報化社会を支える技術にはエレクトロニクスや通信インフラなどいろいろなものがあるが、情報通信機器を携帯できるようにしている**二次電池**も重要な役割を果たしている。

　二次電池の恩恵を受けているのは情報通信機器ばかりではない。使い勝手のよい二次電池が開発されると、コードがなくなれば使いやすくなる電気製品が**コードレス化**されていった。電動工具では**充電式**が主流になっているし、掃除機や電話機といった身近な家電製品でもコードレス化が進んだ。**ロボット掃除機**のような新たな発想の製品も二次電池が存在するからこそ実現できた。二次電池は生活や仕事の利便性を高めてくれるものだといえる。

◆ 携帯電子機器

　今やスマートフォンなしでは暮らせないという人も多い。モバイルバッテリーを携行したり充電できる場所を常に探している人もいる。こうした人たちは連続使用時間が伸びることを望んでいる。また、二次電池の寿命の短さに不満がある人も多い。しかし、実用の域に達しているとはいえるので、二次電池を電源とする新たな電子機器も次々に誕生してきている。ス

■携帯電子機器　　　　　　　　　　　　　　　　　　　　　　〈写真01-01〉

スマートウォッチもスマートフォンもワイヤレスイヤホンもすべて、高性能な二次電池があるからこそ実現されたもの。

＊Thomas Kolnowski/Unsplash

マートウォッチのような**ウエアラブル端末**などに二次電池は欠かせないものだ。小さな二次電池があるからこそ**ワイヤレスイヤホン**が実現できた（参考〈写真01-01〉）。

　二次電池の各種性能がさらに高まれば、エレクトロニクスの進歩とともに今後もさまざまな電子機器が誕生していくはずだ。紙のように薄い二次電池や柔軟で曲げられる二次電池といったものが実用化されれば、これまでには考えられなかったような新たな機器や実現不能と思われていた機器が生み出される可能性もある。

◆ コードレス機器

　電動工具は**ニッケルカドミウム電池**の時代から**コードレス化**が始まった。当初はパワー不足や連続使用時間の短さなど充電式電動工具に対する不満も多かったが、**リチウムイオン電池**が使われている現在ではパワーが問題になることは減った。電動工具を日々利用するプロの場合、スペアの**バッテリーパック**を充電しながら作業するという仕事のサイクルが定着しているが、連続使用時間が伸び充電所要時間が短くなれば、手間がかからなくなることは確かだ（参考〈写真01-02〉）。**コードレス掃除機**についても同じような意見が多い。吸引力は問題ないが、連続使用時間と充電所要時間に不満のある人はまだまだいるようだ。

　コードレス機器に対しても不満が残っているものの実用の域には達しているといえる。たとえば、**ハンディ扇風機**は広く普及しているし、ヘアドライヤーやヘアアイロンといった家電製品でも少しずつコードレスのものが登場してきている。二次電池を使えばアウトドアへの持ち出しが可能になるので、**充電式冷蔵庫**といったものも市販されている。ヒーターで体を温めてくれる**電熱ウエア**やファンで内側を冷やしてくれる**ファン付ウエア**も二次電池の採用で使いやすいものになった。今後もコードレス化される電気製品は増えていくことが予想される。電子機器と同じように、新たな発想の電気製品が生まれる可能性が高い。

■電動工具　　　　　　　　　　　　　　　　　　　　　　　〈写真01-02〉

電動工具は製品のシリーズごとにバッテリーパックの仕様を統一しているので、さまざまな工具で使い回すことができる。各種容量のパックが用意されていることも多い。

バッテリーパックには二次電池のほか保護や監視のため機構が備えられている。

＊パナソニック

自動車などの車両

［電動車両ばかりかエンジンで動く車両にも二次電池が必要］

　エンジン自動車の時代から、自動車と二次電池の関係は深い。自動車に鉛蓄電池が搭載されるようになって、すでに100年以上が経過している。エンジン自動車の鉛蓄電池は、どちらかといえば脇役的な存在だったが、21世紀になってからはハイブリッド自動車や電気自動車など、二次電池が主役ともいえる自動車が増えてきている。自動車以外にも二次電池を電源としモーターを動力源とする電動車両にはさまざまなものがある。

◆ モーターとエンジン

　ガソリンエンジンやディーゼルエンジンなどの内燃機関より、モーターのほうが自動車の動力源に適していることは古くから知られていた。こうした内燃機関のエンジンは、停止状態から力を発しながら回転を始めることができないうえ、外部から力を加えないと始動できない。稼働状態を続けさせるためにはある程度の回転速度を保つ必要がある。

　また、エンジンは回転速度によってトルク（回転しようとする力）が変化するうえ、一定方向にしか回転できないため、自動車で使用するためには、変速比をかえる変速機や、前後進のために回転方向を切り替える機構が必要だ。発進する際には回転速度を高めたエンジンと静止している車輪を滑らかにつながなければならないので、クラッチなどの断続機構も必要になる。

　いっぽう、モーターは停止状態から大きなトルクで回転を始めることができ、対応できる回転速度やトルクも幅広い。前後進の切り替えも含めて速度調整は電源操作で対応できるため、変速機や断続機構が必要ない（現状では効率向上のために変速機を併用する電気自動車も一部にある）。

　また、エンジン自動車を減速させる際には、ブレーキ装置によって運動エネルギーを熱エネルギーに変換して周囲に捨てている。しかし、モーターは発電機としても動作させられるので、減速時に車輪の回転をモーターに伝えて発電すれば運動エネルギーを電気エネルギーに変換できる。この電気エネルギーを二次電池に蓄えれば、エネルギーの無駄を抑えられる。こうしたエネルギーの回収をエネルギー回生や単に回生という。

さらに、エネルギー変換効率でもモーターのほうが大きく優っている。現状、最高効率が45%に達するエンジンも開発され、50%を目指して開発が進められているが、これはあくまでも最高効率であり、実走行では20%程度になってしまうこともある。いっぽう、モーターの最高効率は95%にも達し、条件が悪くても80%程度はある。

19世紀には**電気自動車**が実用化されていて、エンジン自動車より先に市販が始まっている。時速100 kmの壁を突破したのも電気自動車のほうが先だ。1900年のパリ万博に、当時ローナー社在籍のフェルディナンド・ポルシェが開発した電気自動車が出品されたのは有名な話だ。その後、ガソリンエンジンと発電機を搭載するモデルを1903年に誕生させた。これが世界初の市販**ハイブリッド自動車**だといわれる（参考〈写真02-01〜02〉）。

当時使うことができた二次電池はエネルギー密度が低い**鉛蓄電池**であったため、**航続距離**を伸ばせば重くなって速度が出せなくなってしまう。そのため、次第に改良が進んだエンジン自動車が普及し、電気自動車は忘れられていった。その後も、石油に政治的、経済的、社会的な問題が生じると、電気自動車に注目が集まったが実用化には至らなかった。

しかし、20世紀末に**ニッケル水素電池**や**リチウムイオン電池**などの**エネルギー密度**が高い二次電池が開発されたことでハイブリッド自動車が実用化され、現在では電気自動車も市販されるようになってきている。これら自動車の実現には、永久磁石の性能向上による同期モーターの高出力化・小型化やパワーエレクトロニクスの発展も大きく貢献している。パワーエレクトロニクスとは、半導体素子を使用して直流と交流の相互変換や電圧、電流、周波数などの調整を行う技術のことだ。パワーエレクトロニクスの活用によって、低損失できめ細かいモーターの制御が可能になる。

■20世紀初頭の電気自動車とハイブリッド自動

〈写真02-01〉 ＊Porsche

パリ万博に出品されたとされる4輪駆動の電気自動車Lohner-Porsche Toujours Contente。各輪にモーターを備えている。運転席脇の人がポルシェ博士だといわれる。

世界初の市販ハイブリッド自動車といわれるLohner-Porsche Semper Vivus。復刻されたモデルがドイツのポルシェミュージアムに展示されている。

〈写真02-02〉

＊Porsche

◆ エンジン自動車

　内燃機関のエンジンは外部から力を加えないと始動できないため、エンジン自動車にはスターターモーターと呼ばれるモーターと、〈写真02-03〜04〉のような鉛蓄電池が搭載されている。始動時には鉛蓄電池からの電気でスターターモーターを動作させ、その回転をエンジンに伝えて始動する。その際には100 Aを超える大きな電流が必要になる。この鉛蓄電池を始動用鉛蓄電池というが、自動車関連の分野では単にバッテリーということが多い。

　また、自動車にはヘッドライトや電動パワーステアリングなど電気で動作するさまざまな機器が使われている。ガソリンエンジンの場合は、電気火花による点火が必要があるため、エンジンを稼働させ続けるためにも電気が必要だ。現在ではさまざまな機器の電子制御にも電気が使われている。これら電気で動作する自動車の機器類を電装品という。電装品に電気を供給するために、エンジンには〈写真02-05〜06〉のようにオルタネーターと呼ばれる発電機が備えられている。いったんエンジンが稼働すれば、オルタネーターからさまざまな電装品に電気が供給されると同時に、鉛蓄電池が充電される。

　以前の自動車では、停車中でもエンジンの稼働を続けさせるために最低限の回転速度が保たれていた。この状態をアイドリングという。アイドリング状態で停車する自動車の場合、鉛蓄電池が放電を行うのは、出発地から目的地の間で始動時の1回だけだった。鉛蓄電池は始動直後以外はフロート充電によって常に満充電の状態が保たれていた。

　また、オルタネーターが常にエンジンに接続されていると、無駄に発電が行われることもあり、燃費を悪化させる要因になった。そこで、走行中は鉛蓄電池から電装品に電気を供給し、鉛蓄電池のSOCが低下するとオルタネーターを動作させるという充電制御が行われるよ

■自動車用鉛蓄電池

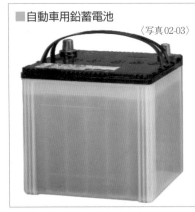
〈写真02-03〉

〈写真02-04〉

鉛蓄電池はエンジンルーム内に備えられるのが一般的。

うになっている。充電制御を行う場合、鉛蓄電池が満充電されることは少なく、SOCが60〜90%といった範囲で使用されることになる。減速時に車輪の回転がオルタネーターに伝わるようにして、**エネルギー回生**を行う車種もある。

　さらに現在では、燃費向上のために、信号待ちなどの短時間の停車でもエンジンをいったん停止する自動車も増えている。これを**アイドリングストップ**という。アイドリングストップを採用する自動車の場合、停止後の発進のたびに始動を行う必要があるので、鉛蓄電池を放電させる回数が大きく増える。そのため、充電制御やアイドリングストップを行う自動車には、従来の鉛蓄電池とは異なった仕様のものが使われている。

◆自動車電装品の48V仕様化

　乗用車の電装品は**定格電圧**が直流12Vのものがほとんどで、搭載される鉛蓄電池も単セルが6個組み合わされ**公称電圧**が12Vにされている。こうした電装品の定格電圧を48Vに変更しようとする動きがある。

　自動車には多くの電装品が使われているため、その配線の重量も体積も大きなものだ。配線で生じる損失は電流の2乗に比例する。電圧を12Vから48Vに変更すると、電装品の消費電力が同じなら、電流は1/4になるので、配線の小径化により軽量化が可能になる。従来同様の配線を使えば、これまでより消費電力の大きな電装品の搭載が可能だ。さらに、12V仕様ではオルタネーターで回生できるエネルギーに限りがあるが、**48V仕様**なら大きなエネルギーを回生でき、**ハイブリッド自動車**にも発展させやすい（P134参照）。一部で48V仕様の電装品の採用も始まっていて、こうした自動車には48Vのリチウムイオン電池のバッテリーパックが搭載されていることが多い。

■オルタネーター

〈写真02-05〉

＊デンソー

オルタネーターはエンジンの側面に備えられ、ベルトによってエンジンの回転が伝達されるのが一般的。

＊日産

〈写真02-06〉

◆ 電気自動車

　モーターを走行の動力源に使う自動車を**電気自動車**といい、その英語 "electric vehicle" の頭文字からEVと略される。EVはその電源によって分類されることが多い。

　二次電池を使用する**二次電池式電気自動車**はバッテリーEVともいい、"battery" の頭文字をつけてBEVと略される。プラグを差して充電を行うため**プラグインEV**ともいい、"plug-in" の頭文字をつけてPEVと略される。ただし、厳密にはBEVには**バッテリー交換式EV**もあるのでBEV＝PEVではない。単に電気自動車やEVといった場合はBEV、もしくはPEVをさすことが多い。また、**燃料電池**を使用する**燃料電池式電気自動車**は、燃料電池の英語 "fuel cell" の頭文字をつけてFCEVと略される。Eを省略してFCVと略されることもあり、日本語でも**燃料電池自動車**ということも多い。

　ハイブリッド自動車には2つの動力源を使用する自動車という意味がある。現在市販されているハイブリッド自動車は、**エンジンとモーター**という2種類の動力源を使用するので、正式には**ハイブリッド電気自動車**といい、"hybrid" の頭文字をつけてHEVと略される。

◆ プラグインEV

　プラグインEV（PEV）の市販が本格的に始まっている。一般的なPEVは〈図02-07〉のような構成になる。PEVの充電に**化石燃料**で発電された電気を使ったのでは**本末転倒**になるともいわれていたが、最近ではエネルギー**変換効率**が60％を超える**火力発電所**もある。エネルギー変換効率が火力発電所で40％、PEVで80％だとすると、PEVの化石燃料からの総合エネルギー変換効率は、**単純計算**で32％になる。もちろん、そのほかにもさまざまに損失が生じるが、エンジンを使う自動車のエネルギー変換効率が実走行では20〜30％程度だ。計算する際に採用する数字にはさまざまなものがあり、いろいろな考え方もあるが、現状のPEVでも**二酸化炭素排出量削減**が不可能ではない領域に達しているとはいえそうだ。車両の製造時や廃棄後の処理に使われるエネルギーなど考えるべき要素はほかにもさまざまにあるが、世の中はPEVに向かって進み始めている。**並行**して、**再生可能エネルギー発電**の割合を増やしていくことも重要だ。

　以前は**航続距離**の短さがPEVの弱点といわれていたが、1回の充電で500km以上走行できる車種も数多く登場してきている。しかし、市販されているPEVを同クラスのエンジン自動車と比較してみると、車両重量はPEVのほうが大きい。やはり**エネルギー密度**の点で現状の**二次電池**は不利になる。現在使われている**リチウムイオン電池**の質量エネルギー

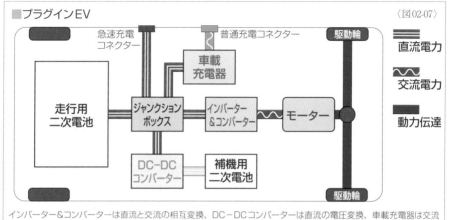

■プラグインEV　　　　　　　　　　　　　　　　　　〈図02-07〉

インバーター＆コンバーターは直流と交流の相互変換、DC−DCコンバーターは直流の電圧変換、車載充電器は交流商用電源の直流変換を行うパワーエレクトロニクス。ジャンクションボックスでは電気の流れが制御される。

密度は200 Wh/kg程度なのに対して、ガソリンの質量エネルギー密度は12000 Wh/kgだ。実走行でのエネルギー変換効率がエンジン自動車で30％、PEVで80％だとすると、20倍以上の差がある。そのため、PEVの航続距離をエンジン自動車程度にしようとすると、二次電池が重くなってしまう。結果、PEVは二次電池を運ぶためにエネルギーの多くを使うことになり**電費**が悪くなる。これはエネルギーの無駄遣いだ。なお、電費とはエンジン自動車の**燃費**に相当するもので、燃費と比較しやすいように走行距離と電力量の比で示され、単位には［km/kWh］が使われることが多い。

　充電に関するさまざまな事柄もPEVの弱点だ。車種にもよるが自宅などで行う**普通充電**には200 Vで数時間、100 Vだとその倍の時間がかかる。自動車で一日中走り続けるという使い方をすることは少ないため、普通充電の所用時間については比較的受け入れられているが、**急速充電**については不満や不安の声が多い。エンジン自動車の場合、燃料がほぼ空になっていても数分あれば給油を終わらせることができるが、PEVの場合、残量が0％に近い状態だと満充電に15分〜1時間かかる。しかも、急速充電は二次電池にストレスがかかり、寿命に影響を与える可能性が高い。さらには、充電施設が少ないというインフラの未整備もPEVの利便性を損なっている要因の1つだ。

　PEVの究極的な弱点は価格の高さだといえる。現在では補助金などが支給されることもあるが、それでも同クラスのエンジン自動車やHEVより高額になる。真の意味でPEVが普及するためには、現状よりエネルギー密度が高いことはもちろん、素早く充電できてサイクル寿命が長く、さらにコストの低い二次電池が必要だ。

◆ハイブリッド自動車

　ハイブリッド自動車（HEV）の駆動システムを大別すると、**パラレル式**と**シリーズ式**、さらに両者を併用する**シリーズパラレル式**になる。

　パラレル式HEVは〈図02-08〉のような構成で、**エンジンとモーター**の双方を走行に使用する。モーターだけを使った走行を**EV走行**、エンジンだけを使った走行を**エンジン走行**、両者を使った走行を**ハイブリッド走行**という。エンジンは回転速度とトルクによって効率が大きく変化するため、エンジンの効率が低い発進をEV走行にしたり、やはり効率が低下する加速時にモーターでアシストするハイブリッド走行にすることで、燃費が向上する。ただし、パラレル式HEVの場合、走行に使える電気エネルギーは**回生**で得られたものに限られる。

　シリーズ式HEVは〈図02-09〉のような構成になり、エンジンで**発電機**を駆動し、発電された電気エネルギーでモーターを駆動して走行する。エンジンは走行には直接利用されない。エンジンは回転速度や負荷によって効率が大きく変化するが、ある程度の容量の**二次電池**を搭載しておけば、常に効率の高い領域でエンジンを使用し、走行に使われずに余った電気エネルギーは二次電池に蓄えておき、加速などで大きな電気エネルギーが必要な際にはモーターでアシストできる。もちろん、減速時には回生によって充電が行われる。

　パラレル式では使用できる電気エネルギーが限られるため、シリーズ式を併用することで使用できる電気エネルギーを増やしたものが**シリーズパラレル式**HEVだ。発電機とモーターが搭載されるが、EV走行時には発電機もモーターとして使用して走行性能を高めている車種もある。エンジンの動力を発電と走行に振り分ける必要があるため、機械的構造は〈写

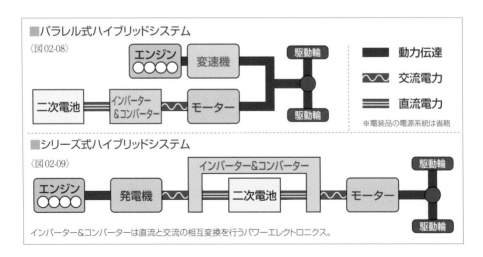

■パラレル式ハイブリッドシステム
〈図02-08〉

■シリーズ式ハイブリッドシステム
〈図02-09〉

インバーター&コンバーターは直流と交流の相互変換を行うパワーエレクトロニクス。

■シリーズパラレル式ハイブリッドシステム

〈写真02-10〉

〈写真02-11〉

*トヨタ自動車

代表的なシリーズパラレル式ハイブリッドシステムであるトヨタのTHS II。エンジンに加えてモーターと発電機さらに動力分配機構などが必要になるので構造は非常に複雑だ。

真02-10〜11〉のように複雑になる。いずれのハイブリッドシステムもさまざまな構造のものがある。また、二次電池の容量もさまざまで、EV走行はできずエンジンを補助する程度のものもあれば、EV走行でも十分な発進加速性能を発揮できるものもある。

　PEVでは二次電池をSOCが90〜20%の範囲で使うことになるが、HEVでは二次電池の容量が小さく**エネルギー回生**にも備える必要があるため、SOC50%前後の狭い範囲を使用することが多い。一般的に二次電池はSOCが高いと充電しにくくなり、SOCが低いと放電しにくくなるが、HEVでは比較的使いやすい範囲のSOCでの使用になる。HEVでも二次電池には**リチウムイオン電池**の採用が多いが、コストや出力密度から**ニッケル水素電池**を採用するメーカーもある。

　日本の自動車メーカーは、エンジン自動車に対して競争力のあるハイブリッド自動車の実用化に成功したといえる。燃費向上というメリットによって広く普及し、結果として二酸化炭素排出量削減にも貢献している。

　なお、HEVでも**48 V仕様**の採用が一部で始まっている。以前から、**オルタネーター**をモーターとして使って走行をアシストするハイブリッドシステムがあり、**マイルドハイブリッド**と呼ばれていたが、12 V仕様のオルタネーターでは十分なアシストは難しく、回生できる電気エネルギーも小さかった。しかし、48 V仕様のオルタネーターであればモーターだけでの発進やEV走行も可能になり、リチウムイオン電池などを組み合わせれば回生できるエネルギー量も増える。また、PEVやHEVでは、二次電池のバッテリーパックに200 V以上の高電圧が使われている。世界的に直流では60 V超は高電圧として扱われ、厳格な安全基準が適用されるので、安全対策にコストがかかるが、48 V仕様であれば安全対策のコストも抑えられる。こうしたシステムを**48 Vマイルドハイブリッド**という。

◆ プラグインハイブリッド自動車

ハイブリッド自動車（HEV）の**二次電池**の容量を大きくし、充電が行えるようにしたものが**プラグインハイブリッド自動車**（PHEV）だ。日本ではモーターでエンジンをアシストして燃費を向上させるためにHEVが開発され普及したといえるが、現在のPHEVは二酸化炭素排出量削減のためにプラグインEVを主体に考え、ハイブリッドでフォローするものだ。充電環境が整い真に実用可能なPEVが開発されるまでの中継ぎだといえる。通常は**EV走行**を行い、SOCが一定のレベルに達すると**ハイブリッド走行**や**エンジン走行**に移行する。

PHEVではHEVよりは二次電池の容量が大きいものの、EV走行の航続距離が50km程度になる容量にしていることが多い。これにより、日々の充電によって日常的な走行はすべてEV走行でカバーできる。EV走行であれば、走行による二酸化炭素の排出は0だ。長距離ドライブなどで電池容量を使い切った場合や充電時間を確保できなかった場合にはHEVとして走行できる。二次電池はPEVと同じようにSOCが90〜20％の範囲で使われることになる。現状使用されている二次電池は**リチウムイオン電池**だ。

◆ 電動二輪車

自動二輪車や**原動機付自転車**（原付）も自動車と同じように電動化が始まっていて、モーターを動力源とするものは**電動バイク**や**電動スクーター**と呼ばれている。道路交通法では定格出力0.6kWまでを原動機付自転車（エンジンの場合は排気量50cc以下）、0.6kW超1kW以下のものを小型自動二輪車（排気量50cc超125cc以下）、1kW超20kW以下のものを普通自動二輪車（排気量125cc超400cc以下）、20kW超のものを大型自動二輪車（排気量400cc超）として扱い、それぞれに対応する運転免許が必要になる。

電動バイクは〈写真02-12〉のような近場での使用を前提とした原付クラスのスクータータイ

■電動バイク

ホンダ・EM1 e:

Harley-Davidson・LiveWire

〈写真02-12〉　　　　　　　　　　　　　　　　　　　　　〈写真02-13〉
電動バイクには原付免許で乗れる小型のものから大型自動二輪免許が必要なものまでさまざまなものがある。

プのものが多いが、〈写真02-13〉のように出力が大きなオートバイタイプも存在する。原付クラスのなかには軽量で折り畳みが可能なものもある。二次電池に**リチウムイオン電池**を採用するものがほとんどだが、中国などでは**鉛蓄電池**を採用する電動バイクが広く普及している。

　電動バイクのなかにはペダルのついたものもあり、モーターでの走行だけでなく、自転車のようにペダルだけで走行したり、モーター＋ペダルで走行したりすることができる。こうした電動バイクと自転車の中間的な存在の二輪車は世界各地にさまざまなものがある。

　日本では、免許不要で自転車と同じように使うことができる〈写真02-14〉のような**電動アシスト自転車**が普及している。電動アシスト自転車はモーターだけでの走行はできず、ペダルを漕がなければモーターによるアシストが行われない。アシストが行われるのは速度24 km/hといった制限などもある。1993年の販売開始当初はニッケルカドミウム電池を使用していたが、ニッケル水素電池を経て、現在はリチウムイオン電池を使用している。

　また、〈写真02-15〉のような**電動キックボード**も電動二輪車の一種だといえる。リチウムイオン電池を電源にしモーターで走行するものがほとんどだ。従来、電動キックボードは原付として扱うべきものとされていたが、2023年7月の道路交通法改正によって、原動機付自転車のうち一定の基準に該当するものが特定小型原動機付自転車（特定原付）に規定され、そのうち歩道を走ることのできるものは特例特定小型原動機付自転車（特例特定原付）に規定された。この基準に該当する電動キックボードであれば、16歳以上は免許不要で運転できる。最高速度は20 km/h以下（歩道走行では6 km/h）に定められる。

　この法改正は電動キックボードを念頭に行われたものだといえるが、キックボード状の車両だけを規定したものではないので、自転車やスクーターのようにシートがある車両にも適用できる。なお、特定原付などの規定により、従来の原付は一般原動機付自転車（一般原付）と呼ばれることになった。

■電動アシスト自転車　〈写真02-14〉

ヤマハ・PAS

電動アシスト自転車はあくまでも自転車なので免許不要で運転できる。アシスト力は限られるが実用性は高い。

■電動キックボード

特定小型原付の基準に適合する電動キックボードは16歳以上であれば免許不要で運転できるようになった。

COSWHEEL・MIRAI T Lite

〈写真02-15〉

◆フォークリフト

フォークリフトには**エンジン式フォークリフト**と**電動式フォークリフト**がある（参考〈写真02-16〉）。倉庫内や工場内でエンジン式を使うと排気ガスで健康被害が生じるうえ、騒音も大きいため、排気ガスがなく静かな電動式がかなり以前から使われていた。電動式はエンジン式に比べて連続稼働時間が短いなどのデメリットがあったが、少しずつ改善が進み、現状では小型フォークリフト需要の半数以上が電動式になっている。公道を走行することはできないが電動式フォークリフトはもっとも普及している**電動車両**だといえるかもしれない。

電動式フォークリフトの電源は〈写真02-17〉のような**鉛蓄電池**が一般的だったが、現在では〈写真02-18〉のような**リチウムイオン電池**を採用する車両もある。いずれの場合も多数の二次電池で構成された**バッテリーパック**として車両に搭載される。

鉛蓄電池車の場合、連続稼働時間が4～5時間程度で、充電時間が8～10時間程度というものが多い。充電時間が長いため、もし充電を忘れると次の日はフォークリフトが使えな

■フォークリフト

〈写真02-16〉

＊トヨタL＆F

現状の電動フォークリフトでは鉛蓄電池車とリチウムイオン電池車の両方がラインナップされていることが多い。

〈写真02-19〉

＊トヨタL＆F

バッテリーパックは重いので、他のフォークリフトを使って交換が行えるようにされていることもある。

〈写真02-17〉

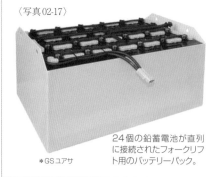

＊GSユアサ

24個の鉛蓄電池が直列に接続されたフォークリフト用のバッテリーパック。

〈写真02-18〉

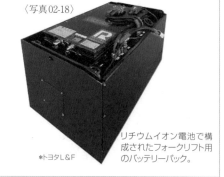

＊トヨタL＆F

リチウムイオン電池で構成されたフォークリフト用のバッテリーパック。

くなってしまう。稼働が長い現場では、スペアの鉛蓄電池パックを用意し、〈写真02-19〉のように途中で交換して使い続ける必要があったが、交換には手間がかかる。

　リチウムイオン電池車の場合は、連続稼働時間が鉛蓄電池の倍以上あり、充電時間は4分の1程度で済む。前日に充電を忘れたとしても、短時間の充電で作業を開始できる。稼働が長い現場にも対応しやすいうえ、ちょっとした休憩の間に充電するだけでもSOCをかなり回復させることができるので、一日中フォークリフトを使い続けることも不可能ではない。

　現状では鉛蓄電池車のほうが車両自体のコストは低いが、鉛蓄電池では必要な定期的なメンテナンスがリチウムイオン電池では不要であったり、耐用年数もリチウムイオン電池のほうが長いといったメリットもあるため、ランニングコストなどを含めた総合的なコストパフォーマンスによってリチウムイオン電池車の採用が増えて始めている。車両自体を買い替えずに済むように、鉛蓄電池のバッテリーパックに代替できるリチウムイオン電池のバッテリーパックも販売されていたりする。

◆ その他の電動車両

　その他の代表的な電動車両には、〈写真02-20〉のような**ゴルフカート**などの**電動カート**や**電動車椅子**、**シニアカー**、倉庫や工場で使われる**無人搬送車**などがある。ゴルフカートのようにエンジン式のものが存在する車両もあれば、電動車両として開発されたものもある。

　これらの車両に使われている**二次電池**は**鉛蓄電池**か**リチウムイオン電池**が多い（参考〈写真02-21〜22〉）。リチウムイオン電池に比べてエネルギー密度や充電時間の点で鉛蓄電池は不利だが、コストの面では有利になることもある。先に説明したフォークリフトではトータルで考えるとリチウムイオン電池の優位性が明らかだが、鉛蓄電池でも許容できる性能の車両にできる場合には、コスト重視で鉛蓄電池が採用されていることもある。

■電動ゴルフカート

〈写真02-21〉　　〈写真02-22〉

〈写真02-20〉　*ヤマハ発動機

電動ゴルフカートは鉛蓄電池（写真左）を電源とする車両が多かったが、リチウムイオン電池（写真右）の車両がラインナップされることも増えている。

電力貯蔵

［再エネ発電のさらなる拡大には電力貯蔵の併用が不可欠］

　二酸化炭素の排出を削減し脱炭素社会を目指すためには、**再生可能エネルギー発電**（**再エネ発電**）を増やしていく必要がある。**水力発電**は再エネ発電だが、自然破壊の恐れがあるうえ、莫大な費用がかかり需要地から離れた場所での発電となるため送電による損失も大きいので、日本では大規模な**水力発電所**の今後の新設は難しいとされる（小規模なものは開発が続いている）。火山国である日本では**地熱発電**が有望とされるが、開発にはまだまだ時間がかかりそうだ。現状では**太陽光発電**と**風力発電**が再エネ発電の中心になる。

　電力需要はさまざまな条件によって変動する。たとえば、電力需要のピークともいえる夏季の昼の需要は夜の2倍になることもある。そもそも**電力系統**では需要と供給のバランスが取れている必要がある。バランスが崩れてしまうと周波数や電圧の変動が生じる。これにより安全装置が作動して発電設備などが電力系統から切り離され**停電**が起こることがある。最初は狭いエリアの停電であったとしても、それが順次周囲に波及していき**大規模停電**に至る可能性もある。そのため、電力需要の変動に応じて、**電力供給**を調整する必要がある。

　従来からの**火力発電所**は需要に応じた出力の調整がある程度は可能だが、現在の主流になりつつある**コンバインドサイクル火力発電**では、高効率に運転するために一定出力で運転している。コンバインドサイクル発電とはガスタービンと蒸気タービンを組み合わせた発電方式で、従来の火力発電所の蒸気タービンだけでの発電方式では捨てられていた熱エネルギーの一部を発電に利用できるために、エネルギー変換効率が高い。**原子力発電**も一定出力での運転が基本だ。

　水力発電は出力の調整が可能だが前述のように今後の新設は難しいとされる。上下に貯水地を備える**揚水式水力発電所**であれば、余剰電力で電動ポンプを作動させて下の貯水地の水を上の貯水地に汲み上げることで、電気エネルギーを水の**位置エネルギー**に変換して蓄えておき、需要が高まった際に上の貯水地から下の貯水地に向けて放水することで発電が行えるので、電力需給の調整が可能だが、**揚水発電**もやはり今後の新設は難しいとされる。

　太陽光発電や風力発電といった再エネ発電は、季節や時間帯、天候などによって発電

量が変動する。しかも、火力発電や水力発電のように人間の意志で出力を調整することができない。電力供給に占める太陽光発電や風力発電の比率が高まるほど、電力需給の調整がどんどん難しくなっていく。こうした電力需給の調整に有効な手段が**電力貯蔵**だ。**電力貯蔵用電池**による電力貯蔵は実用化が進みつつある。

　電力会社では電力需要の平準化のために時間帯別電力料金を採用している。需要側が受電設備の一部として電力貯蔵システムを備えれば、夜間充電・昼間放電により電気代を抑えることができる。大規模な工場や商業施設などの大口需要もちろん、戸建住宅ごとやビルごとなど、さまざまな**分散形電力貯蔵**が考えられる。電力会社が発電所や変電所に電力貯蔵システムを備えれば、需要のピーク時のみに稼働していた発電設備を削減できる。

　太陽光発電や風力発電はその規模にもよるが電力貯蔵システムを併用すれば需給調整が行いやすくなる。また、これらの発電は短時間での出力変動も大きいため電圧や周波数の変動によって電源の品質を落としやすく停電に発展する可能性もあるが、電力貯蔵システムを併用すれば電源の品質が向上する。

　将来的には、発電量の変動が大きい再エネ発電の比率が増えても安定した電力供給を行うために、〈図03-01〉のように電力の供給側と需要側のすべての情報をネットワークで管理して電力供給を制御することが目指されている。こうした電力系統を**スマートグリット**という。

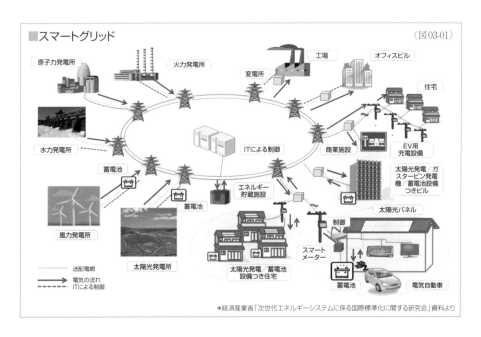

■スマートグリッド　　　　　　　　　　　　　　　　　　　　　〈図03-01〉

原子力発電所　火力発電所　変電所　工場　オフィスビル　住宅　EV用充電設備　太陽光発電／ガスタービン発電機／蓄電池設備つきビル　水力発電所　ITによる制御　商業施設　太陽光パネル　蓄電池　エネルギー貯蔵施設　風力発電所　太陽光発電所　太陽光発電／蓄電池設備つき住宅　スマートメーター　制御　蓄電池　電気自動車

送配電網
電気の流れ
ITによる制御

＊経済産業省「次世代エネルギーシステムに係る国際標準化に関する研究会」資料より

141

◆ 電力貯蔵システム

　電力貯蔵の技術にさまざまなものがある。研究開発が進められているものには、物体を回転させることで運動エネルギーとして蓄える**フライホイール電力貯蔵**、超伝導コイルに永久電流として蓄える**超伝導電力貯蔵**、地下の空洞に空気を圧縮することでエネルギーを蓄える**圧縮空気電力貯蔵**などがあるが、これらはいずれも実用化の域には達していない。

　揚水発電は蓄えられる電力量が大きいうえに**耐用年数**が長く出力調整も容易な電力貯蔵技術だが、エネルギー変換効率は70％程度しかなく、水力発電同様に需要地から離れた場所での発電となるため送電による損失も大きい。自然破壊の恐れがあるうえ、建設に莫大な時間と費用がかかる。21世紀になってから運用が開始された揚水発電所もあるが、今後の新設は期待できない。

　現状では**二次電池**による電力貯蔵がもっとも現実的な選択であり、実用化も始まっている。電力貯蔵の分野では二次電池を**蓄電池**ということも多く、**電力貯蔵システム**を**蓄電池システム**や**蓄電システム**ということもある。また、電力貯蔵システムといった場合には、二次電池だけではなく直流と交流の相互変換や電力の制御を行うパワーエレクトロニクスまで含まれていることがほとんどだ。エネルギー貯蔵システムの英語"energy storage system"の頭文字から**ESS**と略されたり、電池を使っていることを明示した"battery energy storage system"の頭文字から**BESS**と略されたりすることもある。

　二次電池にはさまざまな用途があるが、電力貯蔵の場合は**エネルギー密度**はあまり重視されない。軽いに越したことはないが、据え置きされることになるので、重量は大きな問題にならない。体積については戸建住宅に設置されるような家庭用であれば小型化が求められるが、電力貯蔵システムの規模が大きくなるほど設置場所には余裕が見込めることが多い。

　電力貯蔵で重視されるのは耐用年数だ。最低でも10年といった耐用年数が求められる。

■北海道電力・南早来変電所 電力貯蔵システム

〈図03-02〉

二次電池に住友電工のレドックスフロー電池を採用する大規模電力貯蔵システム。容量は51 MWh。太陽光発電や風力発電の変動抑制制御のほか、余剰電力発生を予測し充電に必要な空き容量の確保などに使われている。2022年に稼働開始。

※住友電気工業

■東北電力・南相馬変電所
　電力貯蔵システム

〈写真03-03〉

二次電池に東芝のリチウムイオン電池を採用する大規模電力貯蔵システム。最大出力は40MW、容量は40MWh。出力が変動する再エネ発電の電力を充放電することで需給バランスを改善するために使われている。2016年に稼働開始。

*東芝

しかし、一口に電力貯蔵といっても、1日に1サイクルだが深い放電深度で使われる用途もあれば、一定のSOCを中心に使われるが1日のサイクル数が多い用途もあるので、使われ方に応じた**サイクル寿命**が求められる。

　また、二次電池自体はもちろん運用やメンテナンスにかかるコストの低さも重要だ。**再エネ発電**の比率が高まれば高まるほど電力貯蔵に必要な容量は大きくなっていく。そのためには、桁違いのコストダウンが必要とされている。エネルギーの無駄は避けなければならないので**充放電効率**は高ければ高いほどよいが、最低でも揚水発電の効率（約70%）を超えることが望ましい。

　電力貯蔵システムの運用では入出力できる電力の大きさが重要になるので、規模の大きさは電力で示されることが多い。もっとも小規模なものはkW級で家庭用や個別の太陽光発電用などに使われ、10〜数百kW級は太陽光発電の集中設置や離島の電力系統などに使われる。現状ではMW〜数十MW級がもっとも大規模なもので、電力系統などに使われている。なお、エネルギー容量では数kWhのものから数十MWhのものまである。家庭用など小規模なものでは電力ではなくエネルギー容量でシステムの大きさが示されることも多い。

　電力貯蔵用の二次電池としては、**レドックスフロー電池**と**ナトリウム硫黄電池**が実用化されている。**リチウムイオン電池**は当初は家庭用などの小規模なものに使われることが多かったが、現在では出力が10MWを超え容量が数十MWhというものも運用されている。**ニッケル水素電池**も電力貯蔵用途に向けた開発が進められていて、すでに鉄道の分野などで実用化されている。**鉛蓄電池**による電力貯蔵は古くから続けられているが、**バイポーラ形鉛蓄電池**の開発によってさらに大規模なシステムへの適用の可能性が高まっている。〈写真03-02〉と〈写真03-03〉は大規模システムの実用化例だ。

◆ 無停電電源装置

日本は商用電源の品質が高く**停電**も少ないが、落雷などの災害による停電を完全に防ぐことはできない。情報通信機器が非常に重要な役割を果たしている現在では、短時間の停電でもコンピュータで作業中のデータが消失してしまったり機器にダメージを与えたりすることがある。データセンターなど大量のデータを保管している場所では甚大な被害になる可能性がある。そのため、重要な機器については**無停電電源装置**によって停電時にも電力を供給し続けられるようにしている。無停電電源装置も一種の**電力貯蔵システム**だといえるもので、**二次電池**を利用して商用電源をバックアップする。その英語表現"uninterruptible power supply"の頭文字からUPSと略される。

UPSをコンピュータ関連の機器として認識している人も多いが、生産機械などでも停電によって正常に終了させることができないと、故障を招いたり危険な状態になったりするものもある。エンジンなどで発電機を動かす非常用電源を備えていることもあるが、発電機の作動開始にはある程度の時間がかかるため、途切れることなく電気が供給できるようにUPSが併用されることもある。医療機関でも生命に直結する機器については、UPSから電力を供給できるようにされている。

UPSは単独のパソコンを対象とする数百VAの小容量なものから、工場や大規模システムに対応するMVAクラスの大容量のものまである。一般的なUPSからの給電持続時間は数分〜数十分程度だ。その間に、機器を正常に終了させるか非常用発電機を起動させる必要がある。〈写真03-04〉のようなUPSの二次電池には古くから**鉛蓄電池**が使われていて、その信頼性の高さから現在でも多くの機器が採用しているが、寿命が長く小型軽量化が可能なため、**リチウムイオン電池**の採用も増えている。

■UPS 〈写真03-04〉

容量が比較的小さなUPSは、パソコンの周囲やオフィス内のスペースに設置されることが多いため、パソコンの周辺機器のようなデザインにされていることが多い。写真は5kVA以下のシリーズで、二次電池には鉛蓄電池を採用している。

＊三菱電機

第5章

主要な一次電池

一次電池の概要

［交換すればすぐに使えるのが一次電池の大きなメリット］

　本書では**二次電池**を中心に扱うが、**一次電池**と関連する事柄も多いので、この章では一次電池について簡単に説明する。飛躍的に性能が向上している二次電池だが、すべての面において二次電池が優れているわけではない。一次電池には二次電池にはないメリットもある。たとえば、災害時などに使用する懐中電灯やラジオ、無線機などの場合、電池が切れたとしても、一次電池であれば交換するだけですぐに使用できる。充電を待つ必要もないし、そもそも災害時に充電できるとは限らない。また、電池を交換したら1年程度は使える機器に二次電池を採用したのでは、電池が高価になるし、充電のための機構も組み込まなければならず、機器のコストが上昇する。

　一次電池に求められる性能は、エネルギー密度の高さや低コストなど二次電池と共通のものも多いが、一次電池で重視される性能には**自己放電率**の低さがあげられる。長期保管された後に使われることもあるので、**自己放電**によって容量が低下したのでは、いざというときに困ってしまう。保管中に液漏れなどが生じず信頼性が高いことも必要だ。また、一般の人が電池交換を行うことになるので、扱いやすく安全性が高いことも重要だ。使い切られた一次電池は廃棄されることになるので環境負荷が小さいことが求められ、さらには環境保護や省資源の観点からリサイクルできることが望ましい。

　今後、非常に安価な二次電池やほとんど自己放電しない二次電池が開発されれば、一次電池から二次電池へ移行する機器もあるかもしれないが、現状では一次電池も使われ続けていくと考えられる。

◆一次電池の種類

　現状で一般的に使われている**一次電池**をまとめると〈表01-01〉のようになる。これらの一次電池は、負極に**亜鉛**を使用するものと、負極に**リチウム**を使用するものに大別できる。

　負極に亜鉛を使用する一次電池には、**マンガン乾電池**、**アルカリ乾電池**、**酸化銀電池**、**空気電池**がある。これらの電池のうちマンガン乾電池の電解液は酸性だが、その他の3種類は**アルカリ性電解液**であるため**アルカリ一次電池**と総称することもある。

■主な一次電池

〈表01-01〉

名称	負極活物質	電解液	正極活物質	公称電圧
マンガン乾電池	亜鉛	水系電解液 （NH₄Cl/ZnCl₂水溶液）	二酸化マンガン	1.5V
アルカリ乾電池	亜鉛	水系電解液 （KOH水溶液）	二酸化マンガン	1.5V
酸化銀電池	亜鉛	水系電解液 （KOH水溶液）	酸化銀（I）	1.55V
空気電池	亜鉛	水系電解液 （KOH水溶液）	酸素	1.4V
二酸化マンガン リチウム電池	リチウム	非水系電解液 （リチウム塩有機電解液）	二酸化マンガン	3V
フッ化黒鉛 リチウム電池	リチウム	非水系電解液 （リチウム塩有機電解液）	フッ化黒鉛	3V
塩化チオニル リチウム電池	リチウム	非水系電解液 （LiAlCl₄/SOCl₂）	塩化チオニル	3.6V
硫化鉄 リチウム電池	リチウム	非水系電解液 （リチウム塩有機電解液）	二硫化鉄	1.5V

　負極に亜鉛を使用する一次電池にはほかにも、正極に**酸化水銀（II）** HgO、電解液に**酸化亜鉛** ZnO を飽和させた**水酸化カリウム** KOH の水溶液を使用する**水銀電池**があった。**公称電圧**は1.3 Vで、放電末期まで端子電圧がほとんど変化しないという優れた放電特性を備えていたため20世紀後半には補聴器などによく使われていたが、毒性が強い水銀による環境汚染を防ぐために20世紀の末期に世界各国で製造が中止された。

　また、21世紀初頭に開発された**ニッケル系一次電池**（P204参照）も負極に亜鉛を使用していた。アルカリ乾電池とニッケル水素電池の技術を応用したもので、大電流の放電が可能な新たな乾電池として注目を集めたが、二次電池が急速に普及し、さらにアルカリ乾電池の性能が向上したことで、ニッケル系一次電池の用途が見込めなくなり数年で製造中止になってしまった。

　負極にリチウムを使用する一次電池には、**二酸化マンガンリチウム電池**、**フッ化黒鉛リチウム電池**、**塩化チオニルリチウム電池**、**硫化鉄リチウム電池**などがあり、**リチウム一次電池**や単に**リチウム電池**と総称される。これらのリチウム一次電池については、他のリチウムを使用する電池とまとめて第9章で説明する（P226～参照）。

147

マンガン乾電池

［世界初の乾電池は改良が重ねられ現在でも使われている］

　ルクランシェ電池はそれまでの電池に比べて長寿命を実現したが、**電解液**がこぼれやすく持ち運びには不便で、冬季に電解液が凍結しやすいなどの問題点があった。そのため、1880年代後半からはさまざまに改良が加えられていった。

　もっとも重要な改良点は、**正極活物質**である**二酸化マンガン**と電解液である**塩化アンモニウム水溶液**に糊のような物質を加えることでペースト状やゲル状にして非流動化したことだ。さらに**負極活物質**である**亜鉛**を容器にすることで構造を簡素化し、さまざまな方法で電池を密封して電解液がこぼれないようにした。こうして誕生したのが**マンガン乾電池**だ。

　使い勝手のよいマンガン乾電池は一気に普及し、以降もさまざまに改良が加えられて各種の性能が向上していった。20世紀末頃まではもっとも使用量の多い電池だったが、より高性能な電池というイメージが定着している**アルカリ乾電池**との価格差が小さくなったため、マンガン乾電池は主流を外れていき国内では製造されなくなった。しかし、現在でも〈写真02-01〉のようなマンガン乾電池が日本で市販されているし、世界各国でも使われている。

　マンガン乾電池は電池質量の40%程度を二酸化マンガンが占めていることからマンガン乾電池と呼ばれるようになった。単に**マンガン電池**ともいう。英語圏では、負極の亜鉛と正極集電体の炭素から、"zinc-carbon battery（**亜鉛炭素電池**）"と呼ばれる。マンガン乾電池の**初期電圧**は1.6Vで、**公称電圧**は1.5Vだ。**終止電圧**は0.8〜0.9Vとされる。単1〜単5のほか、006Pなどと呼ばれる9Vの角形電池が使われている。9Vの角形電池は6個

■マンガン乾電池　　　　　　　　　　　　　　　　　　　　〈写真02-01〉

写真はマンガン乾電池の単1〜単4と9Vの積層乾電池006P。最近では単5はあまり使われなくなっている。日本ではマンガン乾電池の性能や容量によって外装の色が定められている。標準が緑色、高容量が青色、高出力が赤色、超高性能が黒色だが、現状では黒色以外のものはほとんど市場に出回っていない。

＊三菱電機

の単セルを直列接続したうえでパッケージ化したものだ。単セルを層状に積み重ねた構造のものが多いため、こうした電池を**積層電池**や**積層乾電池**という。

◆ マンガン乾電池の動作原理

　マンガン乾電池が市販された当初は、構造には工夫が凝らされているが、動作原理は**ルクランシェ電池**とまったく同じだった（構造は次ページ参照）。負極に亜鉛、正極活物質に二酸化マンガン、正極集電体に炭素棒、電解液には**塩化アンモニウム**の水溶液が使われる。その反応式は一般的には〈式02-02〜04〉ように示される（P78参照）。

　◆電解液がNH₄Cl水溶液の場合

　負極反応　$Zn + 2NH_4Cl \rightarrow Zn(NH_3)_2Cl_2 + 2H^+ + 2e^-$　・・・・・・・・・〈式02-02〉

　正極反応　$2MnO_2 + 2H^+ + 2e^- \rightarrow 2MnOOH$　・・・・・・・・・・〈式02-03〉

　全電池反応　$Zn + 2MnO_2 + 2NH_4Cl \rightarrow Zn(NH_3)_2Cl_2 + 2MnOOH$　・・・〈式02-04〉

　しかし、次第に電解液に**塩化亜鉛** $ZnCl_2$ が加えられるようになっていき、現在では**塩化亜鉛水溶液**だけを電解液にするものもある。電解液が塩化亜鉛水溶液の場合の反応式は、〈式02-05〜07〉ように示されるのが一般的だ。どちらの電解液の場合も正極反応は同じだが、負極反応は異なったものになる。2種類の電解液が混合された場合は、双方の反応が生じる。

　◆電解液がZnCl₂水溶液の場合

　負極反応　$4Zn + ZnCl_2 + 8H_2O \rightarrow ZnCl_2 \cdot 4Zn(OH)_2 + 8H^+ + 8e^-$　・・〈式02-05〉

　正極反応　$8MnO_2 + 8H^+ + 8e^- \rightarrow 8MnOOH$　・・・・・・・・・・・〈式02-06〉

　全電池反応　$4Zn + 8MnO_2 + ZnCl_2 + 8H_2O \rightarrow ZnCl_2 \cdot 4Zn(OH)_2 + 8MnOOH$
　　　　　　　　　　　　　　　　　　　　　　　　　　　　　　　・・・〈式02-07〉

　塩化アンモニウムだけを使用する電解液の場合、放電によって生じる**ジアンミンジクロロ亜鉛** $Zn(NH_3)_2Cl_2$ が正極合剤表面に膜を形成して過電圧が高まることがある。しかし、塩化亜鉛水溶液の場合、放電によって生じる**塩基性塩化亜鉛** $ZnCl_2 \cdot 4Zn(OH)_2$ が正極合剤内に拡散しやすいため、塩化アンモニウム水溶液の場合より端子電圧の低下が起こりにくく、連続して大きな電流を流しやすくなる。

　また、〈式02-07〉に示されるように塩化亜鉛水溶液の場合は、放電によって水が消費される。結果、電池内の水が減っていくため**液漏れ**しにくくなるというメリットもある。

◆マンガン乾電池の構造と特徴

　現在の**マンガン乾電池**の構造は〈図02-08〉のようになっている。**亜鉛**で作られた円筒状の缶が、**負極**であると同時に電池の容器になっている。この容器に、**セパレータ**を介して**正極合剤**が充填され、その中央に**集電体**である**炭素棒**が挿入されている。**合剤**は、**正極活物質**である**二酸化マンガン**の粉末、**導電助剤**である**炭素**の粉末、**電解質**である**塩化アンモニウム**か**塩化亜鉛**（もしくは双方）に、水とデンプンなどを加えて練ったものが使われる。セパレータには電解液を含ませたクラフト紙や不織布が使われる。

　亜鉛缶の上部は**封口体**（**ガスケット**）によって密閉されたうえで、中央部にボタン状の突起がある円板状の金属板が**プラス端子**として備えられ、炭素棒に接続されている。いっぽう、下部には同心円状に溝が刻まれた円板状の金属板が**マイナス端子**として亜鉛缶に接続されている。また、亜鉛缶の周囲にはビニールなどの**絶縁チューブ**が巻かれ、さらに外装としてジャケットが備えられる。亜鉛缶は電池反応によって薄くなったり変形したりする可能性があり、しかも脆弱な金属なので外部からの力で変形破損する可能性もあるため、**外装ジャケット**には金属が使われるのが一般的だ。

　マンガン乾電池が開発された当初は、天然の二酸化マンガン鉱石を粉砕した粉末を選別する程度のものが正極活物質に使われていたが、不純物が多かった。現在使われているものは、粉砕した鉱石を硫酸に溶かしたうえで電気分解で析出させた二酸化マンガンを使

■マンガン乾電池の構造　　　　　　　　　　　　　　　　　　〈図02-08〉

プラス端子

封口体

絶縁チューブ

外装ジャケット

マイナス端子

亜鉛缶
亜鉛で作られた缶は、負極であると同時に電池の容器としての役割を果たしている。脆弱な金属であるうえ、放電によって薄くなっていくので、外装ジャケットで保護する必要がある。

セパレータ
亜鉛缶と正極合剤が直接接触するのを防ぐと同時に電解液を保持してイオンが移動できるようにしている。

正極合剤
正極活物質である二酸化マンガンの粉末と、導電助剤である炭素の粉末に電解液とデンプンなどを加えて練ったもの。

炭素棒
電池のプラス端子から電子を効率よく正極合剤に導く正極集電体。

っている。これを電解二酸化マンガンといい、純度は99%以上にも達する。不純物が少なくなったことで不要な副反応が減少して自己放電が抑えられ、実質的な活物質の充填量も増える。また、粉末の微粒子化も進んでいて、大きな電流が放電できるようになっている。

二酸化マンガンは電気伝導率が高くないため、導電助剤は重要な役割を果たす。当初は天然の土状黒鉛を粉砕した粉末が使われていたが、現在では工業的に製造される炭素粉末であるカーボンブラックが使われている。カーボンブラックのなかでは、アセチレンガスを熱分解して得られるアセチレンブラックが主に使われている。アセチレンブラックはその粒子が鎖状に連なっているため、非常に電気伝導率が高い。

マンガン乾電池にはしばらく休ませると低下した端子電圧が回復するという特性がある。電解液に塩化亜鉛を使うと塩化アンモニウムの場合より大きな電流を流しやすくなっているとはいえ、やはり大きな電流を流すと生成物である塩基性塩化亜鉛の拡散が間に合わなくなりセパレータの外側に堆積して過電圧が生じる。しかし、電池を休ませると、その間に生成物が拡散することができ、端子電圧が回復する。

マンガン乾電池の弱点は液漏れだ。亜鉛は水素より標準電極電位が低いため、気体の水素が発生する可能性があり、水素が発生すると液漏れが生る。さまざまな改良により使用中に液漏れが生じることはなくなったが、過放電による液漏れは現在でも生じることがある。

◆乾電池

ルクランシェ電池の構造を改良することで誕生した電解液を非流動化した電池は、「液体が出てこない」ことを「乾燥している」と捉えて、英語では"dry cell"、日本語では「乾電池」と呼ぶようになった。しかし、横倒しにしたり転倒させたりしても液がこぼれないというだけであって、電池内部には液体である電解液を使っている。真の意味での乾電池は液体をまったく使用しないものだとすれば、両電極に固体を用いるのはもちろんイオン伝導体に固体電解質を使用する全固体電池（P274参照）などが該当する。乾電池に対して電解液を液体のまま使用する電池を湿電池といい、英語では"wet cell"という。

なお、乾電池という用語の使い方にはいろいろな考え方がある。もっとも広義に捉えた場合、液が漏れない化学電池すべてということになるが、一次電池についてのみ乾電池というという考え方もある。この考え方の場合、二次電池については液がこぼれるものを開放式電池、こぼれないものを密閉式電池という。いっぽう、狭義に捉える考え方では、単1や単3といった形状のものだけを乾電池といい、ボタン形やコイン形については乾電池と呼ばない。

アルカリ乾電池

[高出力大容量を実現した現在主流の乾電池]

　現在もっとも広く使われている乾電池が〈写真03-01〉のような**アルカリマンガン乾電池**だ。マンガン乾電池に比べて出力も容量もアルカリマンガン乾電池のほうが大きい。**負極**に**亜鉛**、**正極**に**二酸化マンガン**を使用するのはマンガン乾電池と同じだが、アルカリマンガン乾電池は**電解液**に**水酸化カリウム**の水溶液を使用する。マンガン乾電池が**酸性**の電解液を使用するのに対して、**アルカリ性**の電解液を使用するため、名称に「アルカリ」が加えられている。単に**アルカリ乾電池**ということも多く、**アルカリマンガン電池**や**アルカリ電池**ということもあるが、アルカリ電池はアルカリ性の電解液を使用する電池の総称として使われることもある。

　アルカリ乾電池の**公称電圧**はマンガン乾電池と同じ1.5 Vで、**初期電圧**も等しく1.6 Vだ。マンガン乾電池の規格と互換性のあるアルカリ乾電池は、1959年にアメリカで市販が開始され、1963年には日本国内での製造も開始されている。当初はマンガン乾電池とアルカリ乾電池の価格差が大きかったため、用途や予算に応じて使い分けられていたが、価格差は次第に小さなものになっていき、21世紀に入るとアルカリ乾電池が主流になった。

　アルカリ乾電池がマンガン乾電池より出力と容量が大きくなる要因のなかで重要な2点は、負極の亜鉛を粉末化していることと、電解液に水酸化カリウム水溶液を使用していることだ。亜鉛を粉末にすると活物質の**反応面積**が大きくなって大きな電流が流せるようになり、**拡散過電圧**も抑えられる。さらに、活物質の充填量を増やすことができ容量が大きくなる。また、水酸化カリウム水溶液は粘度が低く**電気伝導率**が高いため、**抵抗過電圧**が抑えられ大きな

■アルカリ乾電池　　　　　　　　　　　　　　　　　　　　〈写真03-01〉

写真はアルカリ乾電池の単1〜単4と9Vの積層乾電池006P。マンガン乾電池のように性能や容量によって外装の色が定められているわけではないが、アルカリ乾電池では金色が外装の一部使われることが多い。

電流が流せる。現行のマンガン乾電池と比較すると、容量は1.5〜2倍程度あり、用途によっても異なるが3〜10倍長持ちする。メーカーによってはさらに出力や容量が向上したタイプをラインナップに加えていることもある。

アルカリ乾電池には単1〜単5や006Pなどのいわゆる乾電池タイプの電池のほかに、**ボタン形**のものもあり**アルカリボタン電池**と呼ばれることが多い。

◆ アルカリ乾電池の動作原理

アルカリ乾電池の**負極活物質**は亜鉛 Zn の粉末、**正極活物質**は**二酸化マンガン** MnO_2 の粉末で、両極ともに**集電体**を使用する（構造は次ページ参照）。両極は**セパレータ**で区切られ、**電解液**には強アルカリである**水酸化カリウム** KOH の水溶液が使われる。

負極では、〈式03-02〉のように亜鉛 Zn が2個の電子 e^- を放出して**亜鉛イオン** Zn^{2+} になって電解液に溶出すると、電解液中の2個の**水酸化物イオン** OH^- と反応して**酸化亜鉛** ZnO と水 H_2O が生成される。放出されれた電子は外部回路を通じて正極に移動する。正極では、〈式03-03〉のようにそれぞれ2分子の二酸化マンガン MnO_2 と電解液中の水 H_2O が、2個の電子 e^- と反応して、それぞれ2分子の**オキシ水酸化マンガン** MnOOH と2個の水酸化物イオン OH^- が生成される。全電池反応は〈式03-04〉のように示される。

負極反応 $Zn + 2OH^- \rightarrow ZnO + H_2O + 2e^-$	・・・・・・・・・・・・〈式03-02〉
正極反応 $2MnO_2 + 2H_2O + 2e^- \rightarrow 2MnOOH + 2OH^-$	・・・・・・・・・〈式03-03〉
全電池反応 $Zn + 2MnO_2 + H_2O \rightarrow ZnO + 2MnOOH$	・・・・・・・・・・・〈式03-04〉

亜鉛の**酸化数**を計算してみると、金属亜鉛では〈0〉なのが、酸化亜鉛では〈+2〉になっているので負極では亜鉛が酸化されている。いっぽう、マンガンの酸化数は二酸化マンガンでは〈+4〉なのが、オキシ水酸化マンガンでは〈+3〉に変化しているので、正極ではマンガンが還元されている。このマンガンの**還元反応**と、亜鉛の**酸化反応**によって、アルカリ乾電池は約1.5Vの**起電力**が得られる。

マンガン乾電池では電解液の**電荷キャリア**は水素イオンであり、負極から正極に移動するが、アルカリ乾電池では水酸化物イオンが電荷キャリアになり、正極から負極に移動する。また、どの反応式にも電解質である水酸化カリウムは登場していない。水酸化物イオンは電荷キャリアにはなるが、電池反応によって消費されることはないため、電池反応が進んでも電解液はアルカリ性に保たれる。

◆アルカリ乾電池の構造

　アルカリ乾電池の構造は〈図03-05〉のようになっている。ニッケルめっきを施した鉄製の円筒状の缶が、**正極集電体**であると同時に電池の容器になっている。これを**正極缶**といい、天井部分には**プラス端子**として使われる突起がある。正極缶には中空円筒状に圧縮成形された**正極合剤**が収められる。正極合剤は、**正極活物質**である**二酸化マンガン**の粉末と**導電助剤**である炭素の粉末で構成される。二酸化マンガンは純度の高い**電解二酸化マンガン**が使われ、導電助剤には電気伝導率が高い**アセチレンブラック**などが使われる。

　正極合剤の中空部分には**セパレータ**を介して**負極合剤**が充填され、その中央に**負極集電体**である**真ちゅう**の棒が下方から挿入されている。負極合剤は**亜鉛**の粉末、**ゲル化剤**、**電解液**である**水酸化カリウム**の水溶液で構成される。セパレータには電解液を含ませた不織布や多孔膜などが使われる。このように、中空の円筒と中実の円柱を重ねた構造を**ボビン構造**という。また、外側に正極、内側に負極という配置はマンガン乾電池とは逆になるので、「裏返し」を意味する英語 "inside out" から**インサイドアウト構造**という。

　正極容器の下部は**封口体**（ガスケット）によって密閉されたうえで、円板状の金属板でふさがれる。この金属板を**底板**といい、負極集電体である真ちゅう棒が接続され、**マイナス端子**として機能する。正極缶の外側には**外装ラベル**のフィルムが巻かれる。外装ラベルは絶縁体としての役割も果たしているので**絶縁チューブ**ともいう。マンガン乾電池では亜鉛

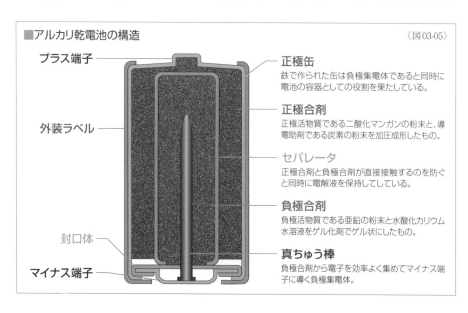

■アルカリ乾電池の構造　　　　　　　　　　　　　　　　　　　　　　〈図03-05〉

プラス端子

外装ラベル

封口体

マイナス端子

正極缶
鉄で作られた缶は負極集電体であると同時に電池の容器としての役割を果たしている。

正極合剤
正極活物質である二酸化マンガンの粉末と、導電助剤である炭素の粉末を加圧成形したもの。

セパレータ
正極合剤と負極合剤が直接接触するのを防ぐと同時に電解液を保持してしている。

負極合剤
負極活物質である亜鉛の粉末と水酸化カリウム水溶液をゲル化剤でゲル状にしたもの。

真ちゅう棒
負極合剤から電子を効率よく集めてマイナス端子に導く負極集電体。

缶保護のために金属製の外装ジャケットが必要だが、アルカリ乾電池の正極缶は丈夫なので不要になる。これにより、アルカリ乾電池のほうが電池として使える容積が大きくなる。これもアルカリ乾電池のほうが容量が大きくなる要因の1つだ。

　水酸化カリウム水溶液は強アルカリ性で腐食性が高く人体に触れると危険であるため、アルカリ乾電池は完全な密閉構造にされている。しかし、何らかの原因で内部にガスが発生したり発熱などで膨張したりすると、内圧が高まって電池が破裂したり液漏れしたりする危険性がある。そのため、封口体には内圧が上昇すると一部が裂けてガスを外部に逃す**防爆機構（ガス排出機構）**が備えられている。過放電や充電、高温場所に放置した場合などにガスが生じる。なお、複数の電池を直列接続で使用する際に、新旧の電池が混在すると過放電が生じ、1本を間違えて逆方向にすると、その電池が充電される。

◆ アルカリボタン電池

　アルカリボタン電池の構造は〈図03-06〉のようになっている。**正極合剤**と**負極合剤**は単1や単3といったアルカリ乾電池と同じだが、容積が小さいので集電棒は使わず、金属製の缶を**集電体**として使用する。この缶を**負極缶**という。正極合剤が収められた**正極缶**と負極合剤が収められた負極缶は、それぞれの合剤が**セパレータ**を介して向かい合うように接続され**封口体（ガスケット）**で密閉される。電解液の保持を高めるために不織布の**吸収体**が重ねられることもある。正極缶が**プラス端子**、負極缶が**マイナス端子**として使われる。

　ボタン形電池にはアルカリボタン電池のほかに酸化銀電池（P156参照）などもある。酸化銀電池のほうが容量が大きく放電特性がフラットなのに対して、アルカリボタン電池は容量が小さく放電時間とともに端子電圧が低下するが、安価なので経済的だ。そのため、比較的負荷の小さな電子機器にはアルカリボタン電池がよく使われている。

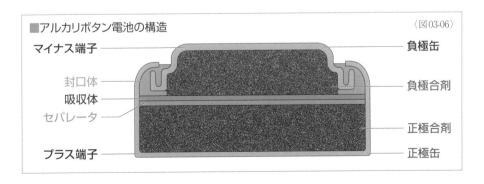

■アルカリボタン電池の構造　〈図03-06〉

マイナス端子 ── 負極缶
封口体 ── 負極合剤
吸収体
セパレータ ── 正極合剤
プラス端子 ── 正極缶

酸化銀電池

［現状の主要な用途はクォーツ式腕時計の電源］

　酸化銀電池は、アルカリ一次電池の一種で、負極に亜鉛、正極に酸化銀を使用する。酸化銀亜鉛電池や単に銀電池ということもある。なお、銀の酸化物は各種あるが、酸化銀電池では主に酸化銀（I）Ag_2O が使われている。1880年代に原理が発案されているが、実用化されたのは1940年代だった。1960年代になるとアメリカでボタン形電池として市販が開始され日本でも製造されるようになった。各種形状や大きさのものが作られてきたが、現在ではほとんどがボタン形だ。ボタン形酸化銀電池には大電流放電特性に優れたハイレートタイプと、大電流特性では劣るものの液漏れが起こりにくいローレートタイプがある。

　酸化銀電池の大きなメリットは放電特性がフラットなことだ。寿命が尽きる直前まで公称電圧1.55 Vがほぼ維持される。しかし、銀が高コストであるため価格が高くなることが大きなデメリットだ。過去にはさまざまな電子機器に使われていたが、安さが求められる用途ではアルカリボタン電池が採用されるようになるいっぽう、大きな容量が求められる用途ではリチウム一次電池（P226参照）が採用されるようなった。現状では、一定電圧の維持が重要な意味をもつクォーツ式腕時計が酸化銀電池の主な用途になっている（参照〈写真04-01〉）。

■腕時計用酸化銀電池

〈写真04-01〉

現在の酸化銀電池の主な用途はクォーツ式腕時計の電源だ。さまざまなサイズのものがあり、サイズが適合しないと使うことができない。なお、アルカリボタン電池にも同サイズのものが存在することがある。同サイズであれば、アルカリボタン電池仕様の機器に酸化銀電池を使用しても問題が生じることはほとんどなく、寿命が長くなるが、酸化銀電池仕様の機器にアルカリボタン電池を使うと正常に動作しないことが多い。

＊村田製作所

◆ 酸化銀電池の構造と動作原理

　ボタン形酸化銀電池の構造は〈図04-02〉のようになっている。基本的な構造はアルカリボタン電池と同じだ。正極、負極ともに金属製の缶を集電体として使用する。正極合剤は

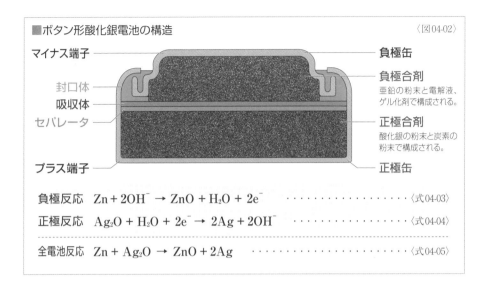

■ボタン形酸化銀電池の構造　　　　　　　　　　　　〈図04-02〉

マイナス端子 ── 負極缶

封口体
吸収体
セパレータ

負極合剤
亜鉛の粉末と電解液、ゲル化剤で構成される。

正極合剤
酸化銀の粉末と炭素の粉末で構成される。

プラス端子 ── 正極缶

負極反応　$Zn + 2OH^- \rightarrow ZnO + H_2O + 2e^-$ ・・・・・・・・・〈式04-03〉

正極反応　$Ag_2O + H_2O + 2e^- \rightarrow 2Ag + 2OH^-$ ・・・・・・・・〈式04-04〉

全電池反応　$Zn + Ag_2O \rightarrow ZnO + 2Ag$ ・・・・・・・・・・・・・〈式04-05〉

正極活物質である酸化銀 Ag_2O の粉末と導電助剤である炭素の粉末で構成され、負極合剤は負極活物質である亜鉛 Zn の粉末と、ゲル化剤、電解液で構成される。電解液は、ハイレートタイプでは水酸化カリウム KOH の水溶液、ローレートタイプでは水酸化ナトリウム $NaOH$ の水溶液が使用される。水酸化カリウム水溶液より水酸化ナトリウム水溶液のほうが電気伝導率が低いが液漏れを起こしにくい。

　正極合剤が収められた正極缶と負極合剤が収められた負極缶は、それぞれの合剤がセパレータを介して向かい合うように接続され封口体（ガスケット）で密閉される。電解液の保持を高めるためにセパレータに不織布の吸収体が重ねられることもある。

　酸化銀電池の反応式は〈式04-03〜05〉のように示される。亜鉛 Zn が酸化される負極反応はアルカリ乾電池の場合と同じだ。正極では酸化銀 Ag_2O が還元されて、銀 Ag が生成される。正極で生成される銀は酸化銀電池の放電特性に大きな影響を与えている。酸化銀は電気伝導率があまり高くないが、銀は電気伝導率が非常に高い。放電が進むと生成された銀によって正極合剤の抵抗が小さくなっていくため、放電特性がフラットになる。

　なお、酸化銀はわずかだがアルカリ性電解液に溶解する。そこで生じた銀イオンが負極に達すると亜鉛と反応して自己放電を起こしてしまう。そのため、セパレータには銀イオンを通過させない機能が求められる。実用化当初から使われているセロハンは、銀イオンを還元して定着させる性質がある。現在では、銀イオンそのものを通過させないポリエチレングラファイト（PEGF）がセロハンと併用されるのが一般的だ。

157

空気電池

［ほかの種類の電池より負極活物質の量を多くできる］

　空気電池とは、空気中の酸素を正極活物質に使用する電池の総称だ。正極活物質を電池内に蓄えておく必要がないため、同じサイズでは負極活物質の充填量が増え、容量を大きくすることができる。負極には金属を使用するので金属空気電池ということも多い。また、空気電池は二次電池化の研究開発も進んでいるため（P302参照）、区別する必要がある場合は、一次電池のものを金属空気一次電池や空気一次電池という。正極活物質を電池外から供給するので正極については燃料電池の一種だともいえる。現状よく使われていて、単に空気電池と呼ばれることが多いボタン形電池は、負極活物質に亜鉛を使用するので、亜鉛空気電池や亜鉛空気一次電池という。

　現在のボタン形空気電池とは電解液の種類や構造は異なるが、最初の亜鉛空気電池は1907年にフランスで発明され、電話交換機や鉄道信号の電源に大型のものが使われた。その後、現在の空気電池と同じ動作原理の電池が発明され、1970年代にはアメリカでボタン形空気電池の市販が開始され、1980年代には日本でも製造されるようになった。

　亜鉛空気電池は酸化銀電池と同様に放電特性がフラットなことが特徴で、寿命が尽きる直前まで公称電圧1.4Vがほぼ維持される。ただし、いったん使い始めると負荷に接続されていなくても自己放電が続いてしまう。そのため、連続して放電し続ける必要がある用途に適している。過去にはポケットベルの電源にも使われていたが、現在では〈写真05-01〉のようなボタン形が主に補聴器の電源に使われている。

■補聴器用ボタン形空気電池　　　　　　　　　　　　　　　　　〈写真05-01〉

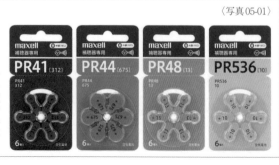

写真は補聴器用の空気電池。数種類のサイズのものが一般的に使われている。シールをはがすとすぐに放電が始まるが、所定の電圧に達するまでには多少時間がかかる。そのため、使用上の注意としてシール紙をはがして30秒以上待ってから機器に入れることが推奨されている。

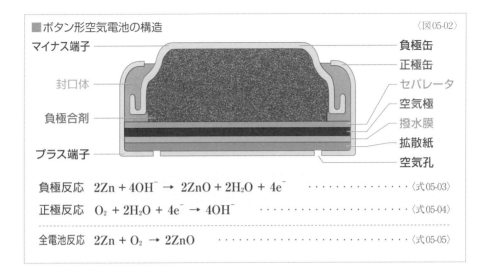

■ボタン形空気電池の構造　　　　　　　　　　　　　　　　　〈図05-02〉

マイナス端子　　　　　　　　　　　　　　　　　　　　　　　負極缶

　　　　　　　　　　　　　　　　　　　　　　　　　　　　　正極缶

封口体　　　　　　　　　　　　　　　　　　　　　　　　　　セパレータ

　　　　　　　　　　　　　　　　　　　　　　　　　　　　　空気極

負極合剤　　　　　　　　　　　　　　　　　　　　　　　　　撥水膜

　　　　　　　　　　　　　　　　　　　　　　　　　　　　　拡散紙

プラス端子　　　　　　　　　　　　　　　　　　　　　　　　空気孔

負極反応　$2Zn + 4OH^- \rightarrow 2ZnO + 2H_2O + 4e^-$　・・・・・・・・・・・・・〈式05-03〉

正極反応　$O_2 + 2H_2O + 4e^- \rightarrow 4OH^-$　・・・・・・・・・・・・・・・・・〈式05-04〉

全電池反応　$2Zn + O_2 \rightarrow 2ZnO$　・・・・・・・・・・・・・・・・・・・・・・〈式05-05〉

◆ 空気電池の動作原理と構造

　亜鉛空気電池の反応式は〈式05-03〜05〉のように示される。**亜鉛** Zn が**酸化**される**負極反応**はアルカリ乾電池や酸化銀電池の場合と同じだ。**正極反応**では**酸素** O_2 が**還元**されるが、酸素はそのままでは反応が起こりにくいため、燃料電池と同じように**触媒**が必要になる。

　ボタン形空気電池の構造は〈図05-02〉のようになっている。向かい合った**正極缶**と**負極缶**が**封口体（ガスケット）**で密閉されるという構造はアルカリボタン電池や酸化銀電池とほぼ同じだが、**負極合剤**の占める容積が大きい。正極合剤は存在せず、上から**セパレータ、空気極、撥水膜、空気拡散紙**の順に重ねられ、正極缶の底には**空気孔**が設けられている。空気孔は使用開始まではシールでふさがれている。なお、空気電池では燃料電池と同じように正極を**空気極**ということが多い。

　負極合剤は負極活物質である亜鉛 Zn の粉末と、**ゲル化剤、電解液**である**水酸化カリウム** KOH の水溶液で構成される。セパレータには**セロハン**などのイオン透過性フィルムまたは多孔性ポリプロピレンフィルムが使われる。空気極は網状のニッケル合金に触媒を保持させたもので、触媒には白金 Pt、銀 Ag、二酸化マンガン MnO_2、ニッケル Ni やコバルト Co の酸化物などが使われる。撥水膜は空気は透過するが電解液が漏れたり蒸発させたりしない役割があり、**拡散紙**には空気極全体に酸素を均等に供給する役割がある。シールがはがされると、空気孔から空気が電池内に入り、拡散紙と撥水膜を通過して空気極に達し、電池反応を生じる。

その他の一次電池

[長期間保管でき、いざというときに活躍する一次電池]

　広く一般的に使われている**一次電池**は、この章で説明してきた亜鉛を負極に使用する一次電池と、第9章で説明するリチウム一次電池だが、ほかにも非常時や過酷な環境など限られた用途で使われる一次電池がある。これらの一次電池は**リザーブ電池**に分類されるものが多い。リザーブ電池とは、長期間の保管が可能で、比較的短時間に簡単な方法で放電を開始できる電池のことだ。イオン伝導体を極板と分離しておくか導電性のない状態にしておき、正極と負極が絶縁された状態を保つことで、自己放電や劣化が起こらないようにして長期保管を実現しているのが一般的だ。

　代表的なリザーブ電池が、淡水や海水を注入することで初めて電池内に電解液が生じて放電が可能になる**注水電池**だ。注入する液体が淡水のみに指定されているものを**淡水電池**、海水のみに指定されているものを**海水電池**ともいう。リザーブ電池には注水電池のほかにも、イオン伝導体に溶融塩を使用する熱電池といったものもある。

◆ 注水電池

　空気電池は二次電池ばかりでなく、一次電池でも研究開発が続いている。正極の金属には、アルミニウム、鉄、リチウムなどが検討されているが、**マグネシウム**を正極に採用す

■非常用マグネシウム空気電池

〈写真06-01〉

藤倉コンポジットが販売している非常用マグネシウム空気電池Watt Satt。同封の塩を2リットルの水に混ぜて入れるだけで電池として使い始められる。電源ポートは5つあり、5台のスマートフォンを同時に充電できる。容量は280 Whあり、スマートフォンであれば30台程度まで充電が可能。雨水や海水でも動作させられる。

＊藤倉コンポジット

るマグネシウム空気電池が実用化されている。〈写真06-01〉のようなマグネシウム空気電池は非常用電池と位置づけられていて、注水電池に分類されている。

　マグネシウム空気電池では、負極活物質にマグネシウム Mg、正極活物質に空気中の酸素 O_2、電解液に塩化ナトリウム NaCl の水溶液を使用する。塩化ナトリウムはイオン伝導性がない固体の状態で保管されているが、注水されると電解液になってイオン伝導体として機能するようになる。反応式は〈式06-02〜04〉ように示され、反応によって生成された水酸化マグネシウム $Mg(OH)_2$ は電解液に沈澱する。

負極反応　$2Mg \rightarrow 2Mg^{2+} + 4e^-$　・・・・・・・・・・・・・・・〈式06-02〉

正極反応　$O_2 + 2H_2O + 4e^- \rightarrow 4OH^-$　・・・・・・・・・・・・〈式06-03〉

全電池反応　$2Mg + O_2 + 2H_2O \rightarrow 2Mg(OH)_2$　・・・・・・・・・・〈式06-04〉

　マグネシウム空気電池は電解液に塩化ナトリウム水溶液を使っているので、淡水ばかりか海水でも問題なく動作する。性能は多少落ちるがジュースやスポーツドリンク、牛乳などでも動作するので緊急時には重宝なものだ。

　注水電池はほかにもさまざまなものが実用化されていて、正極活物質にマグネシウムまたはマグネシウム合金を使用するものが多い。正極活物質に塩化銀 AgCl を使う塩化銀海水電池や、正極活物質に塩化鉛 $PbCl_2$ を使う塩化鉛海水電池などは、船舶や航空機の非常用電源や救命ボート、ライフジャケットなど海洋の救命機器の電源に以前から使用されている。また、マグネシウムを使用するものではないが、〈写真06-05〜06〉のような単3乾電池と互換性のある注水電池も市販されていて、防災用品として注目を集めている。

■単3乾電池形注水電池 〈写真06-06〉

〈写真06-05〉
＊ナカバヤシ

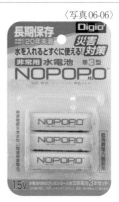

ナカバヤシが販売する水電池 NOPOPO。0.5〜1mlの水を注入すると約2分程度で1.5Vの起電力を生じる注水電池。サイズは単3乾電池と同一。電力が弱まった場合は再度注水することで数回繰り返し使用できる。未使用なら20年の保存が可能。淡水が基本だが、海水やビール、ジュース、唾液でも動作する。

～ 一次電池の規格 ～

乾電池では単1や単3といった呼称が一般的に使われているが、これはあくまでも通称だ。一次電池の種類やサイズの規格は、**IEC**（国際電気標準会議）に準じる**JIS**（日本産業規格）に定められている。

単電池の場合、英字記号1～2文字と数字1～4文字で構成される。1文字目の英字は**電池系記号**といい、〈表①〉のように電池の種類を示す。2文字目の英字は**形状記号**といい、電池の形状を示す。形状記号は「R」が円形で、円筒形ほかボタン形やコイン形も含まれる。形状記号「F」は非円形で、角形や平形が含まれる。円筒形やボタン形のアルカリ乾電池であれば、英字記号はLRになる。なお、電池系記号なしがマンガン乾電池を示すため、マンガン乾電池では英字記号が形状記号の1文字だけになる。

数字が1～2桁の場合は、固有のサイズを示している記号で、数値に意味はない。形状記号「R」とまとめて**形状寸法記号**として扱われ、〈表②〉と〈表③〉のように直径と高さが定められている。数字が3～4桁の場合は、最初の2桁（全体が3桁の場合は1桁）が直径を1mm単位で表し、末尾の2桁が高さを0.1mm単位で表す。たとえば、CR2032ならばボタン形の二酸化マンガンリチウム電池で直径が20mm、高さが3.2mmだ。ただし、単位未満は切り捨てているため実際の直径とは1mm弱の差が生じることもある。たとえば、SR716の場合、直径が7.9mmで高さは1.68mmある。

◆一次電池の電池系記号 〈表①〉

記号	種類	記号	種類
なし	マンガン乾電池	C	二酸化マンガンリチウム電池
L	アルカリ乾電池／アルカリボタン電池	B	フッ化黒鉛リチウム電池
S	酸化銀電池	E	塩化チオニルリチウム電池
P	亜鉛空気電池	F	二硫化鉄リチウム電池

◆乾電池の寸法形状記号 〈表②〉

記号	最大寸法（mm）		日本通称	アメリカ名称
	直径	高さ		
R20	34.2	61.5	単1形	D
R14	26.2	50.0	単2形	C
R6	14.5	50.5	単3形	A
R03	10.5	44.5	単4形	AAA
R1	12.0	30.2	単5形	N

※アメリカでAAAAと呼ばれる電池（高さ42.5mm、直径8.3mm）が一部で単6乾電池と呼ばれている。JISにもこのサイズの仕様としてR8D425（マンガン）とLR8D425（アルカリ）が存在するが単6形とは明記されていない。また、9V積層乾電池006Pの構成要素であるR61（高さ39mm、直径7.8mm）を単6形として説明されていることもあるが、AAAAより少し小さい。

◆ボタン形電池の寸法形状記号
〈表③〉

記号	最大寸法（mm）	
	直径	高さ
R41	7.9	3.6
R43	11.6	4.2
R44	11.6	5.4
R48	7.9	5.4
R54	11.6	3.05
R55	11.6	2.05
R70	5.8	3.6

第6章

鉛蓄電池

鉛蓄電池の概要

［もっとも長い歴史のある二次電池］

　第2章で説明したように、**鉛蓄電池**はもっとも長い歴史のある**二次電池**だ。1859年にプランテによって発明され、現在でも基本原理はそのままに使われている。発明された当初の構造は、2枚の**鉛**の薄い板をゴムテープで相互に絶縁したうえで円筒状に巻き、それを**希硫酸**に浸したものだった。1880年代に入ると、負極の鉛極板をスポンジのような多孔質にする方法が発明された。この多孔質の鉛を**海綿状鉛**といい、反応面積が増大することによって容量などの性能が向上していった。その後もさまざまに改良が続けられていき、現在に至っている。

　なお、英語圏では正負極の鉛と電解液の希硫酸から、"lead-acid battery（鉛酸電池）"と呼ばれる。また、もっとも長く使われてきた二次電池であるため、鉛蓄電池を使っている分野、特に自動車関連や二輪車関連では単に**バッテリー**と呼称することも多い。

◆ 鉛蓄電池のメリットとデメリット

　鉛蓄電池の最大のメリットは、長い歴史に裏付けられた信頼性の高さとコストの低さだといえる。**鉛**は採掘や製錬が比較的簡単なことから、亜鉛とともに安価な金属だ。他の工業用途での使用量も限られているうえ、リサイクル体制も確立されているため、材料に対する不安要素があまりない。

　3Vを超える**起電力**があるリチウムイオン電池の誕生以降は際立った値とはいえなくなったが、鉛蓄電池は**水系電解液**を使う電池のなかでは最高の起電力（約2V）がある。しかも、大電流で短時間の放電、小電流で長時間の放電のいずれにも対応することができ、大電流放電と緩慢な放電を繰り返すといった変化の激しい使い方でも安定した性能を発揮してくれる。

　希硫酸を使用しているため、取り扱いには注意を要することもあるが、電解液が可燃性ではないので火災のリスクが小さく、破裂が生じにくい構造も採用されている。活物質の鉛には毒性があるが、ほとんどの鉛蓄電池は安全にリサイクルされている（不法投棄には注意が必要）。

鉛蓄電池の最大のデメリットは、**エネルギー密度**が低いことだ。**質量エネルギー密度**でも**体積エネルギー密度**でもリチウムイオン電池の数分の１程度しかない。

そもそも、鉛は重い。**比重**は11.34 g/cm³ある。金やオスミウム、イリジウムといった鉛より比重が大きな金属はあるが、電池によく使われる金属と比較してみると、鉛は亜鉛の約1.6倍、ニッケルの約1.3倍の比重があり、リチウムに至っては20倍以上になる。さらに、鉛蓄電池は電解液が活物質の一部であるため、容量を大きくするためには電解液も増やさなければならず、重量増になる。

また、**充電受入性能**があまりよくないのも鉛蓄電池のデメリットだ。充電にかかる時間が短いほど充電受入性能がよいというが、鉛蓄電池を急速充電すると多量のガスが発生するなどして、正常に充電が行えなくなるうえ、劣化が進む。そのため、一般的には小電流でゆっくりと充電する必要がある。

こうしたデメリットがあるため、現在ではエネルギー密度が高いリチウムイオン電池などの新しい二次電池の台頭が著しいが、鉛蓄電池は依然としてさまざまな用途に使われている。さすがに携帯用の電子機器には使われていないが、コストの低さと信頼性の高さから、**エンジン自動車**の始動用電源には〈写真01-01〉のような**自動車用鉛蓄電池**が今もかわらず使われている。**フォークリフト**や**ゴルフカート**といった**電動車両**の電源や、**無停電電源装置**の電源にも鉛蓄電池がまだまだ使われている。エネルギー密度があまり重視されない電力貯蔵システムはもちろん太陽光発電や風力発電にも古くから活用されている。

研究開発は現在も続けられていて、バイポーラ形電極を使用するものや、電気二重層キャパシタ（P319参照）を融合したものなどが誕生してきている。

■自動車用鉛蓄電池　　〈写真01-01〉

自動車用鉛蓄電池にはアイドリングストップ車用や充電制御車用などさまざまな用途のものがラインナップされている。また、業務車両用、配送車用、タクシー用といったものが用意されていることもある。

＊GSユアサ

◆ 鉛蓄電池の基本構造と動作原理

　鉛蓄電池には公称電圧2Vの単セルのものもあるが、1つのケースのなかに複数のセルを組み込んだ組電池といえるものも多い。6セルで構成される12V仕様が自動車用をはじめさまざまな用途で使われている。ほかにも、3セルで構成される6V仕様や2セルで構成される4V仕様といったものもある。1つのケースに複数のセルを収めることで、スペース効率や経済性が高められている。鉛蓄電池の分野ではこうした複数のセルが納められたものをモノブロックということもある。対して、単セルのものをモノセルということもある。

　現在の鉛蓄電池の単セルの構造を模式的に示すと〈図01-02〉のようになる。正負極それぞれが複数枚の極板で単セルが構成されるのが一般的だ。電極には集電体が使われる。原理上はセパレータがなくても電池として成立するが、セパレータが重要な役割を果たしていることが多い。

　反応式は〈式01-03〜05〉のように示される。負極活物質に鉛 Pb、正極活物質に二酸化鉛 PbO_2 を使用し、電解液には硫酸 H_2SO_4 の水溶液である希硫酸が使われる。なお、海綿状の鉛であることが重要な意味をもっているため、負極活物質が海綿状鉛と説明されることもある。海綿状であっても金属鉛であることにかわりはないので、化学式は Pb だ。

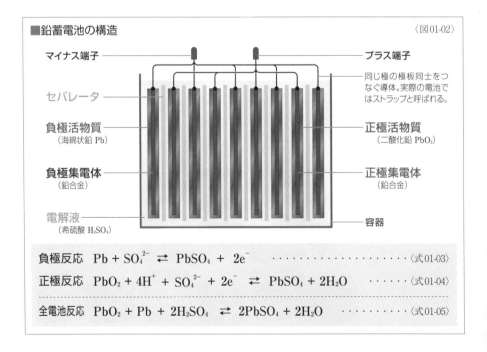

■鉛蓄電池の構造　　〈図01-02〉

マイナス端子　　　　　　　　　　　　　　　　プラス端子

同じ極の極板同士をつなぐ導体。実際の電池ではストラップと呼ばれる。

セパレータ

負極活物質（海綿状鉛 Pb）　　　　　　　　正極活物質（二酸化鉛 PbO_2）

負極集電体（鉛合金）　　　　　　　　　　　正極集電体（鉛合金）

電解液（希硫酸 H_2SO_4）　　　　　　　　　容器

負極反応　$Pb + SO_4^{2-} \rightleftarrows PbSO_4 + 2e^-$ ・・・・・・・・・〈式01-03〉

正極反応　$PbO_2 + 4H^+ + SO_4^{2-} + 2e^- \rightleftarrows PbSO_4 + 2H_2O$ ・・・・・・・〈式01-04〉

全電池反応　$PbO_2 + Pb + 2H_2SO_4 \rightleftarrows 2PbSO_4 + 2H_2O$ ・・・・・・・・〈式01-05〉

放電時には、負極の鉛が**酸化**されて**硫酸鉛** $PbSO_4$ になり、正極の二酸化鉛が**還元**されて硫酸鉛になる。充電時には、負極の硫酸鉛が還元されて鉛になり、正極の硫酸鉛が酸化されて二酸化鉛になる(反応の詳細説明はP82～参照)。反応式に示されるように、**硫酸イオン** SO_4^{2-} も活物質の一部であるといえる。電解液の硫酸が放電によって消費されるので、こうした原理の電池を**電解質消費形電池**ということもある。

鉛蓄電池では放電が進むと硫酸が消費されて水が生成されるので、電解液の濃度が低下していく。これにより、**抵抗過電圧**と**拡散過電圧**が大きくなっていくため、放電が進むと**端子電圧**が低下していく。

◆鉛蓄電池で生じる水の電気分解と蒸発

鉛蓄電池は、鉛の**水素過電圧**も二酸化鉛の**酸素過電圧**も大きいため、水の**理論分解電圧**(1.229 V)より高い約2Vの起電力が得られるわけだが、**水の電気分解**がまったく生じないわけではない。深い放電深度から充電を行うと、充電途中からは正極に生じる〈式01-06〉の反応によって少量の**酸素ガス** O_2 が発生し始め、充電末期には負極に生じる〈式01-07〉の反応も加わって多量の**水素ガス** H_2 と酸素ガスが発生する。この反応によって水 H_2O が消費されるため、**電解液**が減少していく。

負極 $2H_2O \rightarrow O_2 + 4H^+ + 4e^-$ ・・・・・・・・・・・・・・・・・・・・・・・〈式01-06〉

正極 $4H^+ + 4e^- \rightarrow 2H_2$ ・・・・・・・・・・・・・・・・・・・・・・・・・・・・・〈式01-07〉

水の電気分解は充電時以外にも生じる。保管状態でも正極と負極の電位差によってわずかずつだが水が電気分解されいく。水の電気分解によって電池に蓄えられた電気エネルギーが消費されるので、これが**自己放電**になる。もちろん満充電後に**過充電**を行えば、水の電気分解が生じて酸素ガスと水素ガスが発生し、電解液が減少していく。

また、〈図01-02〉のように電解液が大気に開放された状態だと、**蒸発**によっても電解液が減少していく。そのため、鉛蓄電池では電解液の減少に対処する必要がある。もっとも古くから行われている方法が、定期的に水を補充する方法だ。これを**補水**という。補水が必要な鉛蓄電池を**ベント式鉛蓄電池**(P172参照)という。

現在では、化学反応によって酸素と水素のガスを回収したり発生を抑制したりしている鉛蓄電池もある。酸素と水素の発生を抑制したうえで、電解液を**非流動化**することで液が外部に漏れにくくした鉛蓄電池を**制御弁式鉛蓄電池**(P176参照)という。

◆鉛蓄電池の用途と使われ方

　鉛蓄電池はさまざまな用途で使われているが、それぞれに電池の使われ方が異なるため、使われ方に適した鉛蓄電池が用意されている。

　エンジン自動車に使われる鉛蓄電池を自動車用鉛蓄電池（自動車用バッテリー）といい、〈写真01-08〉のような自動二輪車に使われるものを二輪車用鉛蓄電池（二輪車用バッテリー）という。以前は始動用鉛蓄電池（始動用バッテリー）や始動を意味する英語"starting"からスターティングバッテリーとも呼ばれていて、始動時には大きな電流を放電するが、以降はフロート充電で満充電が保たれるという使い方がされていた。しかし、近年増加しているアイドリングストップや充電制御を採用する自動車の場合は、充放電の回数が増え、SOCが60〜90%といった範囲で使用されることになる。こうした満充電されることなく一定のSOCの範囲内での使用をPSOC使用という。アイドリングストップ車用鉛蓄電池（アイドリングストップ車用バッテリー）や充電制御車用鉛蓄電池（充電制御車用バッテリー）では、PSOC使用での性能が向上されている。なお、PSOCの"P"は「部分的」を意味する英語"partial"の頭文字だ。

　いっぽう、フォークリフトやゴルフカートのような電動車両の電源に使われる場合は、満充電と非常に深い放電深度とを繰り返すことになる。こうした使い方をディープサイクルやサイクルユースといい、それに適したものをディープサイクル鉛蓄電池（ディープサイクルバッテリー）やサイクルユース鉛蓄電池（サイクルユースバッテリー）という。フォークリフトのように負荷が大きい場合をディープサイクル、ゴルフカートのように比較的負荷が小さい場合をサイクルユースと呼び分けている場合もある。両者を区別する場合は、フォークリ

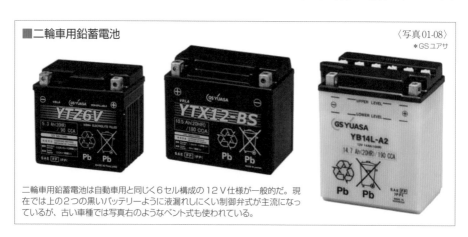

■二輪車用鉛蓄電池　　　　　　　　　　　　　　　　　　　　　　　〈写真01-08〉
＊GSユアサ

二輪車用鉛蓄電池は自動車用と同じく6セル構成の12V仕様が一般的だ。現在では上の2つの黒いバッテリーように液漏れしにくい制御弁式が主流になっているが、古い車種では写真右のようなベント式も使われている。

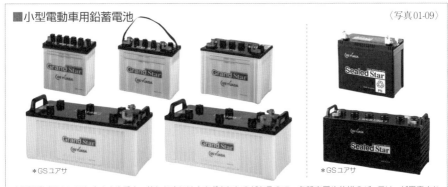

■小型電動車用鉛蓄電池　　　　　　　　　　　　　　　　　〈写真01-09〉

＊GSユアサ　　　　　　　　　　　　　　　　　　　　　　＊GSユアサ

小型電動車といっても大きさや重さ、使われ方にはさまざまなものがあるので、各種容量や仕様のバッテリーが用意されている。小型電動車用は自動車用や二輪車用と同じく6セル構成の12Ｖ仕様が一般的。左側に並ぶのボディが乳白色のものはベント式、右側のボディが黒色のものは制御弁式。フォークリフトなど電気車用鉛蓄電池の外観はP138〈写真02-18〉を参照。電気車用は単セルの2Ｖ仕様が多いが、一部に小型電動車用と同じ12Ｖ仕様のものもある。

フト用を**電気車用鉛蓄電池**（**電気車用バッテリー**）、ゴルフカートなどの電動車両に使うものを**小型電動車用鉛蓄電池**（**小型電動車用バッテリー**）としている（参照〈写真01-09〉）。

無停電電源装置などに使われる鉛蓄電池は、**据置鉛蓄電池**（**据置用バッテリー**）という（参照〈写真01-10〉）。無停電電源装置では**トリクル充電**かフロート充電による**スタンバイ充電**が行われるため、通常はほぼ満充電が保たれる。こうした使い方をスタンバイユースといい、それに適したものを**スタンバイユース鉛蓄電池**（**スタンバイユースバッテリー**）という。ただし、据置用のなかにはサイクルユースに対応したものもあり、電力貯蔵システムや太陽光発電システムにも使われている。なお、さまざまなタイプがある据置鉛蓄電池は、**産業用鉛蓄電池**（**産業用バッテリー**）と総称されることもある。

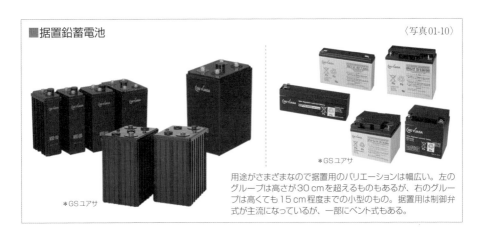

■据置鉛蓄電池　　　　　　　　　　　　　　　　　　　　　〈写真01-10〉

＊GSユアサ

＊GSユアサ

用途がさまざまなので据置用のバリエーションは幅広い。左のグループは高さが30cmを超えるものもあるが、右のグループは高くても15cm程度までの小型のもの。据置用は制御弁式が主流になっているが、一部にベント式もある。

◆ 負極の劣化

　鉛蓄電池の**負極活物質**は**海綿状鉛**で構成されていて、放電すると極板に**硫酸鉛**が析出する。析出した当初の硫酸鉛は柔らかい物質なので、充電が行われると**硫酸イオン**が電解液中に溶出して、海綿状鉛の状態に戻る。しかし、放電したままの状態で放置したり、満充電されずに未充電部分の残っている状態で充放電を繰り返したり（**PSOC 使用**）すると、硫酸鉛が**結晶化**する。結晶化した硫酸鉛は**電気伝導性**が低いため、充電しても海綿状鉛に戻らなくなる。この現象を**サルフェーション**という。"sulfation" とは日本語では「硫酸化」を意味する。また、メンテナンス不足によって電解液が減少し、電極が大気中に露出した部分にもサルフェーションが起こる。

　新品の負極板表面は〈写真01-11〉のように海綿状で細かな凹凸が無数にあるが、サルフェーションが生じると〈写真01-12〉のように大きな結晶に覆われてしまう。サルフェーションによって結晶化した硫酸鉛に覆われると、極板のその部分は使えなくってしまう。結果、電極の**反応面積**が小さくなるし容量も低下する。**抵抗過電圧**も大きくなる。このように負極板を覆う硫酸鉛の結晶を**非伝導性結晶被膜**という。また、活物質でもある硫酸イオンが硫酸鉛の結晶として固定されてしまうと、電池反応に利用できる硫酸イオンが減少する。こうして電池の劣化が進む。

　サルフェーションによる劣化は、使い方にも影響を受けるので対策が難しいが、たとえば、PSOC 使用が中心になるアイドリングストップ車用や充電制御車用の鉛蓄電池などでは、サルフェーション対策として負極活物質に**炭素**の粉末の添加が行われている。これにより、硫酸鉛結晶の粒子間に炭素粉の導電ネットワークが構成され、抵抗過電圧が低減される。また、**パルス充電**を行うとサルフェーションの生成を防ぎ、多少であれば解消できるとされてい

■ 負極活物質の表面

*GSユアサ

新品の極板表面　　　　　　　　〈写真01-11〉　　　サルフェーションが生じた極板表面　　　〈写真01-12〉

る。そのため、パルス充電機能を備えたバッテリー充電器といったものが市販されている。

　なお、サルフェーションが生じなくても、負極は劣化していく。負極の鉛は反応面積を増やすために海綿状にされているが、充放電によって溶解と析出を繰り返すと、次第に元の形状に戻らなくなっていく。結果、電極の反応面積が小さくなって劣化していく。

◆ 正極の劣化

　正極活物質は**二酸化鉛**で構成されていて、放電すると極板に**硫酸鉛**が析出し、充電すると二酸化鉛に戻る。硫酸鉛の密度は二酸化鉛より低いため、放電の際には電極の体積が減り、充電の際には体積が増える。また、充放電のたびに二酸化鉛の粒子の形状が変化し結晶化も進んで、二酸化鉛粒子間の結合力が弱まる。こうした活物質の状態を**軟化**という。粒子間の結合力が弱くなると**電気伝導性**が低下して、**抵抗過電圧**が大きくなる。

　軟化が進むと、粒子の結合が切れて**脱落**する場合もある。脱落した二酸化鉛は電池反応に関与することができないので、正極活物質が減少して容量が低下していくし、反応面積も小さくなる。また、脱落した二酸化鉛が容器の底に堆積すると、〈図01-13〉のように正極と負極を**短絡**させることもある。正極の軟化は、極板に圧迫力を加えておくことである程度は抑制できる。二酸化鉛が脱落しないよう工夫された鉛蓄電池もある。

　また、多くの鉛蓄電池では**集電体**として**鉛合金**で作られた**格子**（P180参照）というものを使用する。正極板では、充電の際に格子が腐食して細くなったり、そこに付着した二酸化鉛の圧力で格子が変形したりする。細くなったり変形したりすると、活物質との接触が悪くなり抵抗過電圧が大きくなって劣化していく。最悪の場合、極板自体が破損することもある。こうした正極の格子の腐食は鉛蓄電池の寿命を決める要因になることも多い。

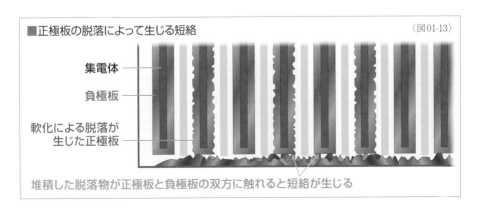

■正極板の脱落によって生じる短絡　〈図01-13〉

集電体

負極板

軟化による脱落が
生じた正極板

堆積した脱落物が正極板と負極板の双方に触れると短絡が生じる

171

ベント式鉛蓄電池

[ガスと水蒸気を大気開放している鉛蓄電池]

　鉛蓄電池の構造にはベント式と制御弁式がある。英語の"vent"には「通気口」などの意味があり、鉛蓄電池の反応によって生じるガスを通気口から大気開放しているためベント式鉛蓄電池（ベント式バッテリー）という。同様の理由によって開放式鉛蓄電池（開放式バッテリー）ともいう。また、電解液を非流動化せず液体のまま使っているので液式鉛蓄電池（液式バッテリー）と呼ばれたり、定期的なメンテナンスで補水が必要なので補水式鉛蓄電池（補水式バッテリー）と呼ばれたりもする。ベント式はもっとも古くから採用されてきた構造だが、用途によっては主流が制御弁式に移りつつある。

◆ ベント式鉛蓄電池の構造

　もっとも代表的な鉛蓄電池である自動車用鉛蓄電池でベント式のものは〈図02-01〉のような構造になっている。6セルで構成される12 V仕様の電池だ。外観は、電槽と呼ばれる合成樹脂製のケースと蓋で構成される。電槽は6槽に区切られていて、それぞれの槽が単セルの容器になる。

　各槽には負極板−セパレータ−ガラスマット−正極板−ガラスマット−セパレータ−……の順に重ねられた1セル分の極板群が入れられる。極板の構造は後で詳しく説明するが、一般的にはペースト式極板（P180参照）が使われる。正極板同士と負極板同士はストラップと呼ばれる導体で並列に接続され、隣の槽の極板群と直列に接続される。両端の槽の正極板と負極板のストラップは蓋に備えられた電池端子に接続される。

　セパレータには多孔質のポリエチレンフィルムが使われることが多い。ガラスマットはガラス繊維を交差させて重ね合わせてマット状に積層したもので、合成樹脂などでまとめられている。ガラスマットは正極板と負極板の間隔を維持するとともに、正極板を両側から圧迫することで軟化による脱落を防止している。また、側面から見るとU字形になるようにして負極板を両側から挟み込むセパレータを使ったり、袋状にしたセパレータに負極板を収めたりすることで、脱落して槽の底に堆積した正極活物質との接触による短絡を防止していることもある。袋状のセパレータはエンベロープセパレータという。"envelope"は「封筒」という意味だ。

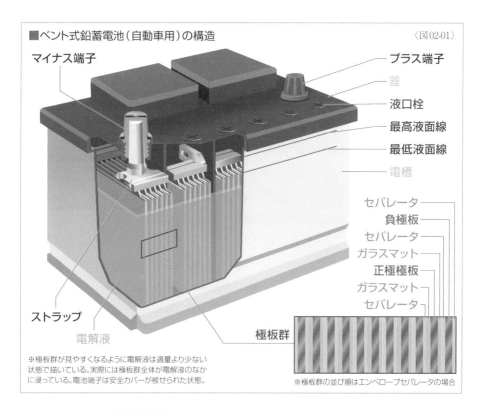

■ベント式鉛蓄電池（自動車用）の構造　〈図02-01〉

マイナス端子

プラス端子

蓋

液口栓

最高液面線

最低液面線

電槽

セパレータ

負極板

セパレータ

ガラスマット

正極極板

ガラスマット

セパレータ

ストラップ

電解液

極板群

※極板群が見やすくなるように電解液は適量より少ない状態で描いている。実際には極板群全体が電解液のなかに浸っている。電池端子は安全カバーが被せられた状態。

※極板群の並び順はエンベロープセパレータの場合

〈写真02-02〉は据置鉛蓄電池でベント式のものだ。透明なケースが採用されているので、内部の様子をある程度は確認できる。基本的な構造は自動車用とほぼ同じだ。このほか、フォークリフトなどに使われる電気車用鉛蓄電池も単セルのベント式が多い。これらの鉛蓄電池では正極板に**クラッド式極板**（P182参照）が採用されることもある。

■ベント式据置鉛蓄電池　〈写真02-02〉

ベント式の据置鉛蓄電池。左側の2つは単セルで2V仕様、右端の1つは3セル構成で6V仕様。いずれもペースト式極板が採用されている。このほかに、正極にクラッド式極板を採用するものもラインナップされている。電解液の量が確認しやすいように、ほぼ透明な電槽が使われている。

＊GSユアサ

◆ベント式鉛蓄電池のガスと水蒸気対策

ベント式鉛蓄電池では、**水の電気分解**と**蒸発**による**電解液**の減少は避けられない。そのため、**自動車用鉛蓄電池**などでは外部から電解液の量が確認できように電槽は乳白色にされていることが多く、〈写真02-03〉のように液面の上限（Upper level）を示す**最高液面線**と下限（Lower level）を示す**最低液面線**が記されている。据置鉛蓄電池では前ページの〈写真02-02〉のように電槽がほぼ透明にされていることもある。

また、蓋には補水のための穴が各槽の真上に備えられ、通常は**液口栓**ふさがれている。液口栓には発生したガスや水蒸気を放出するために〈写真02-04〉のように小さな**通気孔**が設けられている。そのため、液口栓は**排気栓**と呼ばれることもある。通気孔の内側にはフィルターが備えられていて、希硫酸の飛散が防がれている。電槽内には酸素ガスと水素ガスが溜まっていることもあり、静電気などによる火花が侵入して爆発を引き起こすこともある。そのため、フィルターに火花の侵入を防ぐ**防爆フィルター**が採用されることもある。自動車用鉛蓄電池では液口栓に通気孔がなく、**一括排気口**が設けられているものもある。これは車室内やそれに近い位置に鉛蓄電池を配置している車種に対応したもので、ガスや水蒸気は排気口に接続した排気チューブによって車外に導くことになる。

蒸発による電解液減少対策として、液口栓内の通気孔への通路の形状を工夫し、水蒸気を**結露**させることで水として回収している液口栓もある。〈図02-05〉のように大きな空間を使って効率よく結露が行えるように蓋を二重構造にしている鉛蓄電池もある。これを**二重蓋構造**といい、この構造を採用する場合は一括排気口が備えられることが多い。

水の電気分解によって発生する**水素** H_2 と**酸素** O_2 のガスを、**触媒**によって〈式02-06〉の

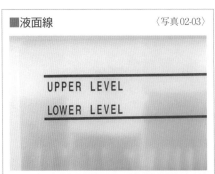

■液面線 〈写真02-03〉

ベント式の自動車用鉛蓄電池では外部から電解液の液面の高さが確認できるようにされている。写真では左から2番目の槽が最低液面線を下回っているのがわかる。

■液口線 〈写真02-04〉

ベント式の自動車用鉛蓄電池の液口栓には排気孔が備えられているのが一般的。非常に小さい孔だが、ここから酸素と水素のガスや水蒸気が排出される。

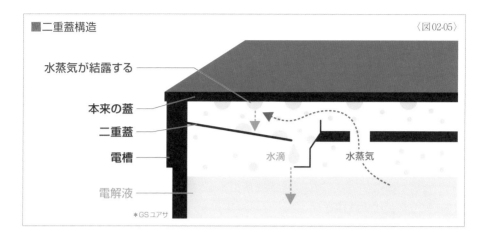

■二重蓋構造　　　　　　　　　　　　　　　　　　　　　　〈図02-05〉

水蒸気が結露する

本来の蓋

二重蓋

電槽

電解液

水滴　　　水蒸気

＊GSユアサ

ように反応させて水 H_2O にすることで回収する液口栓もある。これを**触媒栓**という。

$$2H_2 + O_2 \rightarrow 2H_2O \quad \cdots\cdots\cdots\cdots\cdots\cdots\cdots\cdots\cdots\cdots\cdots\cdots 〈式02-06〉$$

　式に示されるように、化学反応によって水に戻すには、酸素分子1に対して水素分子2の比率である必要がある。単純に水だけを電気分解するのであれば、この比率でガスが発生するが、鉛蓄電池の充電の際には充電反応も同時に生じているため、最初は酸素ガスだけが発生し、遅れて水素ガスが発生する。そのため、完全には回収できないが、電解液の減少をかなり抑えることができる。〈図02-07〉のように自動車用鉛蓄電池でも一部には触媒栓を備えているものがある。設置スペースの制約が小さいこともある据置鉛蓄電池では、〈写真02-08〉のような大容量の触媒栓を電池外部に備えることもある。

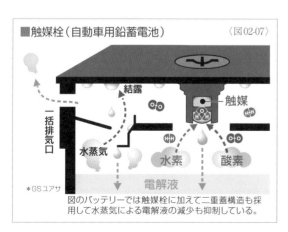

■触媒栓（自動車用鉛蓄電池）　　　　〈図02-07〉

一括排気口

結露

水蒸気

触媒

水素　　酸素

電解液

＊GSユアサ

図のバッテリーでは触媒栓に加えて二重蓋構造も採用して水蒸気による電解液の減少も抑制している。

■触媒栓（据置鉛蓄電池）

〈写真02-08〉

触媒栓

＊GSユアサ

3セル構成の据置鉛蓄電池なのでセルごとに3個の触媒栓が備えらる。

制御弁式鉛蓄電池

［水の電気分解を抑制して容器を密閉した鉛蓄電池］

　ベント式鉛蓄電池は転倒などによる液漏れが起こることがある。多くの電池では、電解液を**非流動化**することで容器を密閉しているが、鉛蓄電池では水素ガスと酸素ガスが発生するため密閉が困難だった。これらの問題を解消するために開発されたのが**制御弁式鉛蓄電池（制御弁式バッテリー）**だ。

　制御弁式鉛蓄電池では、**酸素**と**水素**のガスの発生を抑えたうえで、電解液を非流動化して容器を密閉し、仮にガスが発生して内圧が高まってもガスを逃す機構が備えられている。このガスを逃す機構を**制御弁**といい、重要な役割を果たしているため制御弁式と呼ばれるようになった。「弁で規制された鉛酸電池」を意味する英語"valve regulated lead-acid battery"から**VRLAバッテリー**ともいう。

　また、容器が密閉されているので**密閉式鉛蓄電池（密閉式バッテリー）**や、「密封された」を意味する英語"sealed"から**シールド式鉛蓄電池（シールド式バッテリー）**ともいう。「密封」を意味する英語"seal"から**シール式鉛蓄電池（シール式バッテリー）**ということもあるが、英語圏で"seal battery"という表現はあまり見受けられない。

　自動車や二輪車の分野では液面の点検や**補水**というメンテナンス作業が不要になるので**メンテナンスフリーバッテリー**や、その英語"maintenance free"の頭文字から**MFバッテリー**ともいう。また、AGMセパレータ（P178参照）というものが電解液の非流動化に重要な役割を果たしているので、**AGMバッテリー**ということもある。

　制御弁式鉛蓄電池は1970年代にアメリカで開発され、1980年代から市場に広まっていった。当初はベント式よりコストが高かったが液漏れしにくいという扱いやすさから据置用や二輪車用に採用されるようになっていき、後に自動車用や電動車用にも広がっていった。現状、据置用では制御弁式が主流になっている。

◆ 制御弁式鉛蓄電池のガス発生の抑制

　制御弁式鉛蓄電池における**酸素**と**水素**のガスの発生の抑制には、**酸素サイクル**と呼ばれる方法が採用されている。酸素サイクルでは、正極で発生した酸素ガスが速やかに負極

近くに移動することが前提になっている。

　鉛蓄電池の充電中に**水** H_2O の**電気分解**が生じると、正極では〈式03-01〉のように酸素ガス O_2 が発生する。

$$2H_2O \rightarrow O_2 + 4H^+ + 4e^- \quad\cdots\cdots\cdots\cdots\cdots\cdots\cdots\cdots\langle式03\text{-}01\rangle$$

　正極で発生した酸素ガスが速やかに移動して負極に接触すると、〈式03-02〉のように負極活物質の**鉛** Pb と反応して**一酸化鉛** PbO を生成し、さらに一酸化鉛は〈式03-03〉のように電解液の**硫酸** H_2SO_4 と反応して、**硫酸鉛** $PbSO_4$ と水 H_2O が生成される。〈式03-02〉と〈式03-03〉をまとめると〈式03-04〉のようになる。これで電気分解によって減少した水が回収されたことになる。なお、PbO の現在の正式な呼称は**酸化鉛(Ⅱ)**だが、一般的には一酸化鉛という呼称もよく使われているので、本書でもこちらを使用する。

$$2Pb + O_2 \rightarrow 2PbO \quad\cdots\cdots\cdots\cdots\cdots\cdots\cdots\cdots\cdots\cdots\langle式03\text{-}02\rangle$$

$$2PbO + 2SO_4^{2-} + 4H^+ \rightarrow 2PbSO_4 + 2H_2O \quad\cdots\cdots\cdots\langle式03\text{-}03\rangle$$

$$2Pb + O_2 + 2SO_4^{2-} + 4H^+ \rightarrow 2PbSO_4 + 2H_2O \quad\cdots\cdots\langle式03\text{-}04\rangle$$

　負極で生成された硫酸鉛は、〈式03-05〉のように**還元**されて鉛と硫酸に戻る。この硫酸鉛の還元に充電の電気エネルギーが使われことになるため、負極からの水素ガス発生量も少なくなる。〈式03-04〉と〈式03-05〉をまとめると、〈式03-06〉のように示される。これが負極で生じる酸素サイクルの反応だ。正極での反応〈式03-01〉と完全に逆の反応になる。

$$2PbSO_4 + 4H^+ + 4e^- \rightarrow 2Pb + 2H_2SO_4 \quad\cdots\cdots\cdots\cdots\langle式03\text{-}05\rangle$$

$$O_2 + 4H^+ + 4e^- \rightarrow 2H_2O \quad\cdots\cdots\cdots\cdots\cdots\cdots\cdots\cdots\langle式03\text{-}06\rangle$$

　酸素サイクルが完璧に実現されれば、ガスの発生と水の減少がなくなるため、電池の密閉が可能になり、補水の手間もなくなる。酸素サイクルを実現するためには、正極で発生した酸素ガスが速やかに負極近くに移動する必要があるので、正極と負極が近くに存在し、電解液は可能な限り少ないことが望ましい。

　しかし、実際には酸素サイクルだけでは充電時のガス発生を完全には防げず、自己放電によるガスの発生もある。過充電など想定外のガスの発生もある。そのため**制御弁**が備えられている。通常は弁が閉じられているが、内圧が一定の**開弁圧**より高くなると、排気経路を開いて気体を排出して容器の破裂を防ぎ、内圧が低下すると弁が閉じられる。

◆ 制御弁式鉛蓄電池の電解液の非流動化

　制御弁式鉛蓄電池で電解液を非流動化する方法には、ゲル化する方法や粒子化する方法もあるが、一般的にはセパレータに電解液を保持させている。こうしたセパレータは「保持するもの」を意味する英語からリテイナー（retainer）ともいう。

　酸素サイクルを有効に機能させるためには、リテイナーの電解液の保持性が重要になる。また、ベント式のように電極が十分な電解液に浸っているわけではないので、極板とリテイナーの密着状態が抵抗過電圧や拡散過電圧に大きな影響を及ぼす。そのため、リテイナーは極板に強く圧迫されている必要がある。この圧迫には正極の脱落を防ぐ意味もある。

　こうした要求を満たすリテイナーとして、微細ガラス繊維で作られたマットが一般的に使われている。このマットは吸収力のあるガラスマットを意味する英語“absorptive glass mat”の頭文字からAGMセパレータというが、リテイナーマットや単にガラスマットということも多い。側面から見るとU字形になるようにして正極板を両側から挟み込んだり、袋状にして内部に正極板を収めたりして、極板とガラスマットの密着を高め脱落を防止していることもある。

　ベント式の場合、電解液の増減があるため、極板の高さは最低液面線より低い位置にしなければならない。しかし、制御弁式では電解液がリテイナーに保持されていて電解液量の増減による制限がないため、極板を高くできる。これにより極板の表面積が大きくなる。容量を大きくできる可能性もあるが、ベント式のように大量の電解液が使われない制御弁式では、ガラスマットに保持されている電解液の量にも影響を受ける。

◆ 制御弁式鉛蓄電池の構造

　自動車用鉛蓄電池で制御弁式のものの構造は〈図03-07〉のようになっている。基本的な構造はベント式と同じで、各槽には電極セットが入れられるが、電解液は満たされていない。電極群は負極板−ガラスマット−正極板−ガラスマット−……の順に重ねられる。極板にはペースト式極板（P180参照）が使われ、自己放電を低減できるカルシウム極板（P181参照）が採用されることも多い。

　蓋には液口はなく、制御弁と電池端子が備えられている。開弁圧を高くすると、蒸発した水蒸気を内部に留めて水に戻しやすくなり、負極での酸素サイクルの反応が促進される。開弁圧を高めるために、電槽などの強度はベント式より高められている。液面を点検する必要がないので、制御弁式では電槽に透明や半透明の樹脂が使われることは少ない。

　なお、密閉式ということもある制御弁式だが、乾電池などの一次電池やリチウムイオン電

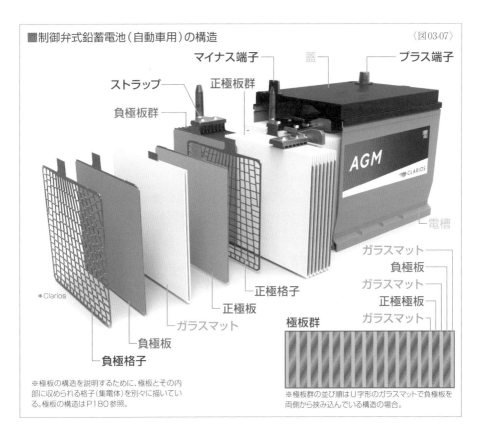

■制御弁式鉛蓄電池（自動車用）の構造　　　　　〈図03-07〉

マイナス端子
プラス端子
蓋
ストラップ
正極板群
負極板群
AGM
CLARIOS
電槽
*Clarios
ガラスマット
負極板
ガラスマット
正極格子
正極板
正極板
ガラスマット
負極板
負極格子
極板群

※極板の構造を説明するために、極板とその内部に収められる格子（集電体）を別々に描いている。極板の構造はP180参照。

※極板群の並び順はU字形のガラスマットで負極板を両側から挟み込んでいる構造の場合。

池などのようにどのような状態でも使用可能なわけではない。横倒しでの使用は可能とされているものもあるが、倒立状態での使用は禁止されていることがほとんどだ。倒立させると、染み出した電解液が端子を腐食させる可能性がある。

　〈写真03-08〉は据置鉛蓄電池で制御弁式のものだ。液面を点検する必要がないので不透明な電槽が使われている。このほか二輪車用も制御弁式のものが多い。

〈写真03-08〉

■制御弁式据置鉛蓄電池

*GSユアサ

制御弁式の据置鉛蓄電池。写真のものはいずれも単セルの2V仕様。このほか6セル構成の12V仕様や3セル構成の6V仕様などもラインナップされている。また、さまざまな形状のものもある（P169〈写真01-10〉参照）。

鉛蓄電池の極板

［一酸化鉛で作られた極板が電気分解で正極と負極になる］

　現在の鉛蓄電池に使われている極板にはペースト式極板とクラッド式極板がある。クラッド式は正極板のみに使われるもので、負極板には必ずペースト式が使われる。

　ペースト式とクラッド式で作り方は異なるが、正極板も負極板も、最初は一酸化鉛 PbO を主成分とする鉛粉を使って作られる。こうした作られた電極を希硫酸のなかで電気分解すると、正極では一酸化鉛が酸化されて二酸化鉛 PbO$_2$ になり、負極では一酸化鉛が還元されて鉛 Pb になる。この処理を化成工程といい、化成前の極板を未化成極板、化成後の極板を既化成極板という。

◆ペースト式極板

　ペースト式極板では、〈図04-01〉のように集電体に鉛合金を格子状にしたものが使われる。これを格子体や極板格子、単に格子、またはグリッドといい、集電体であると同時に極板全体を支える役割を果たす。格子の上部にはストラップと接続するための突起が備えられる。この突起はタブや耳という。この格子に、鉛粉を希硫酸で練ってペースト状にしたものを充填した後に、熟成乾燥させたものが未化成極板になり、化成工程を経て既化成極板として完成される。ペーストには極板の強度を高めるための合成繊維や、導電性を高めるための炭素粉、多孔質にするための物質などが加えられる。PSOC使用の多い鉛蓄電池の場合は、サルフェーション対策として従来より多めの炭素粉が添加されるようになっている。

　ペースト式極板は生産性が高く、厚さ1 mm以下のものから20 mmを超えるものま

■ペースト式極板の構造　〈図04-01〉

タブ

格子（鉛合金製）

活物質
ペースト状の活物質が塗られた後に化成処理される。

＊Clarios

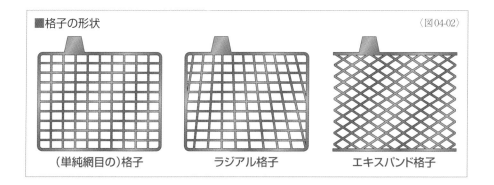

■格子の形状　〈図04-02〉

（単純網目の）格子　　　　ラジアル格子　　　　エキスパンド格子

でさまざまな厚さのものが製造できるが、一般的に数mm程度の厚さのものが使われる。ペースト式極板は、薄型で大電流放電に適しているため、幅広い用途に採用されている。

　格子は鋳造もしくは機械加工で作られる。機械加工には鉛合金のシートを使い、金型での打ち抜き加工や、多数の切れ目を入れたうえで引き伸ばすことでほぼ菱形状の網目形状を連続的に作り出すエキスパンド加工がある。エキスパンド加工で作られた格子を**エキスパンド格子**という。格子の形状は、〈図04-02〉のように長方形もしくは正方形の網目が並ぶ単純なもののほか、極板全面を効率よく使用するためにさまざまに形状が工夫されたものもある。縦方向の格子が放射状に広がるものは**ラジアル格子**と呼ばれたりする。

　格子に使われる鉛合金は**鉛アンチモン系合金**（Pb-Sb系合金）もしくは**鉛カルシウム系合金**（Pb-Ca系合金）が一般的だ。鉛アンチモン系合金は鉛の耐食性を保ちつつ硬度を高めたもので、機械的特性や工作性が高く、低コストだが、**アンチモンは水素過電圧**が小さい。負極にアンチモンが存在すると、**自己放電**が促進される。また、定電圧で充電すると充電電流が大きくなり、水の電気分解が生じやすくなる。

　いっぽう、**カルシウム**は鉛より標準電極電位が低く、アンチモンのように自己放電への悪影響がない。格子を鉛アンチモン系合金から鉛カルシウム系合金にかえることで、自己放電率が1/3 ～ 1/4になるという実験結果もある。以前は鉛カルシウム系合金は鋳造性が劣っていたが、さまざまな微量元素の添加などにより改善されている。鉛アンチモン系合金よりコストは高いが、制御弁式据置用では鉛カルシウム系合金が主流になり自動車用でも採用が増えている。格子に鉛カルシウム系合金を使用する極板は**カルシウム極板**ということもある。

　自動車の分野では性能の高さをアピールする呼称として**カルシウムバッテリー**が使われることがある。対して、格子に鉛アンチモン系合金を使うものは**アンチモンバッテリー**といい、正極は低アンチモン系合金、負極はカルシウム系合金ものは**ハイブリッドバッテリー**という。

◆クラッド式極板

　クラッド式極板は、正極板にのみ使われるもので、正極活物質の軟化による脱落を防ぐことができる。クラッド式極板はガラス繊維や合成繊維を編んで作った袋状のチューブや、合成繊維の不織布で作られたチューブなどの中心に、集電体として鉛合金製の心金を配し、心金とチューブの隙間に鉛粉を充填して作られる。これを希硫酸に浸漬した後に、熟成乾燥させたものが未化成極板になり、化成工程を経て既化成極板として完成される。

　実際のクラッド式極板は〈図04-03〉のように複数のチューブを並べて構成されているためチューブ式極板やチューブラー式極板ということもある。チューブは円筒形のほか、扁平形や角形のものもある。チューブにはセパレータとしての役割もあるが、活物質の脱落を防ぐ役割も重要だ。そのため、ペースト式極板のセパレータ以上の強度が求められる。

　クラッド式はペースト式に比べて極板の反応面積が小さくなるため、大電流放電には適していないが、活物質をチューブで保護しているためサイクル寿命が長く、振動や衝撃にも強い。そのためフォークリフトなどの電気車用に使われている。また、据置用のなかでも長寿命が求められるものに採用されている。

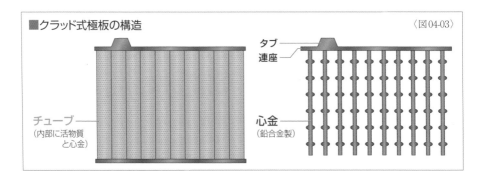

■クラッド式極板の構造　　　　　　　　　　　　　　　　〈図04-03〉

タブ
連座

チューブ
（内部に活物質と心金）

心金
（鉛合金製）

◆キャパシタ極板の融合

　従来とは異なる動作原理を併用する極板も開発されている。古河電池では電気二重層キャパシタ（P312〜参照）を応用することで鉛蓄電池の各種性能を向上させることに成功している。オーストラリア連邦科学産業研究機構（CSIRO）による発明を基に開発を進めて実用化した技術で、同社ではウルトラバッテリーテクノロジーと呼んでいる。高容量で大電流放電に強い鉛蓄電池に、急速充電に強く劣化しにくいキャパシタの機能を融合させたものだ。

　一般的に、二次電池の正負極のどちらか一方に電気二重層キャパシタ用の活性炭の極

板を用い、もう一方には電気化学反応用の極板を使用するものを**ハイブリッドキャパシタ**という（P318参照）。基礎になったCSIROの発明では、〈図04-04〉のように通常の負極板とキャパシタ電極の2枚で負極が構成されているが、実際のウルトラバッテリーテクノロジーでは通常の負極板を多孔質炭素素材である活性炭の薄い層で両側から挟み込んでいる。この活性炭層を**キャパシタ層**と呼んでいる。

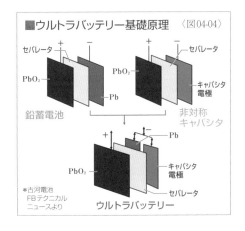

■ウルトラバッテリー基礎原理 〈図04-04〉

セパレータ / セパレータ / PbO₂ / PbO₂ / Pb / キャパシタ電極 / 鉛蓄電池 / 非対称キャパシタ

\+ / − / Pb / PbO₂ / キャパシタ電極 / セパレータ / ウルトラバッテリー

＊古河電池 FBテクニカル ニュースより

キャパシタ層がキャパシタとして機能しているかどうかは定かではない部分もあるが、ウルトラバッテリーテクノロジーによって鉛蓄電池の各種性能が向上することは実証されている。同社の説明では〈図04-05〉のように充電時にキャパシタ層が電子を引き寄せてくれるため**充電受入性能**が向上し、〈図04-06〉のように引き寄せられた電子によって硫酸鉛が還元されるため**サルフェーション**が抑制され長寿命化が実現されるという。結果、**PSOC使用**での耐久性が高まり、アイドリングストップ車や充電制御車に適した鉛蓄電池になる。

ウルトラバッテリーテクノロジーを採用する自動車用バッテリーは2013年から市販が開始され、自動車メーカーが新車時に搭載するバッテリーにも採用されている。また、据置鉛蓄電池にも同技術を採用するものがあり、電力貯蔵用途などに向けた研究開発も続いている。

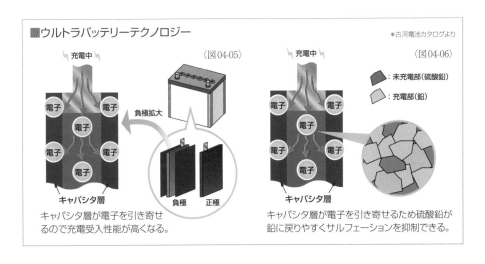

■ウルトラバッテリーテクノロジー

＊古河電池カタログより

充電中 〈図04-05〉

電子 / 電子 / 電子 / 電子 / 電子 / 電子 / 負極拡大

キャパシタ層 / 負極 / 正極

キャパシタ層が電子を引き寄せるので充電受入性能が高くなる。

充電中 〈図04-06〉

未充電部（硫酸鉛）/ 充電部（鉛）

電子 / 電子 / 電子 / 電子 / 電子

キャパシタ層

キャパシタ層が電子を引き寄せるため硫酸鉛が鉛に戻りやすくサルフェーションを抑制できる。

バイポーラ型鉛蓄電池

[鉛箔と樹脂プレートを接合することでバイポーラ電極を実現]

バイポーラ形電池は**エネルギー密度**を高めることができるうえ**出力密度**も向上するため、さまざまな電池で研究開発が行われている。2020年には古河電気工業と古河電池が**バイポーラ型鉛蓄電池**の開発を発表した。現状、さまざまに実証実験が行われている。

実際の構造は〈図05-01〉のようになっている。樹脂プレートの両面に箔状にした活物質を接合させたものが電極基板になる。この電極基板を**セパレータ**を介して重ねることで鉛蓄電池が構成される。**電解液**は電極基板の間に封じ込めるている。

この鉛蓄電池の**サイクル寿命**は4500サイクルとされ、リチウムイオン電池を凌ぐ。従来の鉛蓄電池と比較すると、体積エネルギー密度は約1.5倍、質量エネルギー密度は約2倍になっている。このエネルギー密度でもまだリチウムイオン電池より劣っているが、電力貯蔵用途の場合、リチウムイオン電池では熱対策のために間隔をあけて電池を配置する必要があり、空調設備が併用されることも多い。そのため、バイポーラ型鉛蓄電池のほうが設置面積あたりのエネルギー量を大きくできる可能性がある。また、電池そのもののコストが低いうえ、空調による損失などもなくなるため、電力貯蔵システム全体としてのコストはリチウムイオン電池の半分以下になるという試算もある。発火や火災という安全性の面でも優れているため、今後の展開が期待されている。

■バイポーラ型鉛蓄電池の構造

〈図05-01〉

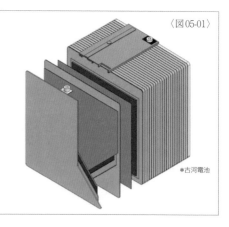

図に示されたものは、300×300×250 mmのサイズで、容量は50 Ah、定格電圧は48 Vにされている。電極基板1段で約2 Vの起電力が得られるので、積層化していけば段数に応じて目的の端子電圧の電池を構成でき、設計の自由度が高い。複数セルを組み合わせていけば、MW級の容量にもできる。

*古河電池

第7章

ニッケル系二次電池

ニッケル系二次電池の概要

[オキシ水酸化ニッケルを正極に使う二次電池]

　ニッケル系二次電池は、正極活物質にオキシ水酸化ニッケルを使用する。現在、主に使われているのはニッケル水素電池だが、ほかにもニッケルカドミウム電池、ニッケル鉄電池、ニッケル亜鉛電池がある。ニッケル水素電池は1970年代から開発が始まったものだが、その他の3種の電池は1899～1900年に発明されている。過去にはオキシ水酸化ニッケルを正極に使用するニッケル系一次電池も存在したが、現在では製造されていない。

　ニッケル系二次電池の電解液は水酸化カリウムなどのアルカリ性電解液であるため、アルカリ二次電池（アルカリ蓄電池）に分類される。アルカリ二次電池にはニッケル系二次電池以外にも酸化銀カドミウム電池（銀カドミウム電池）や酸化銀亜鉛電池（銀亜鉛電池、酸化銀電池）といったものがある。酸化銀カドミウム電池は1900年頃に発明され1950年代に実用化されたが、現在ではほとんど見受けられない。いっぽう、一次電池として説明した酸化銀電池（P156参照）の動作原理は実は可逆反応が可能だ（現在市販されている酸化銀電池は一次電池としての構造が採用されているため充電は不可能）。負極の亜鉛にデンドライトが生じるためサイクル寿命は極めて短いが、大電流放電が可能だ。NASAが宇宙開発の初期から採用し、深海探査船の電源などにも使われていたが、現在ではほとんど見受けられない。

◆ニッケル系二次電池の正極反応

　正極活物質にオキシ水酸化ニッケル $NiOOH$ を使い、電解液に水酸化カリウムなどのアルカリ性水溶液を使うニッケル系二次電池の正極反応は、いずれの電池でも同じように進行する。なお、オキシ水酸化ニッケルの化学式は $NiO(OH)$ と表記されることもある。

　正極半電池の反応を模式的に示すと〈図01-01～02〉のようになり、反応式は〈式01-03〉になる。放電時は、負極から外部回路を通って正極に移動してきた電子 e^- と電解液の水 H_2O によってオキシ水酸化ニッケル $NiOOH$ が水酸化ニッケル $Ni(OH)_2$ になり、水酸化物イオン OH^- を放出する。この反応によってニッケルの酸化数が〈+3〉から〈+2〉になっているので、ニッケルは還元されている。

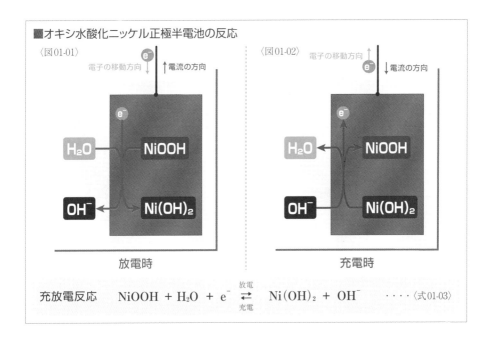

■オキシ水酸化ニッケル正極半電池の反応

〈図01-01〉 電子の移動方向 ↑電流の方向

〈図01-02〉 電子の移動方向 ↓電流の方向

放電時

充電時

充放電反応　$NiOOH + H_2O + e^- \underset{充電}{\overset{放電}{\rightleftarrows}} Ni(OH)_2 + OH^-$ ・・・・〈式01-03〉

　充電時は外部電源によって電子が引き抜かれるため、〈式01-03〉の左向きの反応になる。放電時に生成した水酸化ニッケル $Ni(OH)_2$ と電解液中の水酸化物イオン OH^- が反応して、オキシ水酸化ニッケル $NiOOH$ と水 H_2O を生成される。ニッケルの酸化数は〈+2〉から〈+3〉に増加しているので酸化されている。

　正極活物質は放電すると水酸化ニッケルになり、充電するとオキシ水酸化ニッケルになるが、放電時の反応は水酸化ニッケルが**水素イオン** H^+ を受け取る反応と考えることができ、充電時の反応は水酸化ニッケルから水素イオンが抜ける反応だと考えられる。実際には正極活物質が**層状構造**になっていて、その層間に水素イオンが出入りしている。つまり、活物質内を水素イオンが**拡散**することで反応が進行する。

　このように層状構造などをもつ物質の隙間に他の物質を挿入することを**インターカレーション**（intercalation）といい、「挿入」を意味する英語から**インサーション**（insertion）ともいう。また、結晶構造などを維持したまま表面や内部の原子やイオンの交換が進行する化学反応は**トポケミカル反応**や**トポ化学反応**ともいう。

　インターカレーション反応では活物質の**溶解**や**析出**は起こらない。多くの二次電池では活物質が溶解と析出を繰り返すことで電極が変形して劣化していくが、オキシ水酸化ニッケルを活物質とするニッケル系二次電池では、正極の負担が小さく劣化が進みにくい。

ニッケルカドミウム電池

［小型二次電池の先駆けになり一時代を築いた電池］

　ニッケルカドミウム電池は、正極活物質にオキシ水酸化ニッケル、負極活物質にカドミウムを使用するアルカリ二次電池だ。スウェーデンのユングナーによって1899年に発明されたが、実際に広く使われるようになったのは1940年代半ばからだった。当時使われたのは、ベント式鉛蓄電池と同じような構造の開放式ニッケルカドミウム電池だったが、1951年にフランスのノイマンが容器を密閉する方法を開発した。これを受け、1960年代から〈写真02-01〉のような密閉式ニッケルカドミウム電池が普及していき、さまざまな携帯用電子機器やコードレス機器に採用されていった。

　ニッケルカドミウム電池のメリットは、内部抵抗が小さく大電流の放電や急速充電が可能なことだ。大電流で放電しても放電容量の低下が小さい。放電特性はフラットで、終止電圧に至る直前までほぼ公称電圧が保たれる。使い方にもよるがサイクル寿命は500〜1000回あり、低温にも強い。密閉式ニッケルカドミウム電池の場合は、鉛蓄電池に比べて扱いやすく、丈夫で振動や衝撃にも強い。メモリ効果が大きいというデメリットがあったが、リフレッシュ充電という解消法が開発されたことで、さほどの問題ではなくなった。

　こうしたさまざまなメリットによって、現在の小型二次電池の先駆けになり一時代を築いた密閉式ニッケルカドミウム電池だが、最大のデメリットは、有害物質であるカドミウムを使用しているということだった。そのため、よりエネルギー密度が高いニッケル水素電池とリチウムイ

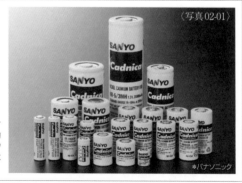

■密閉式ニッケルカドミウム電池

〈写真02-01〉

日本では1961年に三洋電機（現・パナソニックエナジー）が密閉式ニッケルカドミウム電池の開発に成功し、1964年から量産を開始した。ニッケルカドミウム電池の生産量のピークは1995年で、21世紀になると姿を消していった。

＊パナソニック

オン電池が1990年代に相次いで開発されると、次第に代替されていった。現在では民生用の機器にニッケルカドミウム電池が組み込まれることはほとんどないが、産業用では鉄道車両や防災機器、非常用電源などの一部で使われている。

ニッケルカドミウム電池は、略して**ニカド電池**といったり、二次電池であることを明示して**ニッケルカドミウム二次電池**や**ニッケルカドミウム蓄電池**といったりすることもある。**ニッカド電池**や**カドニカ電池**と呼ばれることもあるが、これらの名称は元々は商品名だ。ほかにも、**Ni-Cd電池**や**NiCd電池**と略して表記されたり、発明者の名前から**ユングナー電池**と呼ばれたりすることもある。また、産業用途で使われているニッケルカドミウム電池は、**据置アルカリ蓄電池**や単に**アルカリ蓄電池**と呼ばれることもある。

◆ 充電できる乾電池

ニッケルカドミウム電池は、〈写真02-02〉のような単1や単3などの**乾電池**と互換性のあるものも市販されていた。これを**充電式ニカド電池**や**充電式乾電池**といった。一般的な乾電池の**公称電圧**は1.5 Vだが、ニッケルカドミウム電池の公称電圧は1.2 Vだ。しかし、一般的な乾電池は放電するほど端子電圧が低下していくため、1.5 Vの乾電池を使用する機器は、端子電圧が1 V程度になっても正常に動作するように設計されているものが多い。ニッケルカドミウム電池は放電末期まで1.2 Vを維持できるため、多くの機器では乾電池を代替することができる。

使い切りの乾電池のかわりに充電式乾電池を使えば、ゴミの量を減らし資源の無駄遣いを省くことができる。乾電池タイプのニッケルカドミウム電池は使われなくなったが、充電式乾電池はニッケル水素電池に受け継がれている。

■充電式乾電池（ニッケルカドミウム電池）
〈写真02-02〉

乾電池と互換性のあるニッケルカドミウム電池は三洋電機（現・パナソニックエナジー）がカドニカ電池の名称で販売していた。適正に充電を行う必要があるため、専用充電器が使われていた。

*パナソニック

◆ニッケルカドミウム電池の動作原理

　ニッケルカドミウム電池の**負極活物質**は**カドミウム** Cd、**正極活物質**は**オキシ水酸化ニッケル** NiOOH で、**電解液**には電気伝導性が高い**水酸化カリウム** KOH の水溶液が主に用いられるが、用途によっては**水酸化ナトリウム** NaOH や**水酸化リチウム** LiOH が加えられる。**開放式ニッケルカドミウム電池**の構造を模式的に示すと右ページの〈図02-03〉のようになる。電極には**集電体**が使用され、活物質には**導電助剤**が添加される。原理上は**セパレータ**がなくても電池として成立するが、必ずセパレータが使われている。

　放電時は、〈式02-04〉のように負極の金属カドミウム Cd は2個の電子 e^- を放出して**カドミウムイオン** Cd^{2+} になるが、すぐに電解液中の2個の**水酸化物イオン** OH^- と結合して**水酸化カドミウム** $Cd(OH)_2$ になる。カドミウムの酸化数は〈0〉から〈+2〉になっているので酸化されている。電子が送り込まれた正極では〈式02-05〉のようにオキシ水酸化ニッケルと水 H_2O が反応して、**水酸化ニッケル** $Ni(OH)_2$ と水酸化物イオン OH^- になる。ニッケルの酸化数は〈+3〉から〈+2〉になっているので還元されている。負極反応と正極反応をまとめると、ニッケルカドミウム電池の放電時の**全電池反応**は〈式02-06〉のようになる。

$$負極反応 \quad Cd + 2OH^- \rightarrow Cd(OH)_2 + 2e^- \quad \cdots\cdots\cdots\cdots \langle式02\text{-}04\rangle$$

$$正極反応 \quad 2NiOOH + 2H_2O + 2e^- \rightarrow 2Ni(OH)_2 + 2OH^- \quad \cdots\cdots \langle式02\text{-}05\rangle$$

$$全電池反応 \quad Cd + 2NiOOH + 2H_2O \rightarrow Cd(OH)_2 + 2Ni(OH)_2 \quad \cdots \langle式02\text{-}06\rangle$$

　充電時に外部電源から負極に電子を送り込むと、〈式02-07〉のように放電時に生成した水酸化カドミウム $Cd(OH)_2$ が金属カドミウム Cd に還元され、水酸化物イオン OH^- を放出する。カドミウムの酸化数が〈+2〉から〈0〉になっているので還元反応だ。外部電源によって電子が引き抜かれる正極では、〈式02-08〉のように水酸化ニッケル $Ni(OH)_2$ と電解液中の水酸化物イオン OH^- が反応して、オキシ水酸化ニッケル NiOOH と水 H_2O を生成する。ニッケルの酸化数は〈+2〉から〈+3〉に増加しているので酸化されている。2式をまとめると、ニッケルカドミウム電池の充電時の**全反応式**は〈式02-09〉になる。

$$負極反応 \quad Cd(OH)_2 + 2e^- \rightarrow Cd + 2OH^- \quad \cdots\cdots\cdots\cdots \langle式02\text{-}07\rangle$$

$$正極反応 \quad 2Ni(OH)_2 + 2OH^- \rightarrow 2NiOOH + 2H_2O + 2e^- \quad \cdots \langle式02\text{-}08\rangle$$

$$全電池反応 \quad Cd(OH)_2 + 2Ni(OH)_2 \rightarrow Cd + 2NiOOH + 2H_2O \quad \cdots \langle式02\text{-}09\rangle$$

　二次電池としてのニッケルカドミウム電池の反応式は〈式02-10〜12〉のように示される。

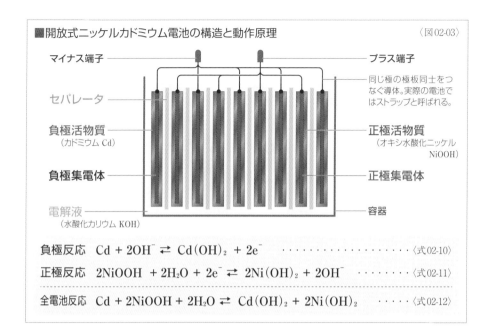

■開放式ニッケルカドミウム電池の構造と動作原理　　　　　　　　〈図02-03〉

マイナス端子　　　　　　　　　　　　　　　　　　　　　プラス端子

同じ極の極板同士をつなぐ導体。実際の電池ではストラップと呼ばれる。

セパレータ

負極活物質
（カドミウム Cd）

正極活物質
（オキシ水酸化ニッケル NiOOH）

負極集電体

正極集電体

電解液
（水酸化カリウム KOH）

容器

負極反応　$Cd + 2OH^- \rightleftarrows Cd(OH)_2 + 2e^-$　・・・・・・・・・・・〈式02-10〉

正極反応　$2NiOOH + 2H_2O + 2e^- \rightleftarrows 2Ni(OH)_2 + 2OH^-$　・・・・・・・〈式02-11〉

全電池反応　$Cd + 2NiOOH + 2H_2O \rightleftarrows Cd(OH)_2 + 2Ni(OH)_2$　・・・・〈式02-12〉

それぞれの活物質の**標準電極電位**は、$NiOOH \rightleftarrows Ni(OH)_2$が約0.49 V、$Cd(OH)_2 \rightleftarrows$ Cdが約−0.83 Vなので、**理論起電力**は0.49−（−0.83）＝1.32 Vになるが、過電圧が生じるため**公称電圧**は約1.2 Vとされている。

　ニッケルカドミウム電池では、2つの半電池反応式に示されるように水酸化物イオンは生成と消費が必ず対になって生じるが、全電池反応式には登場しない。そのため、水酸化物イオンは**電荷キャリア**にはなるが、充放電で増えたり減ったりしないので電解液はアルカリ性に保たれる。しかし、放電の際には水が生成され、充電の際には水が消費されるため、電解液の濃度は変化する。鉛蓄電池の場合、電解液の濃度変化が端子電圧に影響を与えるが、ニッケルカドミウム電池の場合、水酸化カリウムに比して水は十分に存在するので、電解液の濃度変化が端子電圧に与える影響は小さい。そのため放電特性は比較的フラットで公称電圧の約1.2 Vに対して、終止電圧は0.9〜1.0 Vとされていることが多い。

　なお、多くの電池は温度が高いほど**起電力**が高くなるが、ニッケルカドミウム電池は温度が高くなるほど起電力が低下する負の温度特性をもっている。そのため、定電圧充電を行うと温度が上昇するにもかかわらず起電力が低下するため、電圧を上げるように電流が増加し、さらに温度が上昇するという悪循環を招くことがある。これを**熱暴走**といい、最終的に発火に至る危険性がある。

◆ニッケルカドミウム電池で生じる水の電気分解と対策

ニッケルカドミウム電池も鉛蓄電池と同じように過充電すると水の電気分解が生じて酸素と水素のガスを発生するため、密閉が難しかった。実際には、水の電気分解は充電末期から始まり過充電になると盛んになる。正極では〈式02-13〉の反応によって酸素ガス O_2 が発生し、負極では〈式02-14〉の反応によって水素ガス H_2 が発生する。正極の反応では水が生成されるが、全体としては〈式02-15〉の反応になり、水が消費される。

正極　$4OH^- \rightarrow O_2 + 2H_2O + 4e^-$	・・・・・・・・・・・・・・・〈式02-13〉
負極　$4H_2O + 4e^- \rightarrow 2H_2 + 4OH^-$	・・・・・・・・・・・・・・・〈式02-14〉
全体　$2H_2O \rightarrow O_2 + 2H_2$	・・・・・・・・・・・・・・・〈式02-15〉

しかし、カドミウムは水素過電圧が高く、かつ酸素と反応しやすい性質があるため、正極で発生した酸素ガスを負極の金属カドミウムと反応させれば、〈式02-16〉の反応によって酸素ガスを回収することができる。

負極　$2Cd + O_2 + 2H_2O \rightarrow 2Cd(OH)_2$	・・・・・・・・・・・・・・・〈式02-16〉

一次電池や二次電池では電池反応式に示される正極活物質と負極活物質の比で収めれば、いずれの活物質も余すことなく使うことができ、実電池のエネルギー密度を高められるが、密閉式ニッケルカドミウム電池では、酸素ガスを回収するために、負極活物質であるカドミウムの比を大きくしている。このように本来の容量より大きくされた部分をリザーブ量

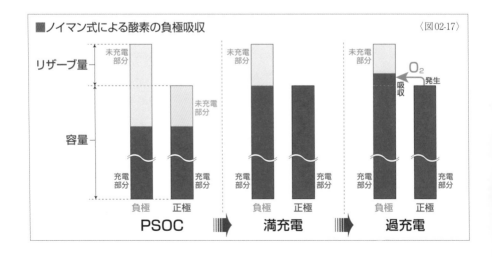

■ノイマン式による酸素の負極吸収　　　　　　　　　〈図02-17〉

という。〈図02-17〉のように満充電までは正極と負極の活物質の未充電部分が同じペースで充電部分に変化していく。正極がすべて充電されて満充電を超えると、過充電による電気分解で正極に酸素ガスが発生するが、負極の充電部分に金属カドミウムがあるため、酸素ガスを回収することができるうえ、負極の未充電部分では充電が行われるため、水素ガスが発生することもなくなる。これにより、過充電は実質的に停止する。充電のために電池に投入された電気エネルギーは熱エネルギーに変換される。

　酸素ガスの発生を抑制するこの方式は、発明者の名から**ノイマン式**という。負極で酸素ガスを吸収しているので、**負極吸収式**ともいう。ノイマン式を採用すればニッカルカドミウム電池の密閉化が可能になる。もちろん、不測の事態が生じてガスが発生することもあるため、内圧が高まった際にガスを逃す機構は備えられる。また、正極で発生した酸素ガスが速やかに負極近くに移動する必要があるので、**電解液**は可能な限り少ないことが望ましく、**セパレータ**には酸素ガスの透過性が高いものを使う必要がある。

　ノイマン式では正極の容量で電池の容量が決まることになるので、これを**正極規制**という。正極規制には電池の寿命を延ばす意味もある。ニッケルカドミウム電池では、溶解と析出が生じない正極に比べて、溶解と析出を繰り返す負極は劣化が速い。そのため、負極活物質の容量を大きくしておけば、たとえ劣化が先に進行しても、電池容量が低下しにくくなる。

　ノイマン式に加えて、過充電を防ぐ充電の制御方法が開発されたこともニッケルカドミウム電池の密閉化に大きく貢献している。充電の際には満充電を的確に判断することができる**温度検出制御方式**や**−ΔV制御方式**が使われている（P110参照）。

　なお、開放式の場合は電気分解によって電解液の水が減少するうえ、蒸発によっても水が減少するため、ベント式鉛蓄電池と同じように定期的な**補水**が必要になる。しかし、**触媒**によって酸素ガスと水素ガスを反応させて水にすることで回収しているものもあり、鉛蓄電池の場合と同じように補水のための液口に〈写真02-18〉のような**触媒栓**を備えることで、補水の手間を大幅に省いている。

■触媒栓 〈写真02-18〉

＊GSユアサ

触媒によって酸素ガスと水素ガスを反応させて水にすることで回収する触媒栓。電池本体に装着した状態の写真は次ページ以降の〈写真02-19〉と〈写真02-22〉を参照。

◆ 開放式ニッケルカドミウム電池

現在、産業用途で使われている据置アルカリ蓄電池（据置ニッケルカドミウム電池）は角形電池で、密閉式が開発される以前から使われていた開放式が一般的だ。〈写真02-19〉や〈写真02-22〉のような開放式アルカリ蓄電池（開放式ニッケルカドミウム電池）は、ベント式アルカリ蓄電池（ベント式ニッケルカドミウム電池）や液式アルカリ蓄電池（液式ニッケルカドミウム電池）ともいう。

産業用の開放式据置アルカリ蓄電池は単セルのものが大半だが、鉄道車両用など一部の特殊用途向けに6セル構成の7.2V仕様のものなどもある。基本的な構造は先に模式図で説明したように（P191〈図02-03〉参照）、ベント式据置鉛蓄電池（P172参照）と同じだ。容器である電槽には水酸化カリウム水溶液が入れられ、そこに負極板−セパレータ−正極板−セパレータ−……の順に重ねられた1セル分の極板群が浸される。正極、負極の極板はストラップでつながれ、蓋に備えられた電池端子に接続される。蓋には補水のための穴が備えられ、通気孔を備えた液口栓または触媒栓でふさがれている。

開放式に使用される極板にはポケット式と焼結式がある。これらの極板に使われる容器や基板は集電体として機能する。ポケット式極板は、〈図02-20〉のように多数の小さな孔をあけた薄い鋼板で活物質を収める容器を作り、これを複数まとめて極板にする。容器にはそれぞれ水酸化ニッケルの粉末と酸化カドミウムの粉末を詰め、これらを充電すると正極はオキシ水酸化ニッケル、負極はカドミウムになる。ポケット式は極板が丈夫で振動や衝撃に強く、長期間使用しても劣化が少ないので長寿命で信頼性が高い。

焼結式極板は、〈図02-21〉のように多孔質の基板に活物質を保持させて極板にする。多

■ポケット式アルカリ蓄電池（開放式）　　　　　　　　　　　　　　　〈写真02-19〉

開放式アルカリ蓄電池のなかでもポケット式極板を採用するもの。焼結式に比べると長寿命なのが特徴。

＊GSユアサ

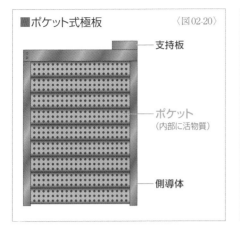

■ポケット式極板　　　　　　　　　　〈図02-20〉

- 支持板
- ポケット（内部に活物質）
- 側導体

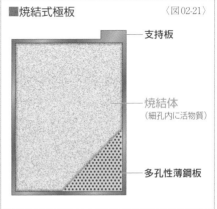

■焼結式極板　　　　　　　　　　　〈図02-21〉

- 支持板
- 焼結体（細孔内に活物質）
- 多孔性薄鋼板

孔質の基板は、多数の小さな孔をあけた非常に薄い鋼板にニッケルパウダーなどを塗布した後に焼き固めて製造するため、焼結式と呼ばれる。この**焼結基板**に、それぞれ**硝酸ニッケル**水溶液と**硝酸カドミウム**水溶液を含ませてアルカリ性溶液に浸すと、水酸化ニッケルと**水酸化カドミウム**が細孔のなかに沈着する。これらを充電すると正極はオキシ水酸化ニッケル、負極はカドミウムになる。焼結式極板は、ポケット式に比べてコストが高いが、大電流での充放電に強い。

　極板の種類によって二次電池の性格がかわってくるため、産業用の据置アルカリ蓄電池では、極板の種類を明示するために、**ポケット式アルカリ蓄電池**と**焼結式アルカリ蓄電池**と区別して呼ばれることもある。触媒栓を備えている場合は、区別して**触媒栓式アルカリ蓄電池**と呼ばれることもある。

■焼結式アルカリ蓄電池（開放式）　　　　　　　　　　〈写真02-22〉

開放式アルカリ蓄電池のなかでも焼結式極板を採用するもの。ポケット式に比べると大電流放電特性を備えている。

＊GSユアサ

◆ 密閉式ニッケルカドミウム電池

ノイマン式を採用する**密閉式ニッケルカドミウム電池**は〈写真02-23〉のような**円筒形電池**が一般的だ。大半は高さが10cm以内の小型なものだが、さまざまなサイズのものがある。充電式乾電池として販売されていたものも円筒形の一種だ。円筒形以外に**角形電池**もあり、形状が似ていることから**ガム形電池**と呼ばれたものもある。密閉式は基本的に**単セル**だが、機器に組み込みやすいように**組電池**にされているものもある。組電池の場合、複数の電池を接続して端子を設け、ビニールなどの**外装チューブ**でまとめている。

こうした小型の密閉式では、〈図02-24〉のように**巻回電極**による**スパイラル構造**が採用されることが多い。**正極−セパレータ−負極−セパレータ**の順に重ねて巻いた**巻回体**が、鉄にニッケルめっきした**外装缶**に収められてる。この缶は**マイナス端子**になる。上部は**プラス端子**になる**正極キャップ**でふさがれ、**封口体（ガスケット）**で密閉されているが、内圧が高まった際にガスを逃す**ガス排出機構（安全弁）**がプラス端子の内側に備えられている。容器の外側に備えられる**外装ラベル**は絶縁体の役割も果たしているので**絶縁チューブ**ともいう。

使用する極板には、**焼結式**と**非焼結式**がある。**焼結式極板**は開放式の場合と同様の構造だが、非常に薄いものにされる。正極の**非焼結式極板**は多孔質の**発泡ニッケル基板**を使用するので**発泡メタル式極板**ともいう。導電処理した発泡ウレタン樹脂にニッケルめっき

■密閉式ニッケルカドミウム電池　〈写真02-23〉

円筒形のニッケルカドミウム電池。古河電池ではコラム電池と呼んでいる。左下にある円筒形ではなく外装チューブに収められたものは組電池。どちらも4本の単セルが組み合わされたもので、リード線とコネクタが備えられている。

＊古河電池

196

■密閉式ニッケルカドミウム電池の構造　　　　　　　〈図02-24〉

プラス端子
ガスケット
ガス排出機構
正極タブ
外装缶
外装ラベル
負極タブ
マイナス端子

正極キャップ
セパレータ
負極板
セパレータ
正極板

*古河電池

した後に樹脂を焼き飛ばして発泡ニッケル基板を作る。この基板を**スポンジメタル**といい、その空孔に**水酸化ニッケル**をペースト状にして充填するため、**ペースト式極板**ともいう。

　負極の非焼結式極板も活物質をペースト状に塗布して製作するのでペースト式極板という。多数の孔をあけた鋼板にニッケルめっきしたものを芯材として使用し、そこに**酸化カドミウム**などをペースト状にしたものを塗った後に乾燥させて負極板にする。

　焼結式極板は、大電流放電ができるため、電動工具などに使われた。いっぽう、非焼結式極板は活物質の量を多くできるため、高容量にすることが可能なので、電子機器などに使われた。

　なお、産業用の**据置アルカリ蓄電池**の一部にも〈写真02-25〉のような密閉式のものがある。こうしたものは**密閉式アルカリ蓄電池**や**シール式アルカリ蓄電池**とも呼ばれている。また、酸素ガスの回収方法を示して**負極吸収式アルカリ蓄電池**ということもある。

■シール式アルカリ蓄電池
〈写真02-25〉

*GSユアサ

用途は密閉式と同じだが補水とういメンテナンスの手間が省かれる。密閉式と同じく高さ20cm程度のものが多い。

ニッケル鉄電池

[最初は電気自動車のために開発された電池]

　ニッケル鉄電池は、負極活物質に鉄、正極活物質にオキシ水酸化ニッケル、電解液に水酸化カリウムの水溶液を使うアルカリ二次電池だ。Ni-Fe電池やNiFe電池と略して表記されることもある。1901年のほぼ同時期にスウェーデンのユングナーとアメリカのエジソンによって発明された。その後、1906年にエジソンが実用化したため、エジソン電池と呼ばれることもある。当時の鉛蓄電池よりエネルギー密度が高く、素早い充電も可能だったため、エジソンは当初、電気自動車の二次電池にすることを考えていたが、エンジン自動車の台頭により電気自動車の時代は訪れなかった。

　サイクル寿命が長く、過充電や過放電に強いといったメリットがあるため用途によってはニッケル鉄電池が使われたが、製造コストが高かったため、広く普及することはなかった。その後も、自己放電が大きく、大電流時の電圧低下が大きいといったデメリットが解消されず、密閉化技術も開発されなかったため、現在では、〈写真03-01〉のようなニッケル鉄電池が、鉄道車両やバックアップ電源などの一部でわずかに使われている程度だ。

　しかし、大きなメリットも存在するため、時代時代で注目を集めている。1960～1970年代には電気自動車の試作車に搭載された。21世紀になってからは、エネルギー密度がさほど重視されない電力貯蔵の分野で注目が集まるようになり、現在も研究開発が続いている。

■ニッケル鉄電池　　　　　　　　　　　　　　〈写真03-01〉

〈写真03-02〉

現在も市販されているニッケル鉄電池の外観は、開放式の液式二次電池である鉛蓄電池やニッケルカドミウム電池とよく似ている。3本並びの右端の800 Ahのもので高さは60 cmを超え、重さは60 kg程度ある。メーカーはIron Edison Battery Company。直訳すれば鉄エジソン電池社だ。中国にもニッケル鉄電池を製造するメーカーがある。

＊Iron Edison Battery Company

◆ニッケル鉄電池の動作原理

　ニッケル鉄電池は、ニッケルカドミウム電池のカドミウムを鉄に置き換えたものだといえる。基本的な充放電反応は〈式03-03～05〉で示される。正極の反応はニッケル系二次電池共通のものだ。放電時は、負極の鉄 Fe は2個の電子 e^- を放出し、電解液中の2個の水酸化物イオン OH^- と結合して**水酸化鉄(Ⅱ)** $Fe(OH)_2$ になる。充電時には、負極の水酸化鉄(Ⅱ)が2個の電子を受け取って、鉄と2個の水酸化物イオンになる。鉄の酸化数は放電時は〈0〉から〈+2〉になって酸化され、充電時は〈+2〉から〈0〉になって還元される。

　負極反応　$Fe + 2OH^- \rightleftarrows Fe(OH)_2 + 2e^-$　・・・・・・・・・〈式03-03〉

　正極反応　$2NiOOH + 2H_2O + 2e^- \rightleftarrows 2Ni(OH)_2 + 2OH^-$　・・・・・〈式03-04〉

　全電池反応　$Fe + 2NiOOH + 2H_2O \rightleftarrows Fe(OH)_2 + 2Ni(OH)_2$　〈式03-05〉

　両活物質の**標準電極電位**は、$NiOOH \rightleftarrows Ni(OH)_2$ が約 0.49 V、$Fe(OH)_2 \rightleftarrows Fe$ が約 −0.88 V なので、**理論起電力**は 0.49 − (−0.88) = 1.37 V になる。実際、放電直後は約 1.4 V の端子電圧を得ることができるが、その後はゆっくり低下していく。**公称電圧**は約 1.2 V とされている。

　ただし、負極の反応は実際には非常に複雑で、多くの反応中間体も生成される。大きくは2段階で反応が進行する。先に説明した反応によって鉄が減少してくると、第1段階の生成物である水酸化鉄(Ⅱ)が〈式03-06〉のように反応して、**四酸化三鉄** Fe_3O_4 になる。第2段階の全電池反応は〈式03-07〉で示される。なお、Fe_3O_4 の現在の正式な呼称は**酸化鉄(Ⅲ)鉄(Ⅱ)**だが、よく使われている四酸化三鉄という呼称を本書では使用する。

　負極反応　$3Fe(OH)_2 + 2OH^- \rightleftarrows Fe_3O_4 + 4H_2O + 2e^-$　・・・・・・・〈式03-06〉

　全電池反応　$3Fe(OH)_2 + 2NiOOH \rightleftarrows Fe_3O_4 + 2H_2O + 2Ni(OH)_2$　・〈式03-07〉

　第1段階と第2段階の電池反応をまとめると〈式03-08〉になる。ニッケル鉄電池の電池反応式は〈式03-05〉ではなく、こちらが示されることもある。

　全電池反応　$3Fe + 8NiOOH + 4H_2O \rightleftarrows Fe_3O_4 + 8Ni(OH)_2$　・・・・・・・〈式03-08〉

　現在製造されているニッケル鉄電池は**角形電池**が一般的で、**開放式**のニッケルカドミウム電池とほぼ同様の構造だ(参照〈写真03-02〉)。負極には**ポケット式極板**か**焼結式極板**が使われ、正極には**チューブ式極板**が使われることが多い。

ニッケル亜鉛電池

［20世紀初頭に発明され21世紀に注目を集める二次電池］

ニッケル亜鉛電池は、負極活物質に亜鉛、正極活物質にオキシ水酸化ニッケル、電解液に水酸化カリウムの水溶液を使うアルカリ二次電池だ。Ni-Zn電池やNiZn電池と略して表記されることもある。1901年にアメリカのエジソンによって発明された。1930年代には実用化されそうになったこともあったが、鉛蓄電池より劣っている点があったため、ほとんど使われなかった。

ニッケル亜鉛電池の最大のデメリットは**サイクル寿命**が短いことだ。充放電を繰り返すと負極の亜鉛に**デンドライト**が生じて正極と短絡するため、サイクル寿命が短くなってしまう。しかし、ニッケル亜鉛電池は大きな可能性を秘めている。**理論エネルギー密度**は質量でも体積でも鉛蓄電池やニッケル水素電池を超える。リチウムイオン電池はさまざまな材料のものがあるので単純に比較はできないが、実エネルギー密度では同等程度もしくはそれ以上にできる可能性がある。亜鉛という材料が低コストで入手しやすいこともメリットだ。リチウムイオン電池との比較では、**水系電解液**を使用しているので、発火や火災の危険性も低い。

こうしたメリットの大きさから、研究開発は続けられていた。1970年代には電気自動車の二次電池として検討されたこともある。21世紀になると、さまざまに開発されたセパレータなどによって**デンドライト対策**が可能になり、実用化が始まった。現状、広く普及するには至

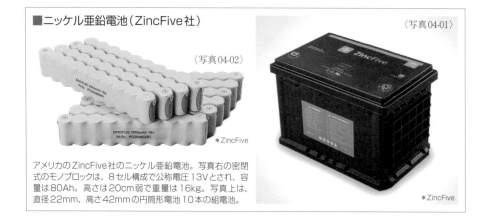

■ニッケル亜鉛電池（ZincFive社）

〈写真04-01〉

〈写真04-02〉

＊ZincFive

＊ZincFive

アメリカのZincFive社のニッケル亜鉛電池。写真右の密閉式のモノブロックは、8セル構成で公称電圧13Vとされ、容量は80Ah。高さは20cm弱で重量は16kg。写真上は、直径22mm、高さ42mmの円筒形電池10本の組電池。

っていないが、〈写真04-01〉のようなニッケル亜鉛電池が大規模な無停電電源装置に使われていたりする。エンジン自動車に使われる自動車用バッテリーへの採用も考えられている。また、〈写真04-02〉のような小型の円筒形電池（写真はチューブで組電池にしたもの）も製造されるようになっていて、なかには単3や単4乾電池と互換性のある**充電式乾電池**もある。

◆ ニッケル亜鉛電池の動作原理

　ニッケル亜鉛電池は、ニッケルカドミウム電池のカドミウムを亜鉛に置き換えたものだといえる。基本的な充放電反応は〈式04-03〜05〉で示される。正極の反応はニッケル系二次電池共通のものだ。放電時は、負極の**亜鉛** Zn は2個の電子 e^- を放出し、電解液中の2個の**水酸化物イオン** OH^- と結合して**水酸化亜鉛** $Zn(OH)_2$ になる。充電時には、負極の水酸化亜鉛が2個の電子を受け取って、金属亜鉛と2個の水酸化物イオンになる。

$$\text{負極反応}\quad Zn + 2OH^- \rightleftarrows Zn(OH)_2 + 2e^- \quad\cdots\cdots\cdots\cdots\cdots\langle式04\text{-}03\rangle$$

$$\text{正極反応}\quad 2NiOOH + 2H_2O + 2e^- \rightleftarrows 2Ni(OH)_2 + 2OH^- \quad\cdots\cdots\langle式04\text{-}04\rangle$$

$$\text{全電池反応}\quad Zn + 2NiOOH + 2H_2O \rightleftarrows Zn(OH)_2 + 2Ni(OH)_2 \quad\cdots\cdots\langle式04\text{-}05\rangle$$

　両活物質の**標準電極電位**は、$NiOOH \rightleftarrows Ni(OH)_2$ が約 $0.49\ V$、$Zn(OH)_2 \rightleftarrows Zn$ が約 $-1.25\ V$ なので、**理論起電力**は $0.49-(-1.25)=1.74\ V$ になる。**公称電圧**は約 $1.6\ V$ とされていることが多いが、満充電からの放電初期には $1.7\ V$ を超える端子電圧が得られることもある。

　なお、ニッケル鉄電池と同様に負極の反応は非常に複雑だ。放電時の負極の反応は一般的には、〈式04-06〉だけで示されることが多いが、**酸化亜鉛** ZnO が生成される〈式04-07〉の反応も生じる。さらに、〈式04-08〜11〉の化学反応が関わることで、最終的に負極の金属亜鉛は酸化亜鉛になる。

$$\text{負極反応}\quad Zn + 2OH^- \rightarrow Zn(OH)_2 + 2e^- \quad\cdots\cdots\cdots\cdots\cdots\langle式04\text{-}06\rangle$$

$$Zn + 2OH^- \rightarrow ZnO + 2H_2O + 2e^- \quad\cdots\cdots\cdots\cdots\langle式04\text{-}07\rangle$$

$$ZnO + 2OH^- + H_2O \rightarrow Zn(OH)_4^{2-} \quad\cdots\cdots\cdots\cdots\cdots\langle式04\text{-}08\rangle$$

$$Zn(OH)_2 + 2OH^- \rightarrow Zn(OH)_4^{2-} \quad\cdots\cdots\cdots\cdots\cdots\langle式04\text{-}09\rangle$$

$$Zn(OH)_4^{2-} \rightarrow ZnO + H_2O + 2OH^- \quad\cdots\cdots\cdots\langle式04\text{-}10\rangle$$

$$Zn(OH)_2 \rightarrow ZnO + H_2O \quad\cdots\cdots\cdots\cdots\cdots\cdots\langle式04\text{-}11\rangle$$

◆ニッケル亜鉛電池の密閉化

　ニッケル亜鉛電池も過充電すると水の電気分解が生じて酸素と水素のガスを発生する。しかし、ニッケルカドミウム電池と同じようにノイマン式を採用して、ニッケル正極の容量より亜鉛負極の容量を大きくすれば、過充電によって正極に生じた酸素ガスは負極の金属亜鉛に吸収され、酸化亜鉛になる。これにより、ニッケル亜鉛電池は密閉化が可能だ。

　現在製造されているニッケル亜鉛電池の構造は、密閉式のニッケルカドミウム電池やニッケル水素電池とほぼ同様だ。正極には焼結式極板やペースト式極板（発泡メタル式極板）などが使われることが多く、負極は亜鉛粉末や酸化亜鉛粉末を結着剤などで混合したものを集電体に圧着して製造することが多い。

◆ニッケル亜鉛電池のデンドライト対策

　ニッケル亜鉛電池はデンドライト対策によって実用化が可能となった。デンドライト対策には、負極の亜鉛を安定化させる物質の添加や電解液の改良などもあるが、もっとも大きな役割を果たしているのはセパレータだ。

　たとえば、日本触媒が開発した亜鉛電池用セパレータは微細な孔がないが、水酸化物イオンを通すことができる。一般的なセパレータは多孔質で、〈図04-12〉のように細孔を通じて電池反応に必要なイオンが行き来するが、亜鉛を負極に使用する電池の場合、その細孔内にデンドライトが成長し、最終的にセパレータを通過して正極との短絡を起こす。しかし、開発された亜鉛電池用セパレータには細孔がないためセパレータ内で結晶が成長しないが、〈図04-13〉のように水酸化物イオンは通過できるため電池反応が成立する。

　いっぽう、日本ガイシはニッケル亜鉛電池用にセラミックセパレータを開発した。開発さ

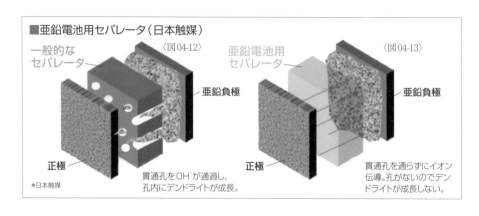

■亜鉛電池用セパレータ（日本触媒）

一般的な
セパレータ　　〈図04-12〉

亜鉛電池用
セパレータ　　〈図04-13〉

亜鉛負極

正極

＊日本触媒

貫通孔をOH⁻が通過し、
孔内にデンドライトが成長。

亜鉛負極

正極

貫通孔を通らずにイオン
伝導。孔がないのでデン
ドライトが成長しない。

■ニッケル亜鉛電池（日本ガイシ）

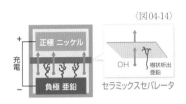

〈図04-14〉

〈写真04-15〉

＊日本ガイシ

セラミックセパレータを採用する日本ガイシのニッケル亜鉛電池。同社では、この電池をZNBと呼んでいる。右写真手前の単セルは公称電圧1.6Vで容量160Wh。写真奥はこの単セルで構成された電池モジュール。

れたセラミックは非常に緻密で選択的に水酸化物イオンを通過させることができるが、〈図04-14〉のようにデンドライトは物理的にブロックする。このセパレータを使用して〈写真04-15〉のようなニッケル亜鉛電池を開発し、電力貯蔵用途などでの実証実験を行なっている。

　FDKでは、ニッケル亜鉛電池のサンプル出荷が始まっている。基本は〈写真04-16〉のような小型で**単セル**の**円筒形電池**だが、6セル構成12V仕様の鉛蓄電池の代替を前提として、〈写真04-17、図04-18〉のような12V仕様の組電池が作られている。このほか、国内ではエナジーウィズも鉛蓄電池の代替を目指したニッケル亜鉛電池の研究を進めている。

　また、アメリカではZincFive社が単セルの円筒形電池や8セル構成で13V仕様の**モノブロック**のニッケル亜鉛電池を実用化していて（P200〈写真04-01〉参照）、無停電電源装置などに使用している。さらに、アメリカや中国などでは**充電式乾電池**として円筒形電池が市販されていて、日本でもインターネット通販などで入手が可能だ。

■ニッケル亜鉛電池（FDK）

〈写真04-16〉

ケース内イメージ図

〈写真04-17〉　〈図04-18〉

＊FDK

写真左の円筒形ニッケル亜鉛電池は公称電圧1.65V。直径18mm、高さ67mm、重量48gで容量は2.0Ah。写真上は12V仕様の鉛蓄電池と同程度の大きさのケースに円筒形電池を収めた組電池。公称電圧12V、容量40Ahで約8kg（同程度の鉛蓄電池は約15kg）。

第7章・第5節

ニッケル系一次電池

［華々しく登場したが10年もかからず姿を消した乾電池］

　2000年代初頭、普及拡大期にあったデジタルカメラは大電流放電が必要なことが多く、当時使われていたアルカリ乾電池では電池寿命に不満の声が多かった。そこで開発されたのが、下の写真のような**ニッケル系一次電池**だ。最初に登場したのは、アルカリ乾電池の**正極活物質**である**二酸化マンガン**の一部を**オキシ水酸化ニッケル**に置き換えたもので、**ニッケルマンガン電池**や**ニッケルマンガン乾電池**と呼ばれた。全電池反応は〈式05-01〉に示される。式中のxは二酸化マンガンとオキシ水酸化ニッケルの比だ（$0 < x < 1$）。

$$Zn + 2x\,NiOOH + 2(1-x)MnO_2 + H_2O$$
$$\rightarrow \ ZnO \ + \ 2x\,Ni(OH)_2 \ + \ 2(1-x)MnOOH \quad \cdot \cdot \ 〈式05\text{-}01〉$$

　続いて、二酸化マンガンをまったく使用しないものが誕生し、**オキシ水酸化ニッケル電池**や**オキシ水酸化ニッケル乾電池**と呼ばれた。二次電池である**ニッケル亜鉛電池**と同じ放電反応だが（反応式等は前節参照）、充電しないのでデンドライト対策は不要だった。

　これらのニッケル系一次電池は大電流放電に強く、デジタルカメラの撮影可能枚数がアルカリ乾電池の2〜5倍にも達した。しかし、カメラに求められる電流は次第に小さくなり、小型の二次電池の普及も進んだため、カメラの電源はリチウムイオン電池になっていった。

　ニッケル系一次電池は公称電圧1.5Vなので、アルカリ乾電池を超える**次世代一次電池**として期待されたが、初期電圧がアルカリ乾電池より0.1V高い1.7Vだったため、使用する機器が壊れることがあった。当時はアルカリ乾電池の改良も進んでいたため、ニッケル系一次電池が普及することはなく、2010年までには姿を消してしまった（参照〈写真05-02〜03〉）。

■ニッケル系一次電池

〈写真05-02〉　〈写真05-03〉

松下電池（現・パナソニック）は2002年に写真左のニッケル系一次電池「ニッケルマンガン電池」を発売したが、低電圧特性を改善した改良型として写真右の「オキシライド乾電池」を2004年に発売。このほか、東芝電池は2002年に「ニッケル乾電池 Giga Energy（ギガエナジー）」を発売。ソニーもニッケル系一次電池を製造していた。

＊パナソニック

第8章

ニッケル水素電池

ニッケル水素電池の概要

［ニッケル水素電池と呼ばれる電池は2種類ある］

　現在、一般的に**ニッケル水素電池**と呼ばれているものは、**負極活物質**に**水素吸蔵合金**、**正極活物質**に**オキシ水酸化ニッケル**を使用する二次電池だが、本来は負極に**ガス拡散電極**を使い、負極活物質に気体の**水素**、正極活物質にオキシ水酸化ニッケルを使用する二次電池をニッケル水素電池という。この水素ガスを使用するニッケル水素電池は信頼性が高いが、高圧の水素ガスを使用するため丈夫な容器が必要であり取り扱いも難しい。より低圧の水素ガスを使用する研究のなかから生まれたのが、大量の水素を可逆的に吸蔵したり放出したりできる水素吸蔵合金を負極に使用する二次電池だ。ただ、水素吸蔵合金を使用する場合も実質的な正極活物質は水素であると考えることができるため、こちらもニッケル水素電池と呼ばれている。

　両者を区別する必要がある場合は、水素ガスを使用するものは**高圧ニッケル水素電池**という。また、**Ni-H₂電池**や**NiH₂電池**と略して表記されることもある。いっぽう、金属が水素を吸蔵した状態を化学的には**金属水素化物**というので、水素吸蔵合金を負極に使用するものは**ニッケル金属水素化物電池**という。金属水素化物の英語"metal hydride"の頭文字"MH"を使って**Ni-MH電池**や**NiMH電池**と表記されることもある。

■高圧ニッケル水素電池

〈写真01-01〉

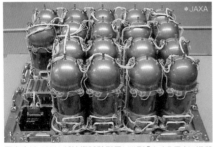

〈写真01-02〉

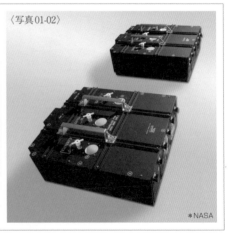

写真上はJAXAが技術試験衛星VIII型「きく8号」に搭載した高圧ニッケル水素電池の100 Ah組電池。写真右はNASAがハッブル宇宙望遠鏡に搭載した高圧ニッケル水素電池のモジュール。

◆ 高圧ニッケル水素電池とニッケル金属水素化物電池

　高圧ニッケル水素電池は人工衛星用の二次電池として1970年代にアメリカで開発が始まり、1980年前後に実用化された。信頼性の高さからさまざまな人工衛星に搭載され、国際宇宙ステーションにも採用された。日本の宇宙航空研究開発機構（JAXA）でも〈写真01-01〉のような高圧ニッケル水素電池を開発している。1990年にNASAが打ち上げたハッブル宇宙望遠鏡に搭載された〈写真01-02〉の高圧ニッケル水素電池モジュールは、設計寿命が5年とされていたものの、2009年に交換されるまで19年間稼働を続けた。宇宙で数々の実績を残してきた高圧ニッケル水素電池だが、現在では宇宙でもリチウムイオン電池が主流になっている。

　いっぽう、**ニッケル金属水素化物電池**の負極に使われる**水素吸蔵合金**は1960年代には開発されていたが、当初の合金は二次電池の電極に対する要求を満たすものではなかった。その後、さまざまに研究開発が続けられ、1990年に日本で実用化された。ニッケル金属水素化物電池はニッケルカドミウム電池を超えるエネルギー密度があり、なにより毒性の高い物質を使用していなかったため、一気に普及していった。1997年に販売を開始した世界初の市販ハイブリッド自動車、トヨタのプリウスの二次電池にも採用された。

　その後、低価格化や性能の向上が進んだリチウムイオン電池が、多くの用途でニッケル金属水素化物電池を代替していったが、トヨタは現在でもハイブリッド自動車に採用している（参照〈写真01-03〉）。また、単3や単4の乾電池と互換性のある**充電式乾電池**として広く普及している（参照〈写真01-04〉）。さらに、電力貯蔵用途などでも実用化が始まっている。

■ニッケル金属水素化物電池

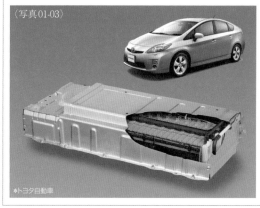

〈写真01-03〉

＊トヨタ自動車

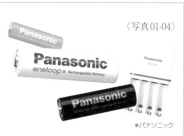

〈写真01-04〉

Panasonic
eneloop ● Rechargeable Battery

Panasonic

＊パナソニック

写真左はトヨタの3代目プリウスに搭載されたニッケル金属水素化物電池。現在でも改良が重ねられたものがハイブリッド自動車に採用されている。写真上は乾電池と互換性のあるニッケル金属水素化物電池。エネループという商標で呼ばれることが多い。以前は単3と単4サイズしかなかったが、現在では単1や単2サイズもある。

高圧ニッケル水素電池

[気体を活物質として使用する二次電池]

高圧ニッケル水素電池は正極活物質に高圧の水素ガスを使用する二次電池だ。水素ガスを使用しているため、燃料電池の一種だと誤解されることがあるが、水素ガスは電池容器内に密封されていて出し入れが行われることはない。

高圧ニッケル水素電池の最大のデメリットは、気体を活物質に使用するために体積エネルギー密度が小さいことだ。しかし、構造がシンプルで信頼性が高く、過充電や過放電にも強いため、簡単には交換や修理ができない宇宙で使われていた。また、自己放電が大きいというデメリットがあるうえ、水素ガスは可燃性だ。そのため、現状では高圧ニッケル水素電池の新たな用途への適用はあまり考えられていない。

◆ 高圧ニッケル水素電池の構造と動作原理

高圧ニッケル水素電池の構造を模式的に示すと〈図02-01〉のようになる。負極には触媒として白金を備えたガス拡散電極が使われ、正極には活物質をオキシ水酸化ニッケルとする焼結式極板が使われる。両極板は、水酸化カリウムの水溶液を含浸させた不織布のセパレータの両側に密着されている。この極板のセットが、数MPaの高圧水素ガスが充填された圧力容器に収められている。

基本的な充放電反応は〈式02-02～04〉で示される。正極の反応はニッケル系二次電池共通のものだ。放電時には負極で水素ガスが消費されるため圧力容器の内圧が低下し、充電時には水素ガスが生成されるため内圧が上昇する。この内圧を測定すれば充電状態を確認することができる。また、放電時に負極で水が生成されるが、それに見合った量の水が正極で水が消費される。充電時には逆に負極で水が消費され正極で水が生成されるため、充放電反応のいずれでも水の量がかわることはない。水酸化物イオンについても同様だ。結果、充放電によって電解液の濃度やpHは変化しない。

それぞれの活物質の標準電極電位は、$NiOOH \rightleftarrows Ni(OH)_2$が約$0.49$ V、$H_2O \rightleftarrows H_2$が約$-0.83$ Vなので、理論起電力は$0.49-(-0.83)=1.32$ Vになるが、公称電圧は約1.2 Vとされている。実際の高圧ニッケル水素電池には、積層電極を圧力容器に収めた単セルの

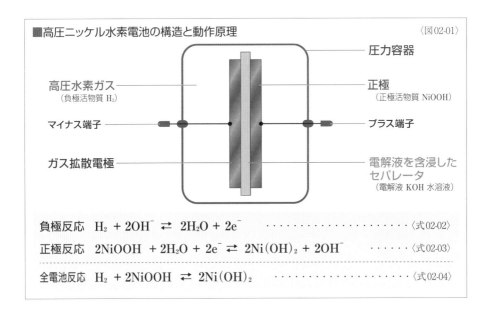

■高圧ニッケル水素電池の構造と動作原理 〈図02-01〉

高圧水素ガス（負極活物質 H_2）
マイナス端子
ガス拡散電極

圧力容器
正極（正極活物質 NiOOH）
プラス端子
電解液を含浸したセパレータ（電解液 KOH 水溶液）

負極反応　$H_2 + 2OH^- \rightleftarrows 2H_2O + 2e^-$　・・・・・・〈式02-02〉

正極反応　$2NiOOH + 2H_2O + 2e^- \rightleftarrows 2Ni(OH)_2 + 2OH^-$　・・・・・〈式02-03〉

全電池反応　$H_2 + 2NiOOH \rightleftarrows 2Ni(OH)_2$　・・・・・・・・・・・〈式02-04〉

ものと、圧力容器内に複数の積層電極を収めたものがある。

　過充電をすると〈式02-05〉のように正極で酸素が発生するが、すぐに周囲の水素と反応して〈式02-06〉のように水になり、負極ではそれに見合った量の水が〈式02-07〉のように消費されて水素が発生する。そのため、内圧や電解液の濃度、pHが変化することがない。

正極　$4OH^- \rightarrow O_2 + 2H_2O + 4e^-$　・・・・・・・・・・・・・・・〈式02-05〉
　　　$O_2 + 2H_2 \rightarrow 2H_2O$　・・・・・・・・・・・・・・・・・・・〈式02-06〉

負極　$4H_2O + 4e^- \rightarrow 2H_2 + 4OH^-$　・・・・・・・・・・・・・・〈式02-07〉

　過放電の場合は〈式02-08〜09〉のように、水素、水、水酸化物イオンの量は変化しないので、この場合も内圧や電解液の濃度、pHが変化することがない。

正極　$2H_2O + 2e^- \rightarrow H_2 + 2OH^-$　・・・・・・・・・・・・・・・〈式02-08〉

負極　$H_2 + 2OH^- \rightarrow 2H_2O + 2e^-$　・・・・・・・・・・・・・・・〈式02-09〉

　以上のように過充電や過放電になっても過剰に存在する水素ガスによって**ノイマン式**が成立しているため、高圧ニッケル水素電池ではほとんど問題が生じない。ただし、正極のオキシ水酸化ニッケルが高圧の水素ガスにさらされることになるため、徐々に還元されていってしまう。この還元によって**自己放電**が大きくなる。

水素吸蔵合金

［多くの金属には水素を吸収する性質がある］

　ニッケル金属水素化物電池に使われている**水素吸蔵合金**とは、大量の**水素**を可逆的に吸蔵放出ができる合金のことだ。多くの金属には水素を吸収する性質があり、その結果として金属が脆くなることが古くから知られていた。金属が水素によって脆くなる現象を**水素脆化**、その性質を**水素脆性**という。1960年代にアメリカのライリーが宇宙開発に使用されていた水素タンクの水素脆化の研究中に、ある種の合金が水素の吸蔵と放出を行うことができ、合金の組成によってその特性を制御できることを発見した。同じ時期、オランダのジルストラも別の目的で行っていた**希土類元素**の研究中に、同様の性質をもつ合金を発見した。これらの発見がきっかけになり、水素吸蔵合金の研究開発が進んでいった。希土類元素とは、**スカンジウム** Sc、**イットリウム** Y の2元素と、**ランタノイド**15元素の計17元素の総称だ。

　水素吸蔵合金にはさまざまな種類があるが、一般的なものでも1ccの合金にガスの状態であれば1000cc分以上の水素を収めることが可能だ。水素吸蔵合金はニッケル金属水素化物電池に使われているだけではない。水素貯蔵タンクに使うこともできるため、燃料電池をはじめさまざまな用途がある。また、ヒートポンプへの応用も研究されている。

◆ 水素吸蔵合金

　水素は原子のなかでももっとも構造がシンプルで小さい。**金属結晶**は多数の原子が整然と配列しているが、原子間には隙間があるため、水素がその隙間に侵入することができる。わかりやすくするために二次元で描くと〈図03-01〉のように金属の原子間に水素原子が侵入するわけだ。実際には、水素吸蔵合金の表面に水素ガスが付着すると、水素分子の結合が切れて原子状水素になり、合金内部に拡散していく。この原子状水素が合金内で金属原子と化学反応を生じて**金属水素化物**になる。こうした反応の際には、水素ガスの圧力の変化が伴ったり、熱エネルギーの出し入れによる**発熱**もしくは**吸熱**が生じたりする。

　多くの金属は水素を吸蔵する性質をもっているが、常温常圧付近で自在に吸蔵させたり放出させたりできない。そのため水素吸蔵合金は、水素を吸蔵しやすく反応の際に発熱を伴う金属と、水素を吸蔵しにくく反応の際に吸熱を伴う金属を組み合わせて合金にしている。

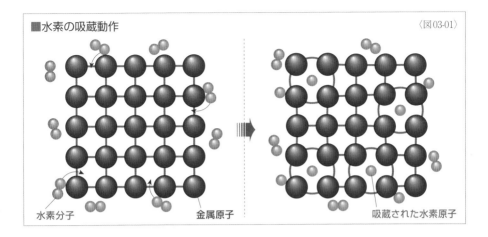

■水素の吸蔵動作　　　　　　　　　　　　　　　　　　　　　〈図03-01〉

水素分子　　　　　　　　　　金属原子　　　　　　　　　　吸蔵された水素原子

　吸蔵しやすい金属には、**ランタン** La や**セリウム** Ce などの**希土類元素**や、**チタン** Ti、**ジルコニウム** Zr、**マグネシウム** Mg、**カルシウム** Ca などがあり、吸蔵しにくい金属には、**ニッケル** Ni、**コバルト** Co、**鉄** Fe、**マンガン** Mn などがある。

　この2種類の金属の組み合わせの比率によって水素吸蔵合金は大別されることが多い。吸蔵しやすい金属をA、吸蔵しにくい金属をBとすると、たとえば金属Aの原子数1に対して金属Bの原子数5の比率で合金化したものであれば**AB₅形**といい、代表的なものにランタンとニッケルを組み合わせたLaNi₅がある。ほかにも**AB₂形**、**AB形**、**A₂B形**などがあるが、さまざまな合金が現在も研究開発されている。

　ニッケル金属水素化物電池では、吸蔵できる水素量が比較的大きいAB₅形のLaNi₅合金をベースにして、金属AであるLaを安価で耐食性の高い**ミッシュメタル**に置き換え、金属BであるNiの一部をCoなどで置き換えることで、アルカリ性電解液中での耐食性を向上させたものが使われた。ミッシュメタル（mischmetal）とは希土類元素の混合物で、その頭文字から**Mm**と略される。元素ごとの抽出や精製を行っていないため低コストだ。

　この**Mm-Ni-Co-Mn-Al系合金**によってニッケル金属水素化物電池は実用化され、さまざまな研究によって電池の容量が拡大されていった。しかし、コバルトは高コストであるため、コバルトフリー化の研究が進められ**Mm-Mg-Ni-Al系合金**などが開発された。コバルトフリー化は自己放電の抑制にも効果があり、ニッケル金属水素化物電池の高性能化が進んだ。

　なお、水素吸蔵合金は金属原子の隙間に水素原子が侵入すると説明されるが、吸蔵の際には合金が膨張し、放出の際には収縮する。充放電によって膨張と収縮を繰り返すと、合金が脆化して**微粉化**を起こす。

211

ニッケル水素電池の動作

[淘汰されずに生き残っている二次電池]

　ニッケル金属水素化物電池（以降は、現在の一般的な呼称になっているニッケル水素電池と表記）は、内部抵抗が小さく比較的大電流放電に強く、放電末期まで端子電圧がほとんど変化しないという優れた放電特性を備えている。当初は自己放電の大きさがデメリットであったが、新しい水素吸蔵合金の開発によって解消されていった。メモリ効果が生じることはあるが、その影響は軽微であり、問題になることはほとんどない。

　最大のデメリットはエネルギー密度の低さだ。そのため、よりエネルギー密度が高いリチウムイオン電池が現在の主流になっている。しかし、用途によってはニッケル水素電池が現在も使われていて、バイポーラ形電池もすでに実用化されている。

◆ニッケル水素電池の動作原理

　ニッケル水素電池は、負極活物質に水素吸蔵合金、正極活物質にオキシ水酸化ニッケル、電解液には電気伝導性が高い水酸化カリウムの水溶液を主に使用するアルカリ二次電池だ。ニッケルカドミウム電池の負極を水素吸蔵合金に置き換えたものだといえる。

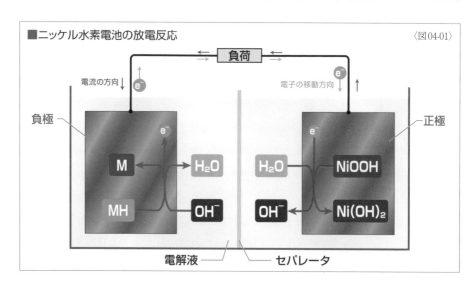

■ニッケル水素電池の放電反応　　　　　　　　　　　　　　　　　〈図04-01〉

正極活物質には電子伝導性がないため**導電助剤**が使われる。原理上は**セパレータ**がなくても電池として成立するが、実電池では必ずセパレータが使われている。なお、以下の化学式では、水素を吸蔵した状態の合金をMH、放出した状態の合金をMで示している。

　放電反応を模式的に示すと〈図04-01〉のようになる。負極では〈式04-02〉のように水素吸蔵合金の水素と電解液の水酸化物イオン OH^- が反応して水 H_2O が生成され、電極に電子 e^- が放出される。水素を放出したため MH は M になる。電子が送り込まれた正極では〈式04-03〉のようにオキシ水酸化ニッケル NiOOH と水が反応して、**水酸化ニッケル** $Ni(OH)_2$ と水酸化物イオンになる。放電時の全電池反応は〈式04-04〉で示される。

負極反応　$MH + OH^- \rightarrow M + H_2O + e^-$　・・・・・・・・・〈式04-02〉

正極反応　$NiOOH + H_2O + e^- \rightarrow Ni(OH)_2 + OH^-$　・・・・・・・〈式04-03〉

全電池反応　$MH + NiOOH \rightarrow M + Ni(OH)_2$　・・・・・・・・・〈式04-04〉

　充電時に外部電源から負極に電子を送り込むと、〈式04-05〉のように電解液の水が分解されて、水酸化物イオンが生成され、合金に水素が吸蔵されて M が MH になる。外部電源によって電子が引き抜かれる正極では、〈式04-06〉のように水酸化ニッケルと電解液中の水酸化物イオンが反応して、オキシ水酸化ニッケルと水を生成する。充電時の全電池反応は〈式04-07〉で示される。

負極反応　$M + H_2O + e^- \rightarrow MH + OH^-$　・・・・・・・・・・・〈式04-05〉

正極反応　$Ni(OH)_2 + OH^- \rightarrow NiOOH + H_2O + e^-$　・・・・・・・・〈式04-06〉

全電池反応　$M + Ni(OH)_2 \rightarrow MH + NiOOH$　・・・・・・・・・〈式04-07〉

　それぞれの活物質の**標準電極電位**は、$NiOOH \rightleftarrows Ni(OH)_2$ が約0.49 V、$M \rightleftarrows MH$ が約−0.82 Vなので、**理論起電力**は0.49−(−0.82)＝1.31 Vになるが、**公称電圧**は約1.2 Vとされている。

　放電時に負極で水が生成されるが、それに見合った量の水が正極で水が消費される。充電時には逆に負極で水が消費され正極で水が生成されるため、充放電反応のいずれでも水の量がかわることはない。水酸化物イオンについても充放電のいずれでも消費とそれに見合った量が必ず生成される。そのため、充放電によって電解液の濃度やpHは変化しない。こうした変化の少なさは**放電特性**がフラットになる要因の1つになる。また、電解液内に生成物やイオンが蓄えられないため、電池内に収める電解液は最少に抑えることができる。

◆ ロッキングチェア形電池

ニッケル水素電池の充放電反応は〈式04-08〜09〉になる。一方の極で生成された水分子そのものが、もう一方の極で消費されるわけではないが、必ず相殺される。水酸化物イオンについても同様だ。そのため、〈図04-10〉のように双方の電極が水分子と水酸化物イオンをやり取りしていると考えられる。また、水は電離式 $H_2O \rightleftarrows H^+ + OH^-$ で示されるので、充放電反応は〈式04-11〜12〉のようにも示すことができる。つまり、見かけ上は〈図04-13〉のように双方の電極が水素イオンをやり取りしているように考えることができる。

負極　$MH + OH^- \rightleftarrows M + H_2O + e^-$ ・・・・・・・・・・・・・・・・〈式04-08〉

正極　$NiOOH + H_2O + e^- \rightleftarrows Ni(OH)_2 + OH^-$ ・・・・・・・・・・・〈式04-09〉

負極　$MH \rightleftarrows M + H^+ + e^-$ ・・・・・・・・・・・・・・・・・・・・・・・〈式04-11〉

正極　$NiOOH + H^+ + e^- \rightleftarrows Ni(OH)_2$ ・・・・・・・・・・・・・・・・〈式04-12〉

詳しくはリチウムイオン電池で説明するが（P242参照）、充放電反応の際に特定のイオンだけが正負極を行き来し、電解液のいずれのイオンも濃度が変化しない電池をロッキングチェア形電池という。ニッケル水素電池は水素イオンだけが行き来すると考えることができるので、ロッキングチェア形に分類されることもある（見かけ上なので分類されないこともある）。

■ニッケル水素電池の充放電反応の際の正負極間のやり取り

〈図04-10〉

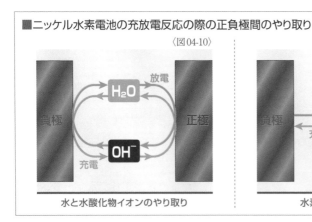

水と水酸化物イオンのやり取り

〈図04-13〉

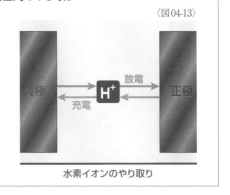

水素イオンのやり取り

◆ ニッケル水素電池で生じる酸素ガスと水素ガスの対策

ニッケル水素電池は水系電解液を使用しているため、水の電気分解が生じて酸素ガスや水素ガスが発生する可能性があるが、ニッケルカドミウム電池と同じように負極の容量を正

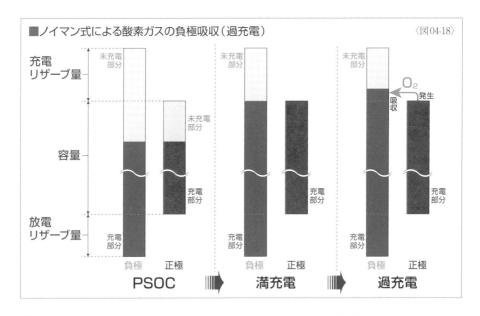

■ノイマン式による酸素ガスの負極吸収（過充電） 〈図04-18〉

充電
リザーブ量

容量

放電
リザーブ量

未充電
部分

充電
部分

負極　正極
PSOC

満充電

過充電

O_2 吸収 発生

極より大きくする**ノイマン式**を採用することでガスの発生を防いで密閉化を実現している。ニッケル水素電池では本来の容量より大きくされた**リザーブ量**のうち、過充電時の酸素発生を防ぐ部分を**充電リザーブ量**、過放電時の水素発生を防ぐ部分を**放電リザーブ量**という。

　過充電をすると〈式04-14〉のように正極で酸素ガスが発生するが、セパレータを透過して負極に到達すると、〈式04-15〉のように水素吸蔵合金の水素と反応して水を生成する。この反応により水素吸蔵合金の水素が消費されるが、負極では同時に〈式04-16〉の充電反応が生じて、水素吸蔵合金の水素が補償され、正極で生成された水も消費される。負極全体の反応をまとめると〈式04-17〉になり、〈式04-14〉とはまったく逆の反応になるので、過充電しても電池全体では見かけ上、まったく反応が生じていないことになる。

正極	$4OH^- \rightarrow O_2 + 2H_2O + 4e^-$	〈式04-14〉
負極①	$4MH + O_2 \rightarrow 4M + 2H_2O$	〈式04-15〉
負極②	$4M + 4H_2O + 4e^- \rightarrow 4MH + 4OH^-$	〈式04-16〉
負極全体	$O_2 + 2H_2O + 4e^- \rightarrow 4OH^-$	〈式04-17〉

　ただし、充電のために電池に投入された電気エネルギーは熱エネルギーに変換されるので、過充電になると電池の温度が急激に上昇する。充電リザーブの働きを模式的に示すと、〈図04-18〉のようになる。

➡次ページに続く

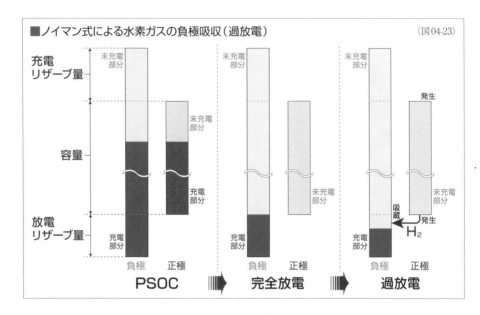

■ノイマン式による水素ガスの負極吸収（過放電） 〈図04-23〉

充電
リザーブ量

容量

放電
リザーブ量

未充電
部分

充電
部分

未充電
部分

発生

吸蔵

発生

H_2

負極　正極　　負極　正極　　負極　正極

PSOC　▶　**完全放電**　▶　**過放電**

　過放電の際には、〈式04-19〉のように正極で水素ガスが発生するが、セパレータを透過して負極に到達すると、〈式04-20〉のように水素吸蔵合金に吸蔵される。この反応により水素吸蔵合金の水素が増加するが、負極では同時に〈式04-21〉の放電反応が生じて、水素吸蔵合金の水素が消費され、正極で消費された水も生成される。負極全体の反応をまとめると〈式04-22〉になり、〈式04-19〉とはまったく逆の反応になるので、過放電しても電池全体では見かけ上、まったく反応が生じていないことになる。放電リザーブの働きを模式的に示すと、〈図04-23〉のようになる。

正極	$2H_2O + 2e^- \rightarrow H_2 + 2OH^-$	〈式04-19〉
負極①	$2M + H_2 \rightarrow 2MH$	〈式04-20〉
負極②	$2MH + 2OH^- \rightarrow 2M + 2H_2O + 2e^-$	〈式04-21〉
負極全体	$H_2 + 2OH^- \rightarrow 2H_2O + 2e^-$	〈式04-22〉

　なお、〈式04-20〉の負極の水素吸蔵は比較的遅い反応なので、過放電時に生じる水素ガスが電池の内圧を高めることがある。このほか過充電時の副反応で水素ガスが生じることもある。もちろん、不測の事態が生じてガスが発生することもあるため、密閉式電池にする場合も内圧が高まった際にガスを逃すガス排出機構（安全弁）は備えられる。

　反応に関与しないため電解液の量は最少に抑えられると先に説明したが、正極で発生し

たガスが速やかに負極近くに移動する必要があるので、電解液は可能な限り少ないことが望ましい。また、セパレータにはガス透過性が高いものを使う必要がある。

　ニッケル水素電池は**ノイマン式**を採用しているため正極の容量で電池の容量が決まる**正極規制**になっている。この正極規制には電池の寿命を延ばす意味もある。ニッケル水素電池の正極は**インターカレーション反応**であるため、溶解と析出が繰り返される電極より劣化が遅い。負極の水素吸蔵合金も溶解と析出は生じないが、水素の吸蔵と放出の際に膨張と収縮を繰り返すことで微粉化するため劣化しやすい。そのため、ノイマン式の採用によって負極活物質の容量を大きくしておけば、たとえ負極の劣化が先に進行しても、電池容量が低下しにくくなる。

◆ ニッケル水素電池の充電

　ニッケル水素電池にとって理想的な充電は、**充電レート**0.1C程度で**定電流充電**を行うことだが、1C以上の**急速充電**を行うことも可能だ。

　先に説明した過充電に対する反応は非常に円滑に進行するので、内圧が上昇することはほとんどない。しかも、この反応によって電池の温度が上昇するため、電圧変化とともに温度変化を監視することで充電制御が行える。温度そのものを監視する**温度検出制御方式**のほか、単位時間当たりの温度変化率を検出して満充電を判断する**dT/dt制御方式**がある。組電池などにはそのために温度センサーが備えられる。

　また、定電流充電では満充電付近で端子電圧がピークになり、その後は温度上昇によって内部抵抗が低下して端子電圧がわずかに下がる。この変化を検出して満充電を判断するのが**$-\Delta V$制御方式**だ。実際の充電制御では、これらの制御方式のうち2つ以上を併用することが多い。なお、0.1C程度の**普通充電**では、**タイマ制御方式**が使われることもある。

　また、ニッケル水素電池は高温状態で劣化が起こりやすい。そのため、急速充電時の温度管理は、サイクル寿命を延ばすうえで非常に重要になる。

　充放電を制御する回路は**バッテリーマネージメントシステム**（battery management system）といわれることが多く、その頭文字から**BMS**と略される。BMSは電池を搭載する機器に組み込まれることもあれば（この場合、組電池などにはセンサーが備えられ、回路に情報を提供する）、規模が大きくなるとバッテリーモジュールやバッテリーパックに組み込まれることもある。BMSには電圧や温度の監視に加えて、電池残量（SOC）を検出する機能や、組電池のそれぞれのセルの均等化を行う機能が備えられていることもある（P256参照）。

ニッケル水素電池の構造

[円筒形の密閉式が基本だがバイポーラ形も誕生している]

　密閉式ニッケル水素電池は〈写真05-01〉のような**円筒形電池**が一般的だ。大半は高さが10cm以内の小型なものだが、さまざまなサイズのものが作られている。標準タイプのほかに内部抵抗が小さく大電流放電が可能な高出力タイプや、耐久性を重視した長寿命タイプなどがラインナップされていることもある。乾電池と互換性のある**充電式乾電池**として販売されているものも円筒形の一種だ。

　機器に組み込みやすいように複数の円筒形電池を接続して端子を設けビニールなどの**外装チューブ**でまとめた〈写真05-02〉のような**組電池**で使われることも多い。こうした組電池には、温度検出用のサーミスタや、過熱保護装置が内蔵されることもある。

　また、取り扱いが容易になるように金属などのケースに収めた〈写真05-03〉のような組電池もある。なかには充放電の制御やSOCの確認などを行う**バッテリーマネージメントシステム**（**BMS**）が組み込まれた〈写真05-04〉のようなバッテリーシステムもある。

　ハイブリッド自動車用では〈写真05-05〜07、図05-08〉のように複数のセルをまとめた**バッテリーモジュール**によって、**バッテリーパック**が構成されている。バッテリーパックには電池の状態の監視や充放電、冷却などを制御する**バッテリーECU**（electronic control unit）や冷却システムが組み込まれている。

〈写真05-01〉

*FDK

■円筒形ニッケル水素電池

〈写真05-02〉

*FDK

FDKの円筒形のニッケル水素電池。さまざまなサイズがあり、標準タイプのほか高耐久タイプや高出力タイプがある。上の写真は外装チューブでまとめられた組電池。2本のリード線の先端に接続用の端子が備えられている。

■ニッケル水素電池の組電池

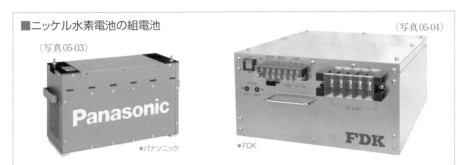

〈写真05-03〉

〈写真05-04〉

*パナソニック

*FDK

写真左はパナソニックの組電池。直径約63×高さ約189mmの円筒形電池10本が収められている。定格電圧は12Vで定格容量90 Ah。5段階の残量表示機能が備えられている。写真右はFDKのバッテリーシステム。サイズは約30×42×15cmで、定格電圧24 V、定格容量1100 Wh。バッテリーマネージメントシステムが搭載されている。

■ハイブリッド自動車用バッテリーパック（ニッケル水素電池）

〈写真05-05〉

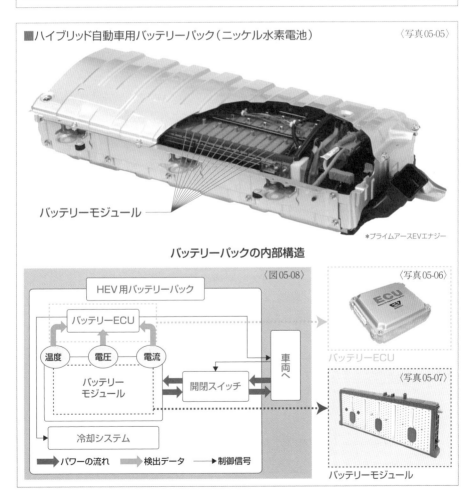

バッテリーモジュール

*プライムアースEVエナジー

バッテリーパックの内部構造

〈図05-08〉

HEV用バッテリーパック

バッテリーECU

温度　電圧　電流

バッテリーモジュール

冷却システム

開閉スイッチ

車両へ

➡ パワーの流れ　➡ 検出データ　→ 制御信号

〈写真05-06〉

バッテリーECU

〈写真05-07〉

バッテリーモジュール

◆ 密閉式ニッケル水素電池の構造

　円筒形のニッケル水素電池では、〈図05-09〉のような**巻回電極**による**スパイラル構造**が採用されることが多い。基本的な構造は密閉式ニッケルカドミウム電池と同様だ。**外装缶**は**ニッケルめっき鉄外装缶**で、底部が**マイナス端子**になる。この鉄缶に、**正極**-セパレータ-**負極**-セパレータの順に重ねて巻いた**巻回体**が収められてる。缶の上部は内圧が高まった際にガスを逃す**ガス排出機構**（**安全弁**）を備えた**正極キャップ**でふさがれ、**封口体**（**ガスケット**）で密閉されている。この正極キャップは**プラス端子**になる。容器の外側には絶縁体で作られ**絶縁チューブ**とも呼ばれる**外装ラベル**が備えられる。

　正極の極板には、焼結式と非焼結式がある。**焼結式極板**は多数の小さな孔をあけた非常に薄い鋼板に**ニッケルパウダー**などを塗布した後に焼き固めて製造するが、現在ではより容量密度を高められる**非焼結式極板**が一般的に使われている。非焼結極板は**ペースト式極板**ともいい、**集電体**として機能する多孔質の基板の空孔に**水酸化ニッケル**と**導電助剤**などをペースト状にして充填して製造する。多孔質の基板は、導電処理した発泡ウレタン樹脂や有機繊維不織布にニッケルめっきした後に、樹脂を焼き飛ばして作られるため、**発泡ニッケル基板**や**繊維状ニッケル基板**ともいい、発泡ニッケル基板を用いる極板は**発泡メタル式基板**ともいう。導電助剤には**水酸化コバルト** $Co(OH)_2$ などの**コバルト化合物**が使われることが多く、製造された極板を充電すると、水酸化ニッケル粉末の表面が電子伝導性の**オキシ水酸化コバルト** $CoOOH$ で被覆される。

　負極の極板にもペースト式極板が一般的に使われている。発泡ニッケル基板や多数の小

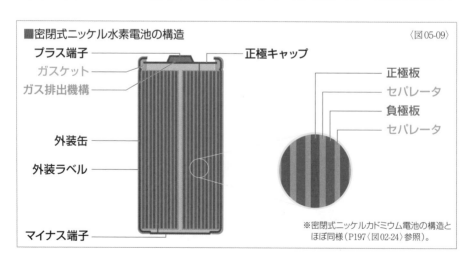

■密閉式ニッケル水素電池の構造　　　　　　　　　　　　　　　　　　　　〈図05-09〉

プラス端子　　　　　　　　　　　　　　　正極キャップ
ガスケット
ガス排出機構　　　　　　　　　　　　　　　　　　　　正極板
　　　　　　　　　　　　　　　　　　　　　　　　　　セパレータ
　　　　　　　　　　　　　　　　　　　　　　　　　　負極板
　　　　　　　　　　　　　　　　　　　　　　　　　　セパレータ
外装缶
外装ラベル

マイナス端子

※密閉式ニッケルカドミウム電池の構造とほぼ同様（P197〈図02-24〉参照）。

さな孔をあけた金属の基板の空孔に、**水素吸蔵合金**の粉末に、導電助剤であるニッケルや炭素の粉末、結着剤や増粘剤を混合したものをペースト状にして充填し、乾燥後に圧延して製造される。

電解液には**水酸化カリウム**を主体とする水溶液が使われる。セパレータには、耐アルカリ性やイオン伝導性が高く、電解液の吸収性が高く保持力が大きいと同時に、電解液を保持しながらガス透過が行えることが求められる。一般的には、ポリプロピレンなどポリオレフィン系繊維の不織布が使われる。

◆ バイポーラ形ニッケル水素電池

エネルギー密度を高めることができるうえ出力密度も向上するため、**バイポーラ形電池**はさまざまな電池で研究開発が行われているが、ニッケル水素電池ではすでに実用化されている。もともとニッケル水素電池は内部抵抗が小さく大電流放電や急速充電に強いことがメリットだが、バイポーラ形にすることでそのメリットがさらに強化される。

トヨタ自動車は豊田自動織機と共同開発した〈図05-10〉のような**バイポーラ形ニッケル水素電池**をハイブリッド自動車に搭載している。**集電体**の表裏に**正極活物質**と**負極活物質**を備える**バイポーラ形電極**を使用するもので、バイポーラ形電極による**電池モジュール**が積層されることで**電池スタック**を構成している。スタック（stack）は「積み重ねたもの」を意味する英語で電池の分野では**積層体**を意味する。**電解液**は**セパレータ**に含浸されていて、集電体によって隣接するセルとのイオン伝導体の短絡が防がれている。➡次ページに続く

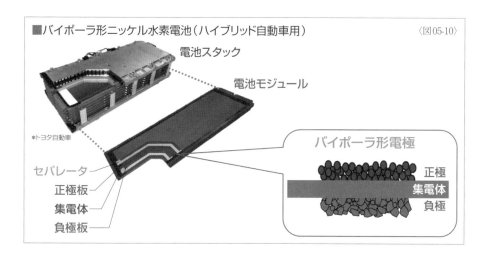

■バイポーラ形ニッケル水素電池（ハイブリッド自動車用）　〈図05-10〉

電池スタック

電池モジュール

＊トヨタ自動車

セパレータ
正極板
集電体
負極板

バイポーラ形電極

正極
集電体
負極

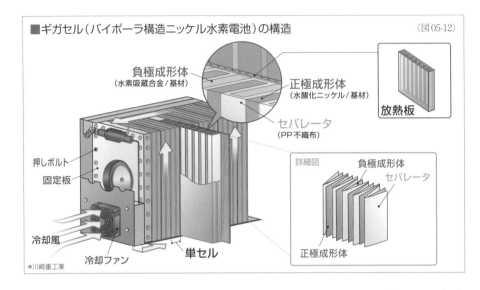

■ギガセル（バイポーラ構造ニッケル水素電池）の構造　　〈図05-12〉

負極成形体
（水素吸蔵合金／基材）

正極成形体
（水酸化ニッケル／基材）

放熱板

セパレータ
（PP不織布）

押しボルト
固定板

冷却風
冷却ファン
単セル

*川崎重工業

詳細図
負極成形体
セパレータ
正極成形体

　川崎重工業でも**ギガセル**と呼ばれる〈写真05-11〉のような**バイポーラ形ニッケル水素電池**を実用化している。一般的な**バイポーラ形電極**では、1枚の**集電体**の表裏に正極活物質と負極活物質を備えるが、ギガセルでは〈図05-12〉の詳細図のように、単セルは蛇腹状に折り畳まれたセパレータの表裏に、正極と負極の成形体を備えている。この単セルの両側面に備えられる放熱板が集電体として機能する。単セルと放熱板を交互に並べていけば、放熱板の表裏に正極と負極が接してバイポーラ構造になる。全体としては固定板と押しボルトによってそれぞれの単セルと放熱板が密着されている。必要に応じて単セルと放熱板の数を増やしていけば、目的の端子電圧を得ることができる。また、集電体である放熱板には冷却風の経路が設けられているので、冷却ファンを使って強制空冷を行うことができる。

　ギガセルは路面電車への搭載や電気鉄道の回生をアシストする地上蓄電設備に採用されている。また再生エネ発電の出力安定化など電力貯蔵用途での実証実験も続いている。

■ギガセル　　〈写真05-11〉

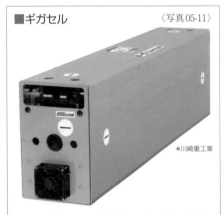

*川崎重工業

写真のギガセルは、公称電圧36 V、定格容量150Ahで、大きさは1371×223×345 mm。電力貯蔵では多数ユニットが直並列接続される。

第9章

リチウム系電池

リチウム系電池の概要

[デンドライトが生じるがリチウムは優れた電池材料]

リチウムは負極材料として優れた資質を備えていることは古くから知られていた。**イオン化傾向**が非常に大きく、−3.05 Vという**標準電極電位**は全金属のなかでもっとも小さい値である。負極に**リチウム金属**を使用すれば**起電力**の大きな電池を構成できる可能性が高い。

また、リチウムの密度は0.53 g/cm³で金属元素のなかでもっとも小さいため、**質量容量密度**の面で有利だ。代表的な負極材料である亜鉛とリチウムを比較してみると〈表01-01〉のようになる。リチウムの理論質量容量密度は亜鉛の約4.7倍ある。ただし、密度が小さいのでリチウムの**理論体積容量密度**は亜鉛の1/3程度しかない。

また、リチウムは水に接すると激しく発熱すると同時に水素ガスを発生し、その水素ガスが反応の熱で発火して爆発する。そのため、リチウムを電極にすると水系電解液を使用することができない。**有機電解液**などの**非水系電解液**を使用する必要があるが、有機電解液は水系電解液より**電気伝導率**が1桁以上低くなるので、電池の構造などに工夫が必要になる。そのいっぽう、**電位窓**が大きくなるので、起電力が大きくなっても大丈夫だ。

リチウム金属を負極に使う一次電池の開発は、アメリカでは1950年代から、日本でも1960年代から始まり、1976年に日本で、正極にフッ化黒鉛を使用する**リチウム一次電池**の生産が開始された。その後も、正極に二酸化マンガンを使用するものなど、負極にリチウム金属を使用するさまざまなリチウム一次電池が開発されていった。起電力とエネルギー密度が高く、使用温度範囲が広く、自己放電が少ないため、さまざまな用途で普及している。

二次電池化の研究も盛んに行われたが、リチウムは**デンドライト**を生じやすいという大きな問題があった。充電時に負極に析出するリチウムは結晶が樹枝状になりやすく、その先端

■電極材料としてのリチウムと亜鉛の比較					〈表01-01〉
元素	密度 (g/cm³ at 20℃)	反応 電子数	標準 電極電位 (V vs. SHE)	理論容量密度	
				質量 (mAh/g)	体積 (mAh/cm³)
リチウム	0.53	1	−3.05	3862	2047
亜鉛	7.14	2	−0.76	820	5854

が正極に達して短絡が生じたり、折れて脱落し寿命を縮めたりする。実際、1980年代末にはリチウム金属を負極とする二次電池が市販されたが、発火事故が起こり全品回収となった。

デンドライトを防ぐために、リチウムを合金化するなどさまざまな研究が続けられたが、その過程で、**インターカレーション反応**によって**リチウムイオン**を挿入したり脱離したりできる電極材料が開発され、1991年に世界初の**リチウムイオン電池**が日本で実用化された。従来の二次電池より端子電圧もエネルギー密度も高いため、またたく間に普及し、以降もさまざまに研究開発が進められている。

また、リチウムをアルミニウムと合金化するとデンドライトが防がれることが発見されたことで、負極に**リチウムアルミニウム合金**を使用する二次電池も実用化された。合金化しているためエネルギー密度の面で不利になるが、サイクル寿命が長く、使用温度範囲が広く、自己放電が少なく、過充電や過放電にも強いため、特定の用途で活用されている。

◆ リチウム系電池の種類

リチウムを使用する電池を総称して**リチウム系電池**といい、〈表01-02〉のように分類される。動作原理から大別すると**リチウムイオン電池**と**リチウム電池**になる。

リチウムイオン電池は**正極**にリチウム化合物を使用する二次電池で、正負極ともに**インターカレーション反応**を用いている。正極と負極の材料にはさまざまな組み合わせがある。

リチウム電池は**負極**に**リチウム金属**もしくは**リチウム合金**を使用するもので、一次電池と二次電池がある。それぞれ**リチウム一次電池**と**リチウム二次電池**というが、負極が金属であることを明示するために**リチウム金属一次電池**や**リチウム金属二次電池**ということもある。一次電池にも二次電池にも正極材料にはさまざまなものがある。

本章では実用化されているものを取り上げているが、リチウム硫黄電池（P300参照）やリチウム空気二次電池（P305参照）などのリチウム二次電池が研究開発の途上にある。

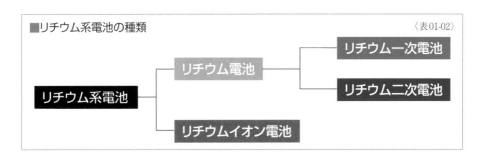

■リチウム系電池の種類　　　　　　　　　　　　　　　　　　　　　　　　〈表01-02〉

- リチウム系電池
  - リチウム電池
    - リチウム一次電池
    - リチウム二次電池
  - リチウムイオン電池

リチウム一次電池

［幅広いバリエーションがある一次電池］

　　リチウム一次電池には、正極の材料によってさまざまな種類がある。主なものには、二酸化マンガンリチウム一次電池、フッ化黒鉛リチウム一次電池、塩化チオニルリチウム一次電池、酸化銅リチウム一次電池、硫化鉄リチウム一次電池などがある（P117〈表01-01〉参照）。リチウム二次電池はまだ歴史が浅いため、世間一般ではそれぞれのリチウム一次電池の「一次」を省いて単にリチウム電池ということも多い。

　　リチウム一次電池は〈写真02-01〉のような円筒形やコイン形が一般的だが、電池の種類によっては角形や薄形もある。非常に薄いものはペーパーリチウム一次電池ということもある。また、円筒形の一種といえるが非常に細いピン形と呼ばれるものもある。

　　一部には1.5 Vの乾電池や1.55 Vの酸化銀電池の代替を目的にして開発されたものもあるが、多くのリチウム一次電池の公称電圧は3 Vで、なかには3.6 Vというものもある。3 V以上の電圧があるとアルカリ乾電池2〜3本が必要だった機器を、1本のリチウム一次電池で駆動することができ、電池に必要なスペースを小さくでき、重量も抑えられる。エネルギー容量でもアルカリ乾電池を大きく上回る。

　　また、リチウム一次電池共通の特徴としては、自己放電が小さいことがあり、10年以上の長期保存が可能だ。さらに、水系電解液は氷点下では凍結して電池が使えなくなることがあるが、非水系電解液は融点の低いものがほとんどで、−40℃より低い温度で使えるもの

■リチウム一次電池　　　　　　　　　　　　　　　　　　　　　　〈写真02-01〉

*パナソニック

リチウム一次電池にはさまざまな形状のものがあるが、広く使われているのはコイン形と円筒形だ。写真はパナソニックの二酸化マンガンリチウム一次電池とフッ化黒鉛リチウム一次電池のラインナップの一部。このほかにも硫化鉄リチウム一次電を扱っている。

■端子付コイン形リチウム一次電池
〈写真02-02〉

*マクセル

端子やリード線を備えたコイン形電池。写真はマクセルの二酸化マンガンリチウム一次電池。

■塩化チオニルリチウム一次電池
〈写真02-03〉

*東芝ライフスタイル

写真は東芝ライフスタイルが取り扱っている塩化チオニルリチウム一次電池。機器への組み込み部品として使われるので、一般的な端子はなくリード線が出されている。

もある。**有機溶媒**は水より滲み出る性質が少ないため、**液漏れ**しにくいという特徴もある。

　こうしたメリットによって、リチウム一次電池は家電製品のリモコンや自動車のキーレスエントリー、OA機器やFA機器、医療機器のメモリーバックアップ、ガスや水道などの電子メーター、火災報知器やセキュリティ装置などに使われている。ピン形は釣りの電気浮き用に開発されたものだが、小型の受発信機に使われることもある。ペーパー形のものは、クレジットカードなどのカードに内蔵されることもある。容量が大きいので、搭載する機器によっては電池の寿命より機器の寿命が先に訪れることもある。

　こうした用途では、電池の交換を前提とせず、機器の基板に直接実装されることもある。組み込み部品として使われる電池には、あらかじめ端子が備えられていることもある。〈写真02-02〉のようにコイン形に端子やリード線が備えられていたり、〈写真02-03〉のように一般的な端子がなく円筒形電池から直接リード線が出されていたりする。

◆リチウム一次電池の負極反応

　リチウム一次電池の負極活物質には**リチウム金属**が使われる。放電時の負極の反応は〈式02-04〉のように非常にシンプルだ。リチウム金属 Li が電子 e^- を電極に残してリチウムイオン Li^+ になって溶出する。電解液を通じて正極に達したリチウムイオンと、外部回路を通じて正極に達した電子が、正極活物質と反応することで、電池反応が成立する。

　　負極反応　Li → $Li^+ + e^-$ ・・・・・・・・・・・・・・・・・・・・〈式02-04〉

　なお、リチウム一次電池やリチウム二次電池には**非水系電解液**として**有機電解液**が使われることが多いが、有機電解液については次の章で詳しく説明する（P268参照）。

◆二酸化マンガンリチウム一次電池

リチウム一次電池（リチウム金属一次電池）のなかでもっと広く使われているのが二酸化マンガンリチウム一次電池だ。単にリチウム一次電池やリチウム電池といった場合、二酸化マンガンリチウム一次電池をさしていることが多い。広く一般にも流通しているコイン形については、単にコイン形リチウム電池と呼ばれている。電池系記号はCだが、円筒形とコイン形が多いため形状記号と合わせてCR系と呼ばれることも多い。二酸化マンガンリチウム電池ということも多いが、現在では二次電池である二酸化マンガンリチウム二次電池もあるので、注意が必要だ。

二酸化マンガンリチウム一次電池は、負極活物質にリチウム金属、正極活物質に二酸化マンガンを使う。開発当初は二酸化マンガンに含まれるわずかな水分がリチウムと反応するという問題があったが、400℃程度の熱処理によって無水の二酸化マンガンが得られるようになり実用化された。二酸化マンガンは電気伝導率が高くないため、導電助剤としてカーボンブラックなどの炭素粉末が加えられる。電解液には有機溶媒に過塩素酸リチウム $LiClO_4$ などのリチウム塩を溶かしたものを使用する。

二酸化マンガンリチウム一次電池の電池反応は〈式02-05〜07〉で示される。放電時、負極のリチウム金属 Li はリチウムイオン Li^+ になって電解液に溶出する。正極の二酸化マンガン MnO_2 は層状構造をしていて、インターカレーション反応によってリチウムイオン Li^+ が層間に挿入され、マンガン酸リチウム $LiMnO_2$ になる。

負極反応	$Li \rightarrow Li^+ + e^-$	〈式02-05〉
正極反応	$MnO_2 + Li^+ + e^- \rightarrow LiMnO_2$	〈式02-06〉
全電池反応	$Li + MnO_2 \rightarrow LiMnO_2$	〈式02-07〉

〈写真02-08〉のように二酸化マンガンリチウム一次電池は円筒形とコイン形が一般的で、サイズには幅広いバリエーションがある。ラミネートパックを容器にするラミネート形もあり、厚さ0.5mm以下というペーパーリチウム一次電池もある。

円筒形の二酸化マンガンリチウム一次電池には〈図02-09〉のように巻回電極を採用するスパイラル構造のものと、〈図02-10〉のようにインサイドアウト構造を採用するボビン構造のものがある。スパイラル構造は反応面積が大きくできるので高出力タイプになり、ボビン構造は活物質を多く入れられるため高容量タイプになる。コイン形は〈図02-11〉のようにアルカリボタン電池とほぼ同様の構造で、ある程度の反応面積は確保される。

■二酸化マンガンリチウム一次電池

〈写真02-08〉

FDKの各種二酸化マンガンリチウム一次電池。最近ではデジタルカメラに円筒形のものが使われることが少なくなったため、一般の人が目にすることが多いのは主にコイン形だが、円筒形以外にもペーパー形などさまざまな形状のものがある。

＊FDK

　公称電圧は3Vで、放電するにつれて電圧が低下していく。しかし、パルス放電のように瞬間的に大きな電流を流しても電池の電圧が高く保たれる。構造や製品によって差があるが、使用温度範囲は−40〜70℃程度のものが多く、なかには100℃以上の高温でも大丈夫な耐熱形もある。自己放電が小さく、製品によって差はあるが、10年以上の長期保存に耐えられるものが多い。

■二酸化マンガンリチウム一次電池の構造

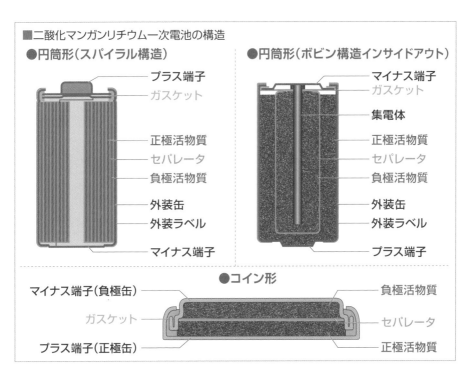

●円筒形（スパイラル構造）

- プラス端子
- ガスケット
- 正極活物質
- セパレータ
- 負極活物質
- 外装缶
- 外装ラベル
- マイナス端子

●円筒形（ボビン構造インサイドアウト）

- マイナス端子
- ガスケット
- 集電体
- 正極活物質
- セパレータ
- 負極活物質
- 外装缶
- 外装ラベル
- プラス端子

●コイン形

- マイナス端子（負極缶）
- ガスケット
- プラス端子（正極缶）
- 負極活物質
- セパレータ
- 正極活物質

◆フッ化黒鉛リチウム一次電池

フッ化黒鉛リチウム一次電池（フッ化黒鉛リチウム電池）は最初に実用化された**リチウム一次電池**だ。電池系記号はBだが、**円筒形**と**コイン形**が多いため形状記号と合わせて**BR系**と呼ばれることも多い。

フッ化黒鉛リチウム一次電池は、**負極活物質**に**リチウム金属**、**正極活物質**に**フッ化黒鉛**を使う。フッ化黒鉛は炭素とフッ素の化合物であり、$(CF)_n$ で示される。正極材料のなかでも軽い物質で、質量エネルギー密度が高いが、電気伝導性がないため**導電助剤**として**カーボンブラック**などの炭素粉末が加えられる。**電解液**には有機溶媒に四フッ化ホウ酸リチウム $LiBF_4$ などの**リチウム塩**を溶かしたものを使用する。

フッ化黒鉛リチウム一次電池の電池反応は〈式02-14〜16〉で示される。正極のフッ化黒鉛 $(CF)_n$ は**層状構造**をしていて、放電時には**インターカレーション反応**によって**リチウムイオン** Li^+ が層間に挿入されて、**フッ化リチウム** LiF になる。同時に**炭素** C が生成される。

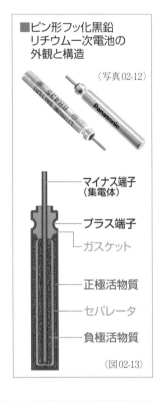

■ピン形フッ化黒鉛リチウム一次電池の外観と構造

〈写真02-12〉

マイナス端子（集電体）

プラス端子

ガスケット

正極活物質

セパレータ

負極活物質

〈図02-13〉

$$負極反応 \quad nLi \rightarrow nLi^+ + ne^- \quad \cdots\cdots\cdots\cdots\cdots\cdots \langle式02\text{-}14\rangle$$

$$正極反応 \quad (CF)_n + nLi^+ + ne^- \rightarrow nLiF + nC \quad \cdots\cdots \langle式02\text{-}15\rangle$$

$$全電池反応 \quad nLi + (CF)_n \rightarrow nLiF + nC \quad \cdots\cdots\cdots\cdots \langle式02\text{-}16\rangle$$

フッ化黒鉛リチウム一次電池の形状は円筒形、コイン形、**ピン形**が一般的だ。円筒形とコイン形の構造は二酸化マンガンリチウム一次電池とほぼ同じ構造になっている（P229図02-09〉、〈図02-11〉参照）。円筒形は**スパイラル構造**が一般的だが、〈写真02-12〉のようなピン形は〈図02-13〉のように**インサイドアウト構造**を採用する**ボビン構造**にされている。

公称電圧は3Vで、サイズが同じであればほとんどの場合、二酸化マンガンリチウム一次電池と互換性があり容量も同じだが、フッ化黒鉛リチウム一次電池のほうが軽い。**放電特性**はフッ化黒鉛リチウム一次電池のほうが放電電圧がフラットになる。これは反応の生成物が炭素であるため、放電が進むほど導電物質が増えて電池の内部抵抗が低く保たれるためだ。

◆ 塩化チオニルリチウム一次電池

塩化チオニルリチウム一次電池（塩化チオニルリチウム電池）の3.6 Vという公称電圧は、実用化されている一次電池のなかではもっとも高く、エネルギー密度も非常に高い。電池系記号はEだが、円筒形が一般的なため形状記号と合わせてER系と呼ばれることも多い。組み込み部品として使われることがほとんどなので、一般にはあまり流通していない。

塩化チオニルリチウム一次電池は、負極活物質にリチウム金属、正極活物質に塩化チオニルを使う。一次電池の活

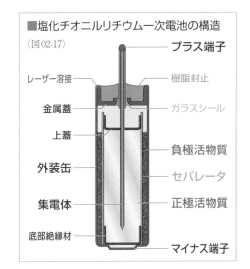

■塩化チオニルリチウム一次電池の構造
〈図02-17〉

- プラス端子
- レーザー溶接
- 樹脂封止
- 金属蓋
- ガラスシール
- 上蓋
- 負極活物質
- 外装缶
- セパレータ
- 集電体
- 正極活物質
- 底部絶縁材
- マイナス端子

物質は固体がほとんどだが、塩化チオニルは液体であり、正極活物質であると同時に電解液の溶媒としても機能する。溶質としてテトラクロロアルミン酸リチウム $LiAlCl_4$ を溶解して無機電解液として使用する。ただし、塩化チオニルは、水と反応すると有害な塩化水素と二酸化硫黄のガスを発生するので、電池材料からは水の完全な除去が必要になる。

塩化チオニルリチウム一次電池の電池反応は〈式02-18〜20〉で示される。放電時、正極では塩化チオニル $SOCl_2$ とリチウムイオンから、塩化リチウム $LiCl$ と二酸化硫黄 SO_2、硫黄 S が生成される。

負極反応　$4Li \rightarrow 4Li^+ + 4e^-$　・・・・・・・・・・・・・・・・・・・・・・・〈式02-18〉

正極反応　$2SOCl_2 + 4Li^+ + 4e^- \rightarrow 4LiCl + SO_2 + S$　・・・・・・・・〈式02-19〉

全電池反応　$4Li + 2SOCl_2 \rightarrow 4LiCl + SO_2 + S$　・・・・・・・・・・・・〈式02-20〉

正極活物質が液体であるためスパイラル構造にできないので、大電流放電についてはフッ化黒鉛リチウム電池より劣る。円筒形電池の内部は〈図02-17〉のように正極が内側のボビン構造だといえる。液体の正極活物質から集電するために、炭素棒を集電体として使用する。また、液漏れは非常に危険なのでガラスシールとレーザー溶接シールで完全密閉構造にされている。セパレータが配置されてはいるが、リチウムと塩化チオニルが接すると塩化リチウムの被膜ができる。塩化リチウムは固体電解質なのでセパレータとしても機能する。

◆ 酸化銅リチウム一次電池

　酸化銀電池は優れた一次電池だが価格が高い。その酸化銀電池を代替できる電池として開発されたのが**酸化銅リチウム一次電池（酸化銅リチウム電池）**だ。電池系記号は**G**だが、**コイン形**が一般的なため形状記号と合わせて**GR系**と呼ばれることも多い。電池の名称では単に**酸化銅**と呼ばれることがほとんどだが、実際には**正極活物質**に**酸化第二銅**とも呼ばれる**酸化銅（II）** CuO が使われる。**負極活物質**は**リチウム金属**であり、**電解液**には**有機溶媒**に過塩素酸リチウム $LiClO_4$ などの**リチウム塩**を溶かしたものを使用する。コイン形の構造は二酸化マンガンリチウム一次電池とほぼ同様だ（P229〈図02-11〉参照）。

　酸化銅リチウム一次電池の電池反応は〈式02-21～23〉で示される。放電時、正極では酸化銅 CuO が還元されて**金属銅** Cu になり、同時に**酸化リチウム** Li_2O が生成される。

$$負極反応 \quad 2Li \rightarrow 2Li^+ + 2e^- \quad \cdots\cdots\cdots\cdots\cdots〈式02-21〉$$

$$正極反応 \quad CuO + 2Li^+ + 2e^- \rightarrow Li_2O + Cu \quad \cdots\cdots\cdots〈式02-22〉$$

$$全電池反応 \quad 2Li + CuO \rightarrow Li_2O + Cu \quad \cdots\cdots\cdots\cdots〈式02-23〉$$

　酸化銀電池の代替が目的としたものなので、酸化銅リチウム電池の**公称電圧**は1.55 Vだ。容量は酸化銀電池と同等もしくは多少上回る程度だが、価格が安く、保存性は高い。ただし、メリットはさほど大きくなかったため、あまり普及しなかった。製造を中止したメーカーもあり、現在ではほとんど流通していなくなっている。酸化銅リチウム電池を使用する機器では酸化銀電池での代用が推奨されている。

◆ 硫化鉄リチウム一次電池

　アルカリ乾電池を超える高性能一次電池として開発されたのが**硫化鉄リチウム一次電池（硫化鉄リチウム電池）**だ。電池系記号は**F**だが、**円筒形**が一般的なため形状記号と合わせて**FR系**と呼ばれることも多い。電池の名称では単に**硫化鉄**にされていることも多いが、実際には**正極活物質**に**二硫化鉄** FeS_2 が使われているので、**二硫化鉄リチウム一次電池（二硫化鉄リチウム電池）**ともいう。**負極活物質**は**リチウム金属**であり、**電解液**には有

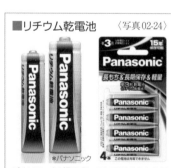

■リチウム乾電池　〈写真02-24〉

パナソニックが取り扱っているリチウム乾電池。このほかアメリカのエナジャイザー社のリチウム乾電池も国内で販売されている。

機溶媒に過塩素酸リチウム $LiClO_4$ などのリチウム塩を溶かしたものを使用する。二酸化マンガンリチウム一次電池と同じ**スパイラル構造**が採用されている（P229〈図02-09〉参照）。

硫化鉄リチウム一次電池の電池反応は〈式02-25〜27〉で示されることが多い。正極では二硫化鉄 FeS_2 が還元されて**金属鉄** Fe になり、同時に**硫化リチウム** Li_2S_2 が生成される。

負極反応 $2Li \rightarrow 2Li^+ + 2e^-$ ・・・・・・・・・・・・・・・・〈式02-25〉

正極反応 $FeS_2 + 2Li^+ + 2e^- \rightarrow Li_2S_2 + Fe$ ・・・・・・・・〈式02-26〉

全電池反応 $2Li + FeS_2 \rightarrow Li_2S_2 + Fe$ ・・・・・・・・・・・〈式02-27〉

公称電圧は1.5 Vなので1.5 V乾電池の代わりに使用できることが多く、**リチウム乾電池**という名称で販売されている。容量はアルカリ乾電池の3倍程度あるにもかかわらず、重量は35%程度軽くなる。また、低温時の特性も優れていて、15年の保存も可能とされている。ただし、**初期電圧**は1.8 Vあり、使用する機器によっては問題が発生するので注意が必要だ。

◆ その他のリチウム一次電池

このほかにも、**リチウム金属**を**負極活物質**に使用する一次電池にはさまざまなものがある。今後も新たな**リチウム一次電池**が登場してくる可能がある。

二酸化硫黄リチウム一次電池（二酸化硫黄リチウム電池）は、軍用トランシーバーや緊急位置送信機、AED（自動体外式除細動器）などのほか、宇宙分野でも使われている。負極活物質にリチウム金属、**正極活物質**に**二酸化硫黄** SO_2、**電解液**には**有機溶媒**に臭化リチウム LiBr を溶かしたものを使用する。二酸化硫黄はこの電解液に溶解した状態で使われている。**公称電圧**は3 V程度のことが多く、長時間にわたる小電流放電や短時間の大電流放電、短時間放電を繰り返すパルス放電などさまざまな状況に対応できる。

ヨウ素リチウム一次電池（ヨウ素リチウム電池）は、心臓ペースメーカーのほか、深海探査や気象観測、宇宙分野など過酷な環境で使われている。負極活物質はリチウム金属、正極活物質は**ヨウ素**だが、ポリ-2-ビニルピリジン（略称P2VP）と混合した状態で使われる。この電池には電解液もセパレータも当初は使われていないが、負極のリチウムと正極のヨウ素が接触すると、**固体電解質**である**ヨウ化リチウム** LiI ができ、正負極間の**イオン伝導体**として機能すると同時にセパレータとしても機能する。一次電池ではあるが**全固体電池**だといえる（P274参照）。公称電圧は3 V程度のことが多い。放電電流は微弱だが、放電末期まで一定の電圧を維持し、長期間安定に動作する。

リチウム二次電池

［エネルギー密度は犠牲になるがデンドライトは防がれている］

　リチウムの**デンドライト（樹枝状結晶）**を防ぐ方法の1つとして開発されたのが、リチウムを**アルミニウム**と合金化することだ。アルミニウムにはリチウムと広い範囲で合金を作る性質があるため、充電時に析出するリチウムはアルミニウム内に広く拡散して合金化しデンドライトが生成しなくなる。こうして実用化されたのが**リチウム二次電池（リチウム金属二次電池）**だ。

　リチウムアルミニウム合金内のアルミニウムは、電池反応に関与しない。反応に関与しない物質を加えるということは、エネルギー密度の面では不利だが、有利な面がある用途も存在する。たとえば、リチウム一次電池には、メモリーバックアップのために組み込み電池として機器の寿命まで使われるという用途があるが、寿命が長い機器では一次電池の容量では対応し切れない。こうした用途の場合、大きな容量は求められないが、**過充電**に強く**サイクル寿命**が長く、過酷な環境でも使える低コストの二次電池が求められるわけだ。

　リチウム金属二次電池は円筒形にするほど大きな容量は求められていないため、〈写真03-01〉のようなコイン形が一般的だ。端子が備えられているものも多い。

　以下に3種類のリチウム二次電池を説明しているが、共通の特徴としては、過放電や過充電に強いことがある。また、放電深度10%でのサイクル寿命は約1000サイクルある。放電深度を大きくするとサイクル寿命は短くなっていくが、メモリーバックアップの場合は深い放電深度で使われることは少ないので十分なサイクル寿命だ。しかも、−20〜60℃で使用でき、自己放電も小さい。自己放電率は室温で年2%程度だ。なお、いずれも**有機溶媒**に**リチウム塩**を溶かした**有機電解液**が使われている。

　リチウム二次電池は、コイン形がほとんどなので**コイン形リチウム二次電池**ということも多い。ただし、現在ではリチウムイオン電池にもコイン形のものが存在し、これらもコイン形リチウム二次電池と呼ばれることがある。

■二酸化マンガンリチウム二次電池
〈写真03-01〉

＊マクセル

マクセルの二酸化マンガンリチウム二次電池。端子やリード線とコネクターを備えたものも多い。

◆二酸化マンガンリチウム二次電池

二酸化マンガンリチウム二次電池は、負極活物質にリチウムアルミニウム合金、正極活物質に二酸化マンガンを使用する。マンガンリチウム二次電池やML系リチウム二次電池ということもある。二酸化マンガンリチウム一次電池を二次電池化するために、負極材料をリチウムアルミニウム合金に置き換えたものだといえる。基本的な構造も〈図03-02〉のように一次電池の場合と同様だ。

電池反応は〈式03-03〜05〉で示される。放電時、負極のリチウムアルミニウム合金 LiAl から、リチウムイオン Li^+ が電解液に溶出し、電子 e^- を電極に放出する。アルミニウム Al はそのまま電極に残る。正極の二酸化マンガン MnO_2 はリチウムイオンが層間に挿入され、マンガン酸リチウム $LiMnO_2$ になる。充電時には当然、まったく逆の反応が生じるが、リチウム金属が単独で析出することはなく、電極に残っていたアルミニウムと合金化するためデンドライトは生じない。負極の反応は合金化脱合金化反応になる。

負極反応 $LiAl \rightleftarrows Al + Li^+ + e^-$ ・・・・・・・・・・・・・・〈式03-03〉

正極反応 $MnO_2 + Li^+ + e^- \rightleftarrows LiMnO_2$ ・・・・・・・・・・・・〈式03-04〉

全電池反応 $LiAl + MnO_2 \rightleftarrows Al + LiMnO_2$ ・・・・・・・・・・・・〈式03-05〉

二酸化マンガンリチウム二次電池の公称電圧は3Vだが、満充電から放電を開始すると端子電圧が低下していき、2.5V程度になったところからはフラットで安定した電圧を示す。

二酸化マンガンリチウム二次電池に類似したものに、スピネル型マンガン酸リチウム $LiMn_2O_4$ を正極に使用するものがある。詳しくはリチウムイオン電池で説明するが、このマンガン酸リチウムは金属酸化物が形成する骨格構造の隙間にリチウムイオン挿入脱離できるため、二酸化マンガンと同じようにインターカレーション反応によって充放電が行える（P262参照）。電池としての特性もほぼ同様で、こちらもマンガンリチウム二次電池やML系リチウム二次電池ということがあるため、正極材料が明示されていないと区別がつかないこともある。

■二酸化マンガンリチウム二次電池の構造　〈図03-02〉

マイナス端子
（負極缶）

ガスケット

プラス端子
（正極缶）

負極活物質

セパレータ

正極活物質

■バナジウムリチウム二次電池

〈写真03-06〉

パナソニックのバナジウムリチウム二次電池。二酸化マンガンリチウム二次電池より高い放電電圧を維持することができる。

*パナソニック

◆ バナジウムリチウム二次電池

〈写真03-06〉のような**バナジウムリチウム二次電池**は、**負極活物質**に**リチウムアルミニウム合金**、**正極活物質**に**五酸化バナジウム**と呼ばれることも多い**酸化バナジウム（V）**を使用する。**VL系リチウム二次電池**ということもある。五酸化バナジウム V_2O_5 も**層状構造**をしていて、**リチウムイオン**を挿入脱離できるため、**インターカレーション反応**によって充放電を行うことができる。五酸化バナジウムは本来は電気伝導性が低いが、リチウムイオンが挿入されると電気伝導性が向上していく。構造は二酸化マンガンリチウム二次電池とほぼ同様だ（P235〈図03-02〉参照）

バナジウムリチウム二次電池の**公称電圧**は二酸化マンガンリチウム二次電池と同じく3Vだが、放電特性は異なる。二酸化マンガンリチウム二次電池は満充電状態から放電を開始すると端子電圧が低下していき2.5V程度の作動電圧で落ち着くのに対して、バナジウムリチウム二次電池は高い電圧を維持することができる。

◆ ニオブリチウム二次電池

ニオブリチウム二次電池は、**負極活物質**に**リチウムアルミニウム合金**、**正極活物質**に**五酸化ニオブ**と呼ばれることも多い**酸化ニオブ（V）**を使用する。**NBL系リチウム二次電池**ということもある。五酸化ニオブ Nb_2O_5 も**リチウムイオン**を挿入脱離できるため、**インターカレーション**反応によって充放電を行うことができる。コイン形の構造は二酸化マンガンリチウム二次電池とほぼ同様だ（P235〈図03-02〉参照）

ニオブリチウム二次電池は、低電圧で動作するICを使用する機器の省電力化を目指したもので、他のリチウム二次電池に比べると**公称電圧**が低く、2Vとされている。満充電状態から放電を開始すると端子電圧が低下するが、1.2V程度になったところからはフラットで安定した電圧を示す。

第10章

リチウムイオン電池

リチウムイオン電池の概要

［長きにわたる研究開発の末に誕生した二次電池］

　リチウム電池の二次電池化の研究の過程で、**インターカレーション反応**によって**リチウムイオン**を挿入したり脱離したりできる電極材料がさまざまに開発された。こうした電極材料のなかでも**炭素系材料**はリチウム金属を負極に使った場合に近い電位を示すことが見出され、しかも挿入脱離の可逆性が高く、その容量も大きいことが判明した。これにより負極に炭素系材料、正極にも同じくインターカレーション反応によってリチウムイオンを挿入脱離できる電位の高い材料を組み合わせた二次電池がソニー・エナジー・テックによって実用化された。それが〈写真01-01〉のような**リチウムイオン電池**だ。

　リチウムイオン電池は、二次電池であることを明示して**リチウムイオン二次電池**ということもある。英語表記である"lithium-ion battery"から**LIB**もしくは**LiB**と略されたり、**Li-ion電池**と表記されることもある。なお、電池の名称は、使われている活物質から名づけられていることが多いが、リチウムイオン電池は動作原理で重要な役割を果たしているリチウムイオンから名づけられている。実際、〈表01-02〉のように正極と負極の活物質はさまざまなものがあり、これらを総称してリチウムイオン電池という。正負極の活物質の組み合わせによって特性も変化する。

　現在ではリチウムイオン電池が二次電池の主流だ。形状のバリエーションも多く、内部の構造もさまざまにあり、ウエアラブル端末に使われる小さなものから、電気自動車に使われる大きなものまである。もちろん組電池で使われることも多く、電力貯蔵のために大規模なシステムが構成されることもある。

■世界初の実用リチウムイオン電池

〈写真01-01〉

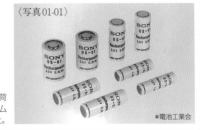

写真は1991年にソニー・エナジー・テックが世界に先駆けて出荷を開始したリチウムイオン電池の初出荷モデル。ここからリチウムイオン電池の発展が始まり、さまざまなメーカーが参入していった。

※電池工業会

■ リチウムイオン電池の分類　〈表01-02〉

◆形状よる分類	◆セル構造による分類	◆正極活物質による分類	◆負極活物質による分類
＊円筒形	＊巻回電極	＊コバルト酸リチウム	＊黒鉛
＊ピン形	＊積層電極	＊NCA系(ニッケル系)	＊非黒鉛系炭素材料
＊コイン形	…その他	＊NMC系(三元系)	＊チタン酸リチウム
＊角形		＊マンガン酸リチウム	…その他
＊ラミネート形		＊リン酸鉄リチウム	
…その他 組電池		…その他	

◆ リチウムイオン電池のメリットとデメリット

リチウムイオン電池の最大のメリットは**起電力**が大きく、**エネルギー密度**が高いことだ。公称電圧は3.7 V程度のものが多い。他のメリットを活かすために公称電圧を2.4 V程度にしているものもあるが、それでも他の二次電池より高い。質量あたりでも体積あたりでもエネルギー密度はニッケル水素電池の約2倍あり、実用化されている二次電池のなかではもっとも高い。

電池反応が**インターカレーション反応**であるため電極が劣化しにくく**デンドライト**も生じにくいため、**サイクル寿命**が長いのも大きなメリットだ。ほかにも、**自己放電**が少ない、**充放電効率**が高い、**メモリー効果**がない、低温でも動作できるといったメリットもある。活物質などに選択肢があり、求められる用途に応じた特性にしやすいというのもメリットだといえる。

いっぽう、リチウムイオン電池は他のリチウム系電池と同様に、**有機電解液**を使う必要がある。有機電解液には**電位窓**が広くなるというメリットがあるものの、水系電解液より**電気伝導率**が低いため、リチウムイオン電池は大電流放電が得意ではない。しかし、このデメリットは構造の工夫などでかなり改善されている。出力密度は活物質を微粒子化して反応面積を大きくしたり、電極やセパレータを薄くしたりすることで高められる。ただし、こうした構造にすると、使用する集電体やセパレータの枚数が多くなって体積も重量も増すため、エネルギー密度の面では不利になる。

また、有機溶媒は可燃性であるため、安全性を高める必要があるのもデメリットだ。他の二次電池でもガス排出機構が備えられることがあるが、リチウムイオン電池では電流を流れにくくしたり遮断したりする機構がセル自体に盛り込まれることがある。こうした安全機構の分だけエネルギー密度で不利になる。

このほか、**過充電**や**過放電**に非常に弱いのもリチウムイオン電池の大きなデメリットだ。そのため、電池の状態を監視保護したり、充放電を制御する回路が不可欠になる。

リチウムイオン電池の動作

[リチウムイオンが正負極間を移動して充放電を行う]

　リチウムイオン電池の負極と正極の材料の組み合わせはさまざまにあるが、ここでは最初に広く普及した組み合わせで動作原理を説明する。**負極活物質**には**黒鉛**、**正極活物質**には**コバルト酸リチウム**を使用する。どちらも**層状構造**で、層間に**リチウムイオン**を挿入脱離することができる。負極の黒鉛 C は、リチウムイオン Li^+ が挿入されるとLiC_6になり、正極のコバルト酸リチウム $LiCoO_2$ はすべてのリチウムイオンが脱離すると CoO_2 になる。

　リチウムイオン電池の構造を模式的に示すと〈図02-01〉のようになる。図では層状構造を棚のように描いている。正負極ともに**集電体**を使うのが一般的で、**電解液**には**リチウム塩**を溶かした**有機溶媒**を使用する。また、原理上は**セパレータ**がなくても電池として成立するが、通常はセパレータを使用する。

　充放電反応は〈式02-02〜04〉で示される。なお、式中のxは、満充電時に負極に挿入されているリチウムイオンの量と、放電時に引き抜いたリチウムイオンの量の比を示しているので、$0 \leqq x \leqq 1$の範囲にある。放電時には、電位の低い負極から電位の高い正極へ外部回路を通って**電子** e^- が移動する。電子が出ていった負極では**プラスの電荷**が過剰になる。

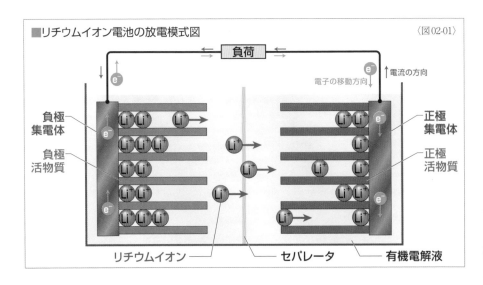

■リチウムイオン電池の放電模式図　〈図02-01〉

負荷

電子の移動方向　電流の方向

負極集電体　負極活物質

正極集電体　正極活物質

リチウムイオン　セパレータ　有機電解液

このアンバランスを解消して**電気的に中性**な状態を保つために、負極活物質である**リチウム炭素層間化合物** Li_xC_6 の層間に挿入されていたリチウムイオン Li^+ が脱離し、電解液中に入る。いっぽう、電子が流れ込んだ正極では**マイナスの電荷**が過剰になる。このアンバランスを解消して電気的に中性な状態にするために、電解液中のリチウムイオンが正極活物質である $Li_{1-x}CoO_2$ の層間に挿入される。放電が進むと x の値が大きくなっていく。

負極反応　$Li_xC_6 \rightleftarrows 6C + xLi^+ + xe^-$ ・・・・・・・・・・・・・〈式02-02〉

正極反応　$Li_{1-x}CoO_2 + xLi^+ + xe^- \rightleftarrows LiCoO_2$ ・・・・・・・・・〈式02-03〉

全電池反応　$Li_xC_6 + Li_{1-x}CoO_2 \rightleftarrows 6C + LiCoO_2$ ・・・・・・・・〈式02-04〉

充電時には、まったく逆の反応が生じる。負極に電子が供給されると、Li_xC_6 の層間にリチウムイオンが挿入され、電子が引き抜かれる正極では $Li_{1-x}CoO_2$ からリチウムイオンが脱離する。充電が進むと x の値が小さくなっていく。

式に x が入っているとわかりにくいので、放電の際にリチウムイオンが挿入されてコバルト酸リチウムになった部分だけと、それに対応する負極の部分だけを考えてみると、〈式02-05〜06〉のように示すことができる。コバルトの**酸化数**は〈+4〉から〈+3〉になっているので**還元**されている。つまり、4価のコバルトイオン Co^{4+} から3価の Co^{3+} に還元されている。実際にはさらに複雑だが、このようなリチウムイオンの挿入脱離にともなうコバルトイオンの酸化還元が正極の電位に大きな影響を与えている。

負極反応　$LiC_6 \rightarrow 6C + Li^+ + e^-$ ・・・・・・・・・・・・・・・・・〈式02-05〉

正極反応　$CoO_2 + Li^+ + e^- \rightarrow LiCoO_2$ ・・・・・・・・・・・・・〈式02-06〉

なお、$0 \leqq x \leqq 1$ と最初に説明したが、実際には $x > 0.5$ になるとコバルト酸リチウムの結晶構造が変化して、リチウムイオンを挿入脱離しにくくなり、$x = 1$ に近づくと、結晶構造そのものが不安定になる。そのため、サイクル寿命のよい $0 \leqq x \leqq 0.5$ 程度の範囲で使われていることが多い（上限がさらに低いこともある）。結果、コバルト酸リチウムの理論容量密度は $274\,Ah/g$ だが、実容量密度は $120 \sim 140\,Ah/g$ 程度になっている。

黒鉛負極のリチウムイオンの挿入脱離に対する電極電位は $0.07 \sim 0.23\,V$（vs. Li^+/Li）と非常に低い。いっぽう、コバルト酸リチウム正極のリチウムイオンの挿入脱離に対する電極電位は $4\,V$ を超えているが、正極全体の電位は x の値によって変化していく。結果、$0 \leqq x \leqq 0.5$ の範囲の場合、電池の端子電圧は $3.0 \sim 4.2\,V$ 程度になる。

◆ インターカレーション反応とロッキングチェア形電池

層状構造や骨格構造などの隙間をもつ物質に、他の物質を挿入することをインターカレーションやインサーションという。逆に挿入された物質を脱離させることをデインターカレーションやデインサーションというが、本書では挿入と脱離の双方を含めてインターカレーション反応としている。こうした結晶構造などを維持したまま表面や内部の原子やイオンの交換が進行する化学反応はトポケミカル反応やトポ化学反応ともいう。

リチウムイオン電池の正極と負極では、充放電の際にインターカレーション反応が生じる。前ページの〈式02-05〜06〉で示したように、放電時に負極では活物質が LiC_6 から $6C$ に変化し、正極では CoO_2 が $LiCoO_2$ に変化し、充電時には逆の変化になる。反応式だけを見れば活物質の組成が変化しているが、挿入されているリチウムはイオンの状態を保っていて活物質の基本的な結晶構造は変化していない。そのため、インターカレーション反応では溶解や析出は起こらない。リチウムイオン電池でも基本的な反応では析出が起こらないので、デンドライトを心配する必要がないうえ、電極が劣化しにくくサイクル寿命が長くなる。ただし、まったく劣化しないわけではない。インターカレーション反応では挿入されると活物質が膨張し、脱離すると収縮する。その繰り返しによって電極はやはり劣化していく。

リチウムイオン電池では放電時には負極のリチウムイオンが正極に移動し、充電時には正極のリチウムイオンが負極に移動する。一方の電極で減少したリチウムイオンの量と、もう一方の電極で増加したリチウムイオンの量は必ず等しい。そのため、電解液中のリチウムイオンは充放電において濃度が変化しない。このように動作する二次電池を、イオンの行き来する動きに見立ててロッキングチェア形電池やシーソー形電池、シャトルコック形電池という。

ロッキングチェア形に対して、鉛蓄電池などのように溶出したイオンが電解液内に蓄えられる電池をリザーブ形電池という。リザーブ形電池の場合、電池の容量に見合った量のイオンが蓄えられるように電解液の量を確保しなければならない。"reserve"の意味は「予約」であり、電解液にイオンを確保する場所を予約しているということになる。いっぽう、ロッキングチェア形電池の場合、電解液はリチウムイオンが通過するだけの場所なので、必要最小限の量に抑えることができる。結果、活物質の量を多くできるため、実容量の面で有利になる。

リチウムイオン電池には明確な定義はないが、広義に捉えた場合、インターカレーション反応を利用してリチウムイオンが正負極を行き来するロッキングチェア形電池だといえる。しかし、狭義に捉える考え方のなかには、負極活物質は炭素系の材料でなければならないとされることもある。

◆リチウムイオン電池のSEI（固体電解質界面）

　リチウムイオン電池の実用化を可能にした大きな要素の1つは、負極に適した材料として炭素系材料が見出されたことだ。炭素負極はリチウムイオンを挿入脱離するだけでなく、その表面に形成される被膜が電池の動作において重要な役割を果たす。

　リチウムイオン電池は、リチウムイオンが挿入された正極材料と、リチウムイオンが挿入されていない炭素負極で製造し、最初に充電することで電池が使えるようにする。充電時の負極の電位は低く、**電解液**の**有機溶媒**が**還元分解**される電位にある。この有機電解液の還元分解という副反応によって初回充電時には負極の表面に複数の無機リチウム化合物や有機化合物からなる**不動態被膜**が形成される。この被膜はリチウムイオンの伝導性がある**固体電解質**であるため**固体電解質界面**といい、その英語 "solid electrolyte interphase" の頭文字から**SEI**ということが多い。SEIの生成に電気容量（還元電流）が使われるため、初回放電容量は初回充電電気量より小さくなる。その際に失った容量を**不可逆容量**という。

　SEIの厚さは数nm〜30nm程度という薄いものだが、電子伝達性がなく被膜によって負極炭素と電解液が直接触れなくなるので電解液の分解が防がれる。いっぽう、リチウムイオンの伝導性はあるので充放電は行える。〈図02-07〉のように電解液中ではリチウムイオンは**溶媒和**しているが、SEI表面で溶媒和から外れてリチウムイオンが炭素系材料に拡散していく。

　SEIは充放電を繰り返していくと厚さが変動することがある。薄すぎれば電解液の分解が防げなくなるし、逆にSEIが厚いとリチウムイオンの移動の抵抗が大きくなって内部抵抗が大きくなる。そもそも、厚い被膜の形成には多くの電気量（容量）が使われるため、不可逆容量も大きくなる。そのため、炭素負極を使用する場合、必要最小限の厚さのSEIを形成し、以降も安定に制御することが重要になる。

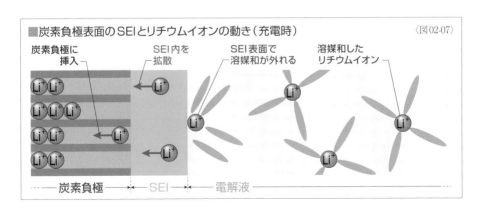

■炭素負極表面のSEIとリチウムイオンの動き（充電時）　〈図02-07〉

炭素負極に挿入　／　SEI内を拡散　／　SEI表面で溶媒和が外れる　／　溶媒和したリチウムイオン

炭素負極 ──→ ── SEI ── ── 電解液 ──

◆リチウムイオン電池の劣化と過充電、過放電

リチウムイオン電池では、充放電によって電極の膨張収縮が繰り返される。溶解析出する電極に比べれば劣化は遅いものの、膨張収縮によって電極は劣化していき容量が低下する。膨張収縮によって集電体との密着が保てなくなり、**内部抵抗**が大きくなることもある。

SEIは炭素負極には不可欠なものだが、充放電を繰り返すと厚みを増していくことがある。厚くなるとSEI部分の内部抵抗が大きくなる。電解液は必要最小限の量にされているので、SEI生成で分解されて減少すると電解液の内部抵抗も大きくなる。SEI生成でリチウムイオンが消費されると、充放電に利用できるリチウムイオンが減少して容量が低下する。

過充電や**過放電**の状態にしてしまうと、電池の劣化が一気に進むばかりか**熱暴走**に至ることもある。過充電では正極から定められた以上のリチウムイオンが脱離するため、結晶構造が不安定になったり壊れたりして容量が低下する。過充電では電解液の**酸化分解**でさまざまなガスが発生する。また、過放電の場合も、電解液の**還元分解**によってさまざまなガスが発生する。分解による電解液の減少は電池を劣化させるうえ、ガスの発生は二次電池にとっては致命的なダメージだといえる。

また、充電時に規定値より大きな電流を流すと負極へのリチウムイオンの挿入が間に合わなくなり**リチウム金属**が析出する。炭素負極を用いたリチウムイオン電池を0℃以下の低温で充電した場合もリチウム金属が析出しやすい。**デンドライト**が生じれば、事故に至ることもある。経年劣化が積み重なっていくと、適正な状態で使用を続けていても、リチウム金属が析出したり、電解液が分解されることがある。こうしたさまざまな要因で容量が低下していったり、内部抵抗が大きくなっていったりすることで、リチウムイオン電池は寿命に至る。

◆リチウムイオン電池の熱暴走

リチウムイオン電池が陥るもっとも危険な状態が**熱暴走**だ。熱暴走とは**内部短絡**や**過充電**などをきっかけに、電池内部の特定の部分が発熱し、その発熱がさらに他の部分の発熱を引き起こし、電池温度の上昇が続くことで、最終的に発火や破裂に至る。

たとえば、物理的な衝撃や**デンドライト**で内部短絡が生じると負極が発熱する。熱くなった負極は電解液を分解し、その反応熱でさらに温度が上昇する。セパレータがメルトダウンすると、内部短絡が拡大してさらに発熱し、正極が熱分解して酸素を放出する。酸素は電解液から気化した可燃性のガスと激しく反応してさらに温度が上昇する。熱暴走末期には正極集電体のアルミニウム箔と正極活物質の**テルミット反応**が生じ1000℃以上になる。

過充電をきっかけとする場合は、まず過充電によって正極の結晶が崩壊する。この崩壊過程で発熱反応が生じ、熱暴走に至る発熱の連鎖が始まる。

◆ リチウムイオン電池の充電

　リチウムイオン電池の**充電**では、**過充電**に注意する必要がある。ニッケル水素電池の場合は電圧や温度の変化で満充電を判断できるが、リチウムイオン電池にはこうした方法が使えない。一般的には**定電流定電圧充電**（**CC-CV充電**）が行われる。

　公称電圧が3.6〜3.7 Vのリチウムイオン電池の場合、**充電電圧**は4.2 V、**充電電流**は1C以下に指定されていることが多い。完全放電からの充電は〈図02-08〉のように進行する。当初は1C以下の**定電流充電**で開始する。時間の経過とともに容量が増えていき端子電圧が上昇していく。端子電圧が4.2 Vに達したら4.2 Vの**定電圧充電**に移行するが、次第に流れる電流は小さくなっていく。定電流充電の間は容量の増加は速く、端子電圧が4.2 Vに達した時点ではSOC90%程度に達している。この時点で**Cレート**から求められる充電時間のほとんどを使っているが、以降の定電圧充電では容量の増加が非常に遅くなるため、満充電には長い時間がかかる。たとえば、1C充電は1時間で満充電になる電流で充電を行うことだが、リチウムイオン電池の場合は電池を保護するために最終段階で定電圧充電に移行する必要があるため、満充電に2.5時間程度かかる。そのため、リチウムイオン電池は**急速充電**が難しいといわれるが、たとえば、1C充電でも充電開始1時間後には90%程度は充電できている。電池の容量をSOC90%と割り切れば、急速充電できるといえる。

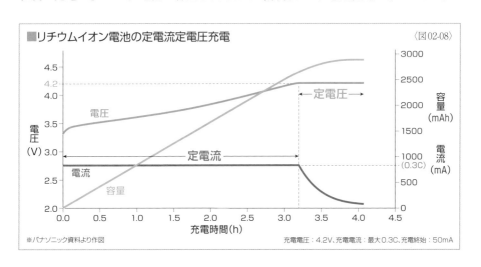

■リチウムイオン電池の定電流定電圧充電　〈図02-08〉

※パナソニック資料より作図　　　　充電電圧：4.2V、充電電流：最大0.3C、充電終止：50mA

リチウムイオン電池の構造

［薄い電極を使った巻回電極か積層電極が主に使われる］

　リチウムイオン電池の形状は円筒形や角形のほか、**ラミネート形**などがあり、大きさもさまざまだ。円筒形のバリエーションとして**コイン形**や**ピン形**、またピン形と似た形状だが基板に直接実装するためにリード線を備えたものもある。正極活物質の層と負極活物質の層がそれぞれ1層ずつしかないコイン形のような例外もあるが、ほとんどのリチウムイオン電池では薄い金属箔を集電体にした**合剤電極**を使った**巻回電極**か**積層電極**が使われている。

◆リチウムイオン電池の電極

　巻回電極でも積層電極でも、**合剤電極**の一般的な作り方は同じだ。合剤電極の構造を模式的に示すと〈図03-01〉のようになる。まず**活物質**の粉末に**導電助剤**や**結着剤**などを加え、適切な**溶剤**で混錬したペースト状の**合剤**を作る。この合剤を集電体である金属箔の表裏に塗布し、乾燥後に押圧し、必要な大きさに裁断して製造する。活物質層は数十〜百μmにされる。極板を薄くすると**エネルギー密度**の面では不利だが、**出力密度**が大きくなる。たとえば、大電流が求められないスマートフォンのような電子機器に使う電池では、エネルギー密度を優先して厚めの電極を使用し、逆に電気自動車の電池には大電流が求められるので、エネルギー密度は多少犠牲になるが薄い電極を使用する。

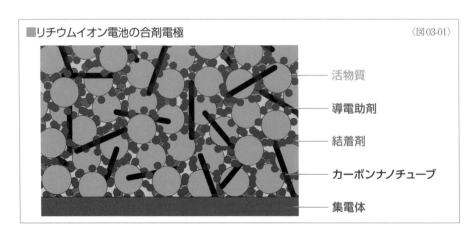

■リチウムイオン電池の合剤電極　　　　　〈図03-01〉

活物質
導電助剤
結着剤
カーボンナノチューブ
集電体

正極と負極の活物質と電解液については以降の節で詳しく説明するので、ここでは活物質に加えられる導電助剤と結着剤、さらに集電体について説明する。また、セパレータについては次ページで説明する。

●導電助剤

導電助剤には他の多くの電池と同じように、炭素系の材料が使われる。アセチレンガスを熱分解して得られる**アセチレンブラック**や、不純物の少ない原料油の不完全燃焼により生成する**ケッチェンブラック**が一般的だが、充放電によって活物質に膨張収縮が生じても導電性を保つために、高価な先端素材である**カーボンナノチューブ**や**カーボンナノファイバー**を混ぜることもある。

●結着剤

結着剤（バインダー）には、電極内の強い酸化環境、還元環境に耐え電気化学的に安定であること、電解液に溶解しないことはもちろん、活物質同士や集電体と確実に結着させることなどが求められる。樹脂系の結着剤が一般的だが、より結着性が高いゴム系の採用も増えている。樹脂系の場合は有機溶剤を使って合剤を混錬し、ゴム系では水系の溶剤を使う。代表的な樹脂系の結着剤は**ポリフッ化ビニリデン**（PVDF）で主に正極に使われている。ゴム系では**スチレンブタジエンゴム**（SBR）が代表的で主に負極に使われている。

●集電体

集電体には数〜数十μmの薄い**金属箔**が使われるので、**集電箔**ということも多い。正極には**アルミニウム箔**、負極には**銅箔**を使うのが一般的だ。

アルミニウムは**電気伝導率**が高いうえ、大気中などで表面に形成される酸化被膜が**不動態被膜**になるため耐食性が高い。電池内で初回充電時にはさらに耐食性が高いフッ化アルミニウムの被膜が形成される。比重が小さく、低コストでもある。アルミニウムは本来はリチウムと合金化しやすい金属だが、正極の電位であれば合金化することはない。

負極の集電体にも不動態被膜によって守られるアルミニウム箔を使いたいところだが、負極の電位ではリチウムと合金化してしまうため使えない。そのため、負極の集電体には**標準電極電位**が高い銅が使われる。銅も電気伝導率が高く、耐電解液性、耐酸化性などの耐性がある。また、低コストであり、加工性にも優れているが、正極に銅箔を使用すると充電時に溶解してしまう。

なお、**チタン酸リチウム**（P266参照）を負極活物質に使用する場合は、負極の電位が高くなるため、アルミニウム箔を負極集電体にも使うことができる。

◆ リチウムイオン電池のセパレータ

セパレータは電解液や活物質などに対して電気化学的・化学的に安定性があり、絶縁性が高く、リチウムイオンを通しやすいことが求められる。また、**有機電解液**は水系電解液よりも**電気伝導率**が低いので正極と負極を近くする、つまりセパレータに薄さが求められる。薄さは**出力密度**や**エネルギー密度**の面で有利だが、機械的強度とはトレードオフの関係にある。さらにリチウムイオン電池のセパレータには**シャットダウン機能**を備える必要がある。

シャットダウン機能とは、短絡などによって異常発熱を起こした際に、〈図03-02〉のようにセパレータが溶融して細孔をふさいでイオンが通れないようにし、以降の電池反応を停止させるものだ。溶融によって安全を保つという動作が似ているため**ヒューズ機能**ということもある。

さまざまなセパレータの研究開発が続いているが、現在の主流はポリエチレンやポリプロピレンなどのポリオレフィン系の樹脂を使ったもので、不織布ではなく多孔膜にされている。孔の径は0.1〜0.5μmと極めて小さいため、微多孔膜ということも多い。厚さは10〜20μmのものが多いが10μm未満のものもある。耐熱性を高めたり電極との親和性を高めたりする目的で、コーティングが施されることもある。

安全性を高めるために**多層セパレータ**が使われることもある。たとえば、融点が異なるポリエチレン（融点約135℃）とポリプロピレン（融点約165℃）を積層したものなら、ポリエチレン層が溶融してシャットダウン層として機能して反応を停止させた以降も、ポリプロピレン層が強度を維持でき、メルトダウンの温度を高くすることができる。

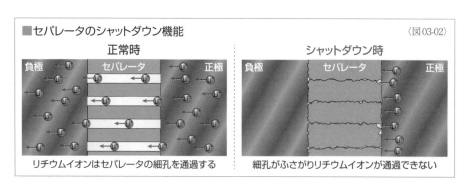

■セパレータのシャットダウン機能　　　　　　　　　　　　　〈図03-02〉

正常時：リチウムイオンはセパレータの細孔を通過する

シャットダウン時：細孔がふさがりリチウムイオンが通過できない

◆ 円筒形リチウムイオン電池

円筒形は電池の基本形状といえるものだ。ソニーが最初に実用化したのも**円筒形リチウムイオン電池**だった。リチウムイオン電池には公的機関が定めたサイズなどの規格はない。

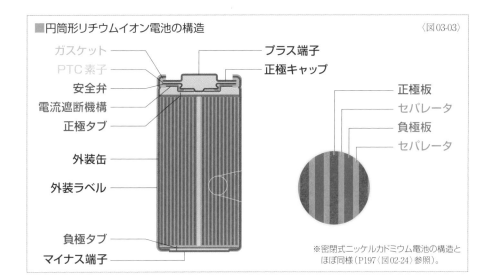

■円筒形リチウムイオン電池の構造　　　　　　　　　　　　　　　〈図 03-03〉

ガスケット
PTC素子
安全弁
電流遮断機構
正極タブ
外装缶
外装ラベル
負極タブ
マイナス端子

プラス端子
正極キャップ

正極板
セパレータ
負極板
セパレータ

※密閉式ニッケルカドミウム電池の構造と
ほぼ同様（P197〈図 02-24〉参照）。

最初に実用化された電池のサイズは機器の要求に応じたものであったが、そのサイズである直径18 mm×高さ65 mmがデファクトスタンダードになり、18650形と呼ばれるようになり、多くの電池メーカーが製造している。現在ではさまざまなサイズのものがあり、複数のメーカーが製造しているものもあれば、特定のメーカーだけが製造しているサイズもある。これらでは、18500形、14500形、21700形、26650形といったように、最初の2桁が直径、次の2桁が高さをミリ単位で示し、最後に0を加えるのが慣例になっていたが（最後の0は円筒形を示すともいわれる）、最後の0を省略した4桁表示も増えてきていて、最近になって登場してきた直径46 mm×高さ80 mmのものは4680形と呼ばれている。もちろん、機器メーカーの要望に応じたサイズや仕様のカスタム設計品の円筒形が作られることもある。

　円筒形リチウムイオン電池の構造は、ニッケル水素電池などの場合と同じく、〈図 03-03〉のように正極-セパレータ-負極-セパレータの順に重ねて巻いた巻回体が金属製の外装缶に収められている。容易に加工できるかしめ加工（クリンプ加工）を封口に採用しているため、機械的強度や加工性に優れたニッケルめっきした鉄缶が使われるのが一般的だ。ニッケルめっき鉄外装缶の場合、底部がマイナス端子になり、プラス端子を備えた正極キャップで上部がふさがれる。正極キャップの内側には安全機構が備えられる（次ページ参照）。

　巻回電極を用いる円筒形は低コストで製造でき、体積エネルギー密度がもっとも高くなる。組電池にした場合はセルとセルの間に隙間ができやすいので、体積エネルギー密度の面で不利になるが、その隙間を電池の冷却に利用することもある。

◆リチウムイオン電池の安全機構

リチウムイオン電池では、充放電の監視や制御を外部の回路で行うが、**セル自体にも**安全機構が備えられていることがある。内圧が上昇した際にガスを逃す**ガス排出機構**はニッケル水素電池などにも備えられているが、リチウムイオン電池にはこうした**安全弁**に加えて、電流を抑制する**PTC素子**や、**電流遮断機構**が備えられていることがある。

正常な状態では〈図03-04〉のように、巻回電極の**正極タブ**から電流遮断機構、安全弁、PTC素子、**正極キャップ**の順に電流が流れている。多くの導体は温度が上昇すると電気抵抗率が高くなるが、**PTCサーミスタ**ともいうPTC素子はある特定の温度を超えると急激に電気抵抗率が高くなる。そのため、なんらかの原因で電池を流れる電流が増大して電池温度が上昇すると、〈図03-05〉のように素子の抵抗値が大きくなって電池を流れる電流を抑制して、電池反応を抑えることができる。

電流遮断機構は安全弁とともに機械的な接点を構成している。正常な状態では中央付近で電流遮断機構と安全弁が接触しているため、正極タブから正極キャップまでの電流経路が確保されているが、過充電などによるガスで内圧が高まると〈図03-06〉のように安全弁が内圧に押されて移動し、電流遮断機構との接触が断たれて、電池の電流が遮断される。

電流が遮断された以降も内圧がさらに高くなっていくと、〈図03-07〉のように安全弁が破断する。これによりガスが排出される。

■リチウムイオン電池の安全機構

〈図03-04〉

PTC素子　正極キャップ
正極タブ　安全弁　電流遮断機構

〈図03-05〉　抵抗値増大

温度上昇

温度上昇によってPTC素子の抵抗値が大きくなると電池の電流が流れにくくなる。

内圧上昇

〈図03-07〉

内圧さらに上昇

さらに内圧が高まって安全弁が破断すると内部のガスが放出される。

〈図03-06〉

内圧によって安全弁が浮き上がると接点が切れ電池の電流が流れなくなる。

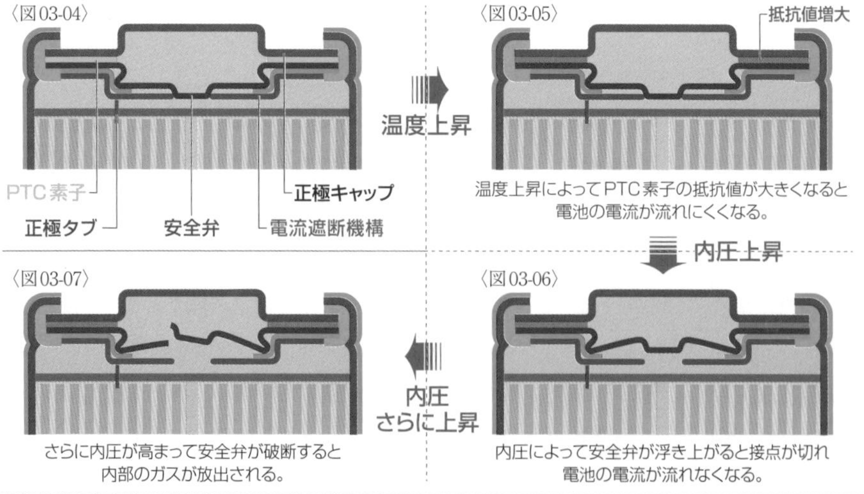

◆ピン形リチウムイオン電池と実装用リチウムイオン電池

　ピン形リチウムイオン電池は〈写真03-08〉のような形状で、もっとも小さなものは、直径3.65 mm×高さ20 mmで重さは0.5 gしかなく、容量は16 mAhある。ほかにも直径4.7 mmで高さ20 mmのものや25 mmのものがあり、ワイヤレスイヤホンや補聴器、リストバンド端末、スタイラスペンなどに使われている。

　基板に直接備えることが可能な**実装用リチウムイオン電池**は〈写真03-09〉のような形状で、同じく実装用部品であるコンデンサ（キャパシタ）などの形状によく似ている。写真のなかでもっとも小さなものは、直径3 mm×高さ7 mmで容量は0.35 mAhだ。これらの非常に小さいリチウムイオン電池も、基本的な形状は円筒形であり、**巻回電極**が採用されている。

■ピン形リチウムイオン電池と実装用リチウムイオン電池

〈写真03-08〉

写真左はパナソニックのピン形リチウムイオン電池。同社のピン形リチウム一次電池とよく似た形状をしている。写真右はニチコンのリチウムイオン電池SLBシリーズ。負極にはチタン酸リチウム（P266参照）を採用している。

＊パナソニック

〈写真03-09〉

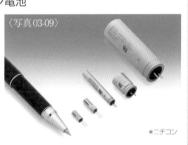

＊ニチコン

◆コイン形リチウムイオン電池

　コイン形リチウムイオン電池は、現状では広く使われているものではないが、ピン形と同じようにウエアラブル端末などの小さな機器に搭載しやすい。巻回電極などを採用しているものもあるが、多くのコイン形電池と同じような構造を採用しているものもある。〈図03-10〉のように**正極合剤**が収められた**正極缶**と**負極合剤**が収められた**負極缶**が、それぞれの合剤が**セパレータ**を介して向かい合うように接続され**封口体（ガスケット）**で密閉されている。

■コイン形リチウムイオン電池　　　　　　　　　　　　　　　　　　　　〈図03-10〉

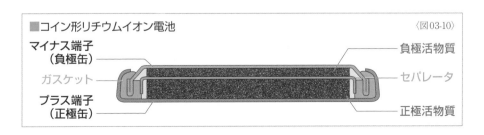

マイナス端子（負極缶）
ガスケット
プラス端子（正極缶）

負極活物質
セパレータ
正極活物質

◆ 角形リチウムイオン電池

　角形リチウムイオン電池は、携帯用電子機器に使われる小型のものから、電気自動車などに使われる〈写真03-11〉のような大きなものまである。小型の角形で、特に単セルで機器に使われるものは、放熱の面で有利なので薄いものが多い。

　角形は円筒形に比べるとカスタム設計品がさらに多く、機器メーカーの要望に応じたサイズや特性のものが作られる。角形の場合は6桁などの数字でサイズが示されていることがある。たとえば、パナソニックにはCGA103450やNCA103450のように1030450という数字が型番に含まれたものがあり、これらのサイズは10×34×50 mmだ。しかし、円筒形ほどには慣例化していない。

　角形リチウムイオン電池には、**巻回電極**を使用するものと**積層電極**を使用するものがある。巻回電極の作り方は円筒形の場合と同じだが、〈図03-12〉のように扁平にした巻回電極を角形の容器に収めている。電極を巻く中心軸が電池の上下方向になっているものを**横巻き電極**、電極の中心軸が電池の幅方向になっているものを**縦巻き電極**という。〈図03-12〉の電池では横巻きが採用されている。

　巻回電極を使うとデッドスペースが生じてしまうため、体積エネルギー密度の面では不利になるが、セルの機械的強度は高まるうえ、組電池にした場合も隙間なく並べることができる。電気自動車用の大型のものでは、〈図03-13〉のようにデッドスペースを減らすために1つのケースのなかに複数の巻回電極を収めることもある。

　積層電極の場合は、矩形にした極板とセパレータを、正極−セパレーター−負極−セパレーター……の順に重ねていく方法や、蛇腹状に折り畳んだセパレータの間に矩形にした正極と負極を交互に挿入していく方法、袋状にしたセパレータに負極を収めたものと正極を交互に

■角形リチウムイオン電池　　　　　　　　　　　　　　　〈写真03-11〉

三菱自動車が電気自動車などに採用する角形リチウムイオン電池。サイズは171×44×98 mmで、容量は50 Ah。リチウムエナジー ジャパンが製造している。

＊三菱自動車工業

■角形リチウムイオン電池の構造（巻回電極）　〈図03-12〉

安全弁

マイナス端子

レーザー封止

偏平巻回電極

外装缶
（プラス端子）

セパレータ

正極板

セパレータ

負極板

＊マクセル・カタログより

積み重ねていく方法などによって製造される。**偏平巻回電極**に比べると製造に手間がかかることになる。

　角形では封口にかしめ加工が使えないため、溶接で封口することが多い。溶接であれば鉄以外でも適用できるため、小型の角形では軽量化のためにアルミニウム合金が**外装缶**に使われることが多い。**アルミニウム合金外装缶**の場合、電位の関係から外装缶はプラス端子になり、キャップにマイナス端子が備えられる。大型の角形では機械的強度や耐久性を重視してステンレス鋼が外装缶に使われることが多い。**ステンレス鋼外装缶**の場合は安全性を高めるために外装缶の内側は絶縁し、プラス端子とマイナス端子は独立させることが多い。

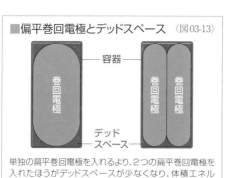

■偏平巻回電極とデッドスペース　〈図03-13〉

容器

巻回電極

巻回電極

巻回電極

デッドスペース

単独の偏平巻回電極を入れるより、2つの偏平巻回電極を入れたほうがデッドスペースが少なくなり、体積エネルギー密度を高められる。ただし、製造の手間は増える。

　なお、角形のなかでも特に小型のものの場合は、構造上および加工上の制約から、PTC素子や電流遮断機構を備えず、安全機構は**安全弁**だけのこともある。安全弁の構造も、外装缶壁に切り欠きを入れ、内圧上昇時にこの切り欠きが裂けることでガスの排出が行われるような簡単な機構のものが多い。

◆ ラミネート形リチウムイオン電池

ラミネート形リチウムイオン電池では、**アルミニウム箔**を芯材としその表面に**プラスチック箔**を被せた**ラミネート材**を使って電池の容器を作る。**パウチ形リチウムイオン電池**ということも多い。ラミネート形は後で説明する**リチウムイオンポリマー電池**（P271参照）のために考案されたものだったが、現在では一般的なリチウムイオン電池にも採用されている。最近ではポリマー電池であることが明示されていないことも多いので、外観からはリチウムイオン電池なのかリチウムイオンポリマー電池なのかわからないことも多い。

ラミネート形リチウムイオン電池は、角形と同じように携帯用電子機器に使われる〈写真03-14〜15〉のような小型のものから、電気自動車などに使われる〈写真03-16〜18〉のような大きなものまである。角形以上にカスタム設計品が多く、機器メーカーの要望に応じたものが作られる。慣例化しているわけではないが、角形の場合と同じように型番に含まれる6桁の数字でサイズが示されていることもある。

ラミネート形リチウムイオン電池では**扁平巻回電極**もしくは**積層電極**を使用する。電極の形状に合わせて成形したラミネート材のなかに電極を収め、端の部分を溶着して密封する。プラスとマイナスの端子も溶着部を通して導かれる。積層電極の場合は〈図03-19〉のような構造になる。

ラミネート材は薄くて軽いため、金属を外装に使用する角形や円筒形に比べて、質量でも体積でも**エネルギー密度**の面で有利だ。薄いものがほとんどなので、放熱性も優れている。角形では容器の成形に高度な加工が必要になるが、ラミネート形は角形より製造に手間がかからないため、製造コストが抑えられるといったメリットもある。

以前のデジタルカメラのようにユーザーが機器から電池を取り出して、充電器を使って充電するような機器の場合は、電池の扱いやすさから角形やケースに収めたバッテリーパック

■ラミネート形リチウムイオン電池

〈写真03-15〉

〈写真03-14〉

写真左は村田製作所のラミネート形リチウムイオン電池で、写真右はパナソニックのラミネート形リチウムイオン電池。外観からもラミネート材を使っていることがよくわかる。実際にはビニールなどの外装材で保護されていることもある。

＊村田製作所

＊パナソニック

■ラミネート形リチウムイオン電池とバッテリーモジュール、バッテリーパック

〈写真03-16〉

〈写真03-17〉

●バッテリーモジュール

*日産

〈写真03-18〉

●バッテリーパック

日産が電気自動車などに採用するラミネート形リチウムイオン電池。サイズは261×216×7.9 mmという大きなもので、重量は914 gもある。2019年に発売された62 kWhバッテリー搭載車のリーフe⁺では、288セルが使用され、16のバッテリーモジュールでバッテリーパックが構成されている。

が使われるが、スマートフォンのようにユーザーが電池を脱着する必要がない機器ではラミネート形の採用が増えている。ただし、ラミネート形は容器の機械的強度が高くないため、収められる機器の外装にしっかりと守られる必要がある。

なお、ラミネート形の場合は構造上の制約からPTC素子や電流遮断機構を収めることが難しく、機械的な安全弁も備えにくい。しかし、ラミネート材の溶着部自体が過大な内圧によってはがれるため、これが安全弁の役割を果たす。

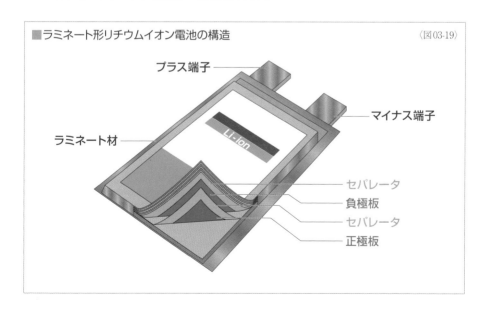

■ラミネート形リチウムイオン電池の構造

〈図03-19〉

プラス端子

マイナス端子

ラミネート材

Li-ion

セパレータ

負極板

セパレータ

正極板

◆リチウムイオン電池の組電池とBMS

リチウムイオン電池はそもそも公称電圧が高い。そのため、求められる電圧が低い電子機器に使われる小型の角形やラミネート形は単セルで使われることが多いが、機器によっては外装チューブでまとめて組電池にされることもあれば、ケースに収められたバッテリーパックにされることもある。大型のリチウムイオン電池の場合は、電気自動車用などのように求められる電圧も容量も大きくなるため、組電池をバッテリーモジュールとし、さらにこれらを組み合わせてバッテリーパックとして使われることも多い。

機器に備えられているのが単セルの場合は、充放電の監視や制御を行う回路だけが使われることもあるが、使われるセルの数が多くなるとバッテリーマネージメントシステム（BMS）が備えられる。自動車関連の場合は、バッテリー ECU（electronic control unit）などと呼ばれる。リチウムイオン電池の場合、充電時の電池温度の検出は不可欠なものではないが、電池メーカーが規定している充電温度範囲内に収まっていることを確認するために組電池などにサーミスタなどの温度センサーを備え、BMSで監視することもある。充電温度範囲は0～45℃程度が一般的だが、効率がよい最適な温度で電池を動作させるために、電気自動車などのバッテリーパックには冷却装置が備えられることもあり、BMSと連動して適温に維持される。

また、リチウムイオン電池ではセルの均等化が欠かせない。均等化を行わないと、各セルの容量を無駄なく使うことができないばかりか、過放電や過充電になってしまうこともある。こうしたセルの均等化をセルバランスという。高度な品質管理下で製造されたリチウムイオン電池でも、どうしても個体差は生じてしまう。バッテリーモジュールにした場合、配置された位置によって温度差が生じることがある。結果、個々のセルの充放電の進み具合に差が生じたり、劣化速度に差が生じたりする。

たとえば、直列で使用している3本のセルのそれぞれの充電状態が〈図03-20〉のような場合、3本全体の電圧だけを監視していたのでは、充電の際に〈図03-21〉のように一番SOCが高かったセルが過充電されたり、放電の際に〈図03-22〉のように一番SOCが低かったセルが過放電されたりしてセルの寿命が縮んでしまう。

〈図03-23〉のようにそれぞれのセルの電圧を個別に監視したとしても、セルごとに充放電電流の制御ができないと、充電の際に〈図03-24〉のように一番SOCが高かったセルが満充電電圧になった時点で充電を終了することになり、他のセルは満充電にすることができない。放電の際は〈図03-25〉のように一番SOCが低かったセルが放電終止電圧になった時点で

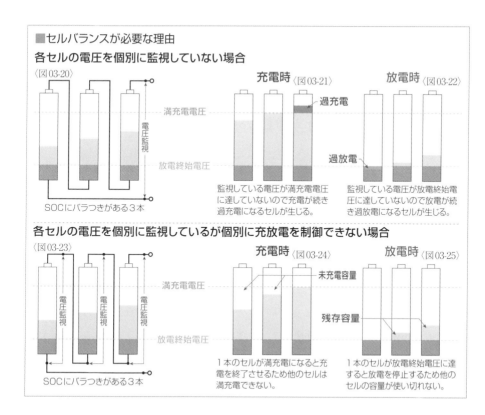

■セルバランスが必要な理由

各セルの電圧を個別に監視していない場合

〈図03-20〉

電圧監視

満充電電圧

放電終始電圧

SOCにバラつきがある3本

充電時〈図03-21〉

過充電

監視している電圧が満充電電圧に達していないので充電が続き過充電になるセルが生じる。

放電時〈図03-22〉

過放電

監視している電圧が放電終始電圧に達していないので放電が続き過放電になるセルが生じる。

各セルの電圧を個別に監視しているが個別に充放電を制御できない場合

〈図03-23〉

電圧監視 電圧監視 電圧監視

満充電電圧

放電終始電圧

SOCにバラつきがある3本

充電時〈図03-24〉

未充電容量

1本のセルが満充電になると充電を終了させるため他のセルは満充電できない。

放電時〈図03-25〉

残存容量

1本のセルが放電終始電圧に達すると放電を停止するため他のセルの容量が使い切れない。

放電が停止されてしまい、他のセルを使い切ることができない。これではセルの容量に無駄が生じてしまう。

　そのため、電池の電圧を個別に監視し、充放電も個別に制御できるようにしているのがBMSのセルバランス機能だ。セルバランスの方法には、パッシブ式とアクティブ式がある。**パッシブ式セルバランス**では、充電時に先に満充電になったセルに対して、充電電流を放電させることで、各セルの容量を均一化するが、放電させた充電電流は損失になってしまう。**アクティブ式セルバランス**では、先に満充電になったセルの充電電流を回生して他のセルを充電することで、すべてのセルが満充電になるようにするので、損失は生じない。こうしたセルバランスを実現するために、さまざまな制御回路がBMSに搭載されている。

　セルバランスはどんな二次電池にとっても重要なことだが、過充電や過放電に弱いリチウムイオン電池の場合は特に重要だ。そのため、電気自動車のような大きなシステムはもちろんだが、複数のリチウムイオン電池を直列で使用する際にはセルバランスが行われていることが多い。

リチウムイオン電池の正極材料

[現在の正極材料には3種類の結晶構造のものがある]

リチウムイオン電池が実用化できた要因の1つには、**正極材料**に適した物質として**コバルト酸リチウム**が見出されたことがある。コバルト酸リチウムはリチウムイオン電池の正極材料としては、バランスの取れた優れたものだが、デメリットも存在する。最大のデメリットは使用する**コバルト**が**レアメタル**であり、高コストで、安定供給にも不安が残ることだ。リチウム電池の二次電池化の過程では、さまざまな材料が研究されていたので、すぐに他の低コストな正極材料に置き換わると予想されていたが、すべての面でコバルト酸リチウムを上回る材料はまだ開発されていないため、現在でもある程度は使われ続けている。

もちろん、新たな正極材料がまったく開発されていないわけではないが、それぞれにメリットとデメリットが存在するため、用途やコスト、また電池メーカーやその電池を使用する自動車メーカーや機器メーカーの思惑などによって使い分けが行われている。

現在でもさまざまな正極材料が研究されているが、その全貌を取り上げることは難しい。ここでは現在実用化されている正極材料について説明する。実用化されている正極材料は、その結晶構造から**層状岩塩型構造**、**スピネル型構造**、**オリビン型構造**に大別することができる。層状岩塩型構造にはコバルト酸リチウムのほかに、**NCA系**や**NMC系**があり、スピネル型構造には**マンガン酸リチウム**、オリビン型構造には**リン酸鉄リチウム**がある。

◆ コバルト酸リチウム

コバルト酸リチウム $LiCoO_2$ は、構成元素の英語の頭文字から**LCO**と略されることもある。**層状構造**で、層間にリチウムイオンを挿入脱離することで**インターカレーション反応**が行える。層状構造の物質の**結晶構造**は、**共有結合**や**イオン結合**のような強い結合により形成されている平面層が、**ファンデルワールス力**のような弱い結合によって平面層に垂直な方向に積み重なった構造になっている。層状構造にはさまざまな種類があるが、コバルト酸リチウムの構造は**層状岩塩型構造**という。

本書では結晶構造を詳しくは説明しないが、動作原理の模式図（P240〈図02-01〉参照）でも説明したように棚板が積み重なった〈図04-01〉のような構造をイメージすればいい。層状

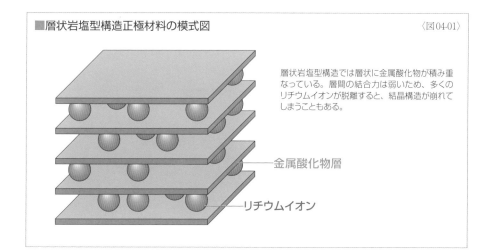

■層状岩塩型構造正極材料の模式図　　　　　　　　　　　　　〈図04-01〉

層状岩塩型構造では層状に金属酸化物が積み重なっている。層間の結合力は弱いため、多くのリチウムイオンが脱離すると、結晶構造が崩れてしまうこともある。

金属酸化物層

リチウムイオン

に平面層が積み重なっているわけだ。インターカレーション反応の際には、リチウムイオンがこの棚板の間を二次元的に移動することになる。棚板同士は一定の間隔を保っているのが基本だが、棚板にしっかりとした支えはない。層間に入ったリチウムイオンが棚板を支えていると考えてもいい。そのため、一定以上のリチウムイオンを引き抜いてしまうと、棚板が支え切れなくなり、結晶構造が崩れてしまう。結果、コバルト酸リチウム正極では全体の50%程度のリチウムイオンしか引き抜けない。

　引き抜けるリチウムイオンの割合に制限があるので、**実エネルギー密度**の面では不利だが、現状実用化されている他の層状岩塩型構造の正極材料に比べて大きく劣るものではない。起電力も十分に高い。また、引き抜くリチウムイオンの割合を一定以下に抑えれば、ある程度のサイクル寿命も確保することができる。現在では、サイクル寿命を延ばすためにコバルト酸リチウムをさまざまな金属酸化物で被覆することも行われている。さらに、製造が容易であることもコバルト酸リチウム正極のメリットだといえる。

　しかし、先にも説明したようにコバルトは高コストという大きなデメリットがある。もう1つの大きなデメリットが**熱安定性**が低いことだ。コバルト酸リチウムは200 ～ 300℃で熱分解し、発熱して酸素を放出するため、過充電などで発熱すると**熱暴走**に至りやすい。

　小型の携帯用電子機器の場合は放電電流もさほど大きくないのでコバルト酸リチウムが採用されていることもあるが、流れる電流が大きくなることもあり、しかも多数のセルを使用する電気自動車などでは熱暴走の危険性を見逃すことはできない。そのため、電気自動車やハイブリッド自動車にはコバルト酸リチウムは使われていない。

◆ニッケル酸リチウムとマンガン酸リチウム

　コバルト酸リチウムによる**リチウムイオン電池**が実用化された当時から、同じ**層状岩塩型構造**をもつ**ニッケル酸リチウム** $LiNiO_2$ も同等の特性を期待できることから盛んに研究されてきている。**ニッケルもレアメタル**であり、さまざまな用途で需要が増え続けているが、コバルトに比べれば低コストだ。

　起電力はコバルト酸リチウムよりわずかに低いが、**理論容量密度**はほぼ等しいうえ、ニッケル酸リチウム正極では全体の70%程度までリチウムイオンを引き抜くことができるため、コバルト酸リチウムより**実エネルギー密度**は大きくなる。

　しかし、ニッケル酸リチウムは**熱安定性**が劣る。コバルト酸リチウムより低い温度で熱分解が始まるので**熱暴走**を起こしやすい。また、リチウムイオンが脱離した位置にニッケルが移動したり、逆にニッケルの位置をリチウムイオンが占有したりすることなども確認されていて構造が安定しない。さらに、製造が難しいなどの問題もあるため、ニッケル酸リチウムがそのまま実用電池の正極材料に採用されたことはない。

　いっぽう、**マンガン酸リチウム** $LiMnO_2$ も層状岩塩型構造をもち、リチウムイオン電池の正極に使用できる。原材料であるマンガンが低コストであることが大きなメリットだが、合成が難しいうえに、使用していると容量低下が激しく熱安定性も低いため、そのまま実用のリチウムイオン電池の正極に採用されたことはない。

　なお、後で説明するように、正極材料のマンガン酸リチウムには組成が $LiMn_2O_4$ のものもあり、結晶構造が異なる（P262参照）。$LiMnO_2$ は実用のリチウムイオン電池に採用されたことがないため、リチウムイオン電池の分野で単にマンガン酸リチウムといった場合は、$LiMn_2O_4$ であることが多い。区別する必要がある場合は、$LiMnO_2$ は**層状岩塩型マンガン酸リチウム**という。

◆NCA系（ニッケル系）

　ニッケル酸リチウムのデメリットを改善するために、他の元素を添加してニッケルの一部を置き換える研究が行われた。そのなかから誕生したのが、**コバルトとアルミニウム**を添加した**NCA系の正極材料**だ。ニッケル、コバルト、アルミニウムの英語の頭文字からNCA系というわけだが、主要な元素はニッケルであるため、**ニッケル系**ということも多い。

　コバルトを添加することでニッケル酸リチウムの**層状岩塩構造**が安定し、アルミニウムを添加することで**耐熱性**が向上している。現在一般的に使われているのは組成が

$LiNi_{0.8}Co_{0.15}Al_{0.05}O_2$ のものだ。

　高コストなコバルトを使用しているが、コバルト酸リチウムに比べれば非常にわずかな量に抑えられている。アルミニウムは活物質として充放電には関与しないが、添加は少量であるため、起電力や容量への影響は小さい。そのため、**起電力**はコバルト酸リチウムよりわずかに低くなるが、**実エネルギー密度**は大きくなる。発熱量も抑えられている。ただし、**サイクル寿命**はコバルト酸リチウムより短めになることが多い。次に説明するNMC系が登場してからは、主流を外れつつあるといえるが、エネルギー密度が高いためプラグインハイブリッド自動車に採用している自動車メーカーもある。また、携帯用電子機器にもまだ使われていることがある。

◆NMC系（三元系）

　層状岩塩型構造のコバルト酸リチウム、ニッケル酸リチウム、マンガン酸リチウムにはそれぞれにメリットとデメリットがある。これらを組み合わせてデメリットを打ち消そうという試みから誕生した正極材料が**NMC系**だ。いうまでもなく3種の材料の英語の頭文字からNMC系というわけだがが、**NCM系**ということもある。また、3種類の物質が組み合わされているため**三元系**ということが多いが、NCA系も3種類の元素を使用しているため三元系ということがあるので注意が必要だ。

　NMC系では組成が、$LiNi_{0.33}Mn_{0.33}Co_{0.33}O_2$ のものが一般的に使われていて、ニッケル、マンガン、コバルトは同じ比率にされている。$LiNi_{(1)}Mn_{(1)}Co_{(1)}O_2$と示されることもあり、結晶構造は層状岩塩型構造になっている。高コストなコバルトを使用しているが、コバルト酸リチウム単独に比べれば1/3で済む。コバルトの比率を抑え、ニッケルの比率を高めたものもさまざまに開発され、実用化されているものもある。当然、組成の違いによって性能には少しずつ差がある。

　マンガンは酸化還元されないので充放電容量に関与しないことがわかっているが、ニッケル酸リチウムの**実エネルギー密度**の高さによって補われている。そのため、起電力はコバルト酸リチウムよりわずかに低くなるが、実エネルギー密度は大きくなる。また、構造的にも安定で**サイクル寿命**が長く、**熱安定性**もコバルト酸リチウムより高い。

　現状、NMC系はリチウムイオン電池の正極材料の主流だといえる。電気自動車などにNMC系を採用している自動車メーカーも多い。また、携帯用電子機器をはじめ家庭用電力貯蔵システムなど幅広い分野におけるリチウムイオン電池で使われている。

◆マンガン酸リチウム

　LMOと略されることも多い**マンガン酸リチウム** $LiMn_2O_4$ の結晶構造は**スピネル型構造**という。スピネル型構造は、ジャングルジムのように立方体の枠が前後左右上下に積み重なった〈図04-02〉のようなものをイメージすればいい。この立方体の枠それぞれにリチウムイオンが1つずつ収まっていて、インターカレーション反応の際にはリチウムイオンは三次元的に移動する。先に説明した $LiMnO_2$ と区別する必要がある場合は、$LiMn_2O_4$ を**スピネル型マンガン酸リチウム**や**スピネル型LMO**といったりする。

　マンガン酸リチウムはコバルト酸リチウムよりわずかに高い起電力を得られるが、**理論容量密度**は大きく劣る。しかし、マンガン酸リチウム正極では全体の70%程度までリチウムイオンを引き抜けるため、**実エネルギー密度**はコバルト酸リチウムにある程度までは近づけられる。

　サイクル寿命特性はあまりよくなく、特に高温で充放電を繰り返すと容量が低下していく。しかし、マンガンの一部を他の金属元素で置換することである程度は改善されている。

　マンガン酸リチウムの大きなメリットは低コストであり、製造も容易なことだ。レアメタルは価格の変動が大きいが、マンガンの価格はコバルトの1/10、ニッケルの1/5程度で済む。また、マンガン酸リチウムは**熱安定性**がコバルト酸リチウムより高く、安全性が高い。

　マンガン酸リチウムは実エネルギー密度の面では他の正極材料より劣るため、携帯用電子機器などに使われることはあまりない。しかし、安全性が高く、コストも抑えられるため、電気自動車などに使われている。また、電力貯蔵用にも適している。

■スピネル型構造正極材料の模式図

〈図04-02〉

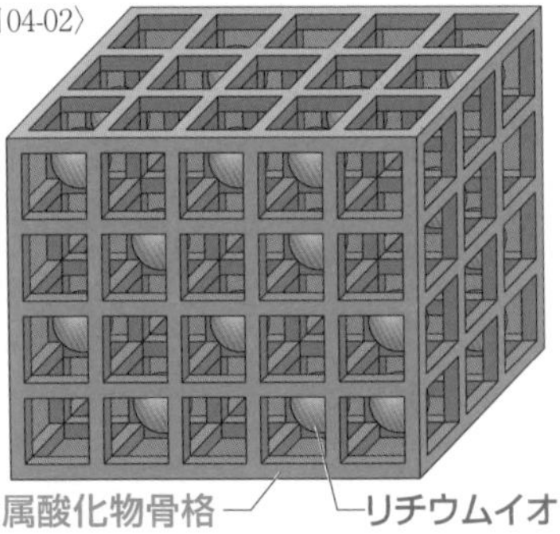

金属酸化物骨格 ── リチウムイオン

層状岩塩型構造では層間を支える構造がないが、スピネル型構造の場合は骨格構造が前後左右上下すべての方向に存在するので、リチウムイオンの挿入脱離が行われても結晶構造が層状岩塩型構造より強固だ。

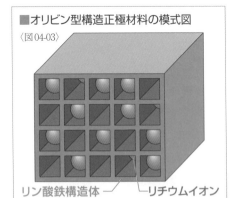

■オリビン型構造正極材料の模式図

〈図04-03〉

リン酸鉄構造体 ── リチウムイオン

スピネル型構造は骨格の線で支えているようなイメージだが、オリビン型構造では面でも支えているイメージなので、リチウムイオンの挿入脱離が行われても層状岩塩型構造よりもスピネル型構造よりも結晶構造が強固だ。

◆ リン酸鉄リチウム

　最近になって実用化が一気に進んだ**正極材料**が**リン酸鉄リチウム** $LiFePO_4$ だ。LFP と略されることも多い。リン酸鉄リチウムの結晶構造は**オリビン型構造**といい、構造のイメージは〈図04-03〉のようになる。学校などの扉のない靴箱で奥行きの深いものだといえる。この箱のなかにリチウムイオンを一列に収めることができ、**インターカレーション反応**の際にはリチウムイオンが一次元的に移動することになる。

　リン酸鉄リチウムの大きなメリットは低コストなことだ。主原料が**鉄**であるためマンガン酸リチウムよりさらに安価に製造できる。また、結晶構造が強固で**熱安定性**が非常に高いことも大きなメリットだ。電池が発熱しても酸素を放出しにくく、**熱暴走**が起こりにくい。

　電気伝導率が他の正極材料より低いが、活物質を微粉化したり、炭素などで被覆したりすることで改善されている。**サイクル寿命**特性もよいとはいえないが、鉄とリンの一部を他の元素に置換することで改善され、現状ではNMC系と同程度のサイクル寿命が得られる。

　しかし、実用化されている他の正極材料に比べると電極電位が低く、炭素負極と組み合わせた際の平均の**起電力**は3.2～3.3 V 程度だ。**実エネルギー密度**も他の正極材料に比べると低い。こうしたデメリットがあるため携帯用電子機器などに使われることはないが、電力貯蔵用途では使われている。また、電気自動車への採用も増えてきている。以前は、乗用車にはNMC系、バスやトラックにはリン酸鉄リチウムという使い分けが想定されていたが、電気自動車の普及を進めるためには車両の低価格化が必要だ。中国では以前からリン酸鉄リチウムが主流ともいえたが、欧米でも低価格帯の乗用車から採用が始まろうとしている。

　本書で取り上げた正極材料のリチウムイオンの挿入脱離に対する電極電位と、リチウムイオンを引き抜くことが可能な範囲での容量密度をまとめると以下の〈表04-04〉のようになる。

■リチウムイオン電池の正極材料				〈表04-04〉
正極材料		結晶構造	電極電位 [V vs Li/Li⁺]	実容量密度 [mAh/g]
コバルト酸リチウム	$LiCoO_2$	層状岩塩型構造	3.9	140
NCA系	$LiNi_{0.8}Co_{0.15}Al_{0.05}O_2$	層状岩塩型構造	3.8	200
NMC系	$LiNi_{0.33}Mn_{0.33}Co_{0.33}O_2$	層状岩塩型構造	3.8	170
マンガン酸リチウム	$LiMn_2O_4$	スピネル型構造	4.1	120
リン酸鉄リチウム	$LiFePO_4$	オリビン型構造	3.4	160

リチウムイオン電池の負極材料

［炭素系以外の負極材料は限られている］

　リチウムイオン電池が実用化できた要因の1つには、正極材料の場合と同様に**負極材料**に適した物質として**炭素系材料**が見出されたことがある。炭素系材料においてはリチウムイオンの**インターカレーション反応**が可能で、**リチウム金属**並みの低い**電極電位**を示すので、**起電力**の高い電池が構成できる。

　炭素系材料には**黒鉛**、**ハードカーボン**、**ソフトカーボン**などがある。黒鉛は、炭素原子が六角形に規則正しく並んだ**グラフェン**と呼ばれる層状の結晶が、**ファンデルワールス力**によって結合されて積み重なったものだ。その層間にリチウムイオンを挿入することができるが、満充電状態の**リチウム炭素層間化合物**が LiC_6 で示されるように、6個の炭素原子で最大1個のリチウムイオンしか収められない。そのため、容量密度の面では不利だ。実際、**黒鉛負極**の**理論容量密度**（372 mAh/g、837 mAh/cm^3）は、リチウム金属の理論容量密度（3862 mAh/g、2047 mAh/cm^3）より大幅に低い。質量容量密度は1/10以下だ。しかも、実用化後も続けられた研究開発により、実容量が理論容量に近い値になってきているため、新しい負極材料が求められている。リチウムイオン電池の実用化以前から負極材料の研究開発はさまざまに行われていて、現在も続いている。炭素系以外で実用のリチウムイオン電池の負極に採用されているのは**チタン酸リチウム**だけだ。

◆ 炭素系材料

　負極の炭素系材料のなかでもっとも一般的に使われているのが**黒鉛（グラファイト）**だ。黒鉛には、**天然黒鉛**と**人造黒鉛**がある。天然黒鉛は天然の鉱石を選別後に化学処理したもので、人造黒鉛は石油系や植物系などさまざまな原料を3000℃程度まで加熱して製造したものだ。天然黒鉛のほうが黒鉛化度が高いため、大容量が期待できるのだが、実際には嵩密度が低いため、容量を大きくすることが難しい。いっぽう、人造黒鉛は製造時に品質管理や形状が可能なため大容量を実現することができるが、非常にコストがかかる。現状、コストや用途に応じて使い分けが行われている。

　炭素系材料では**ソフトカーボン**や**ハードカーボン**といった**非黒鉛系炭素材料**も使われ

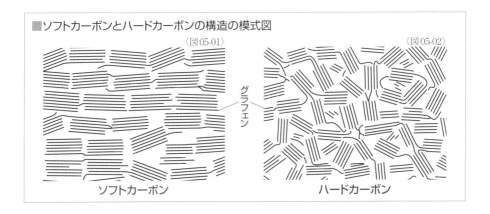

■ソフトカーボンとハードカーボンの構造の模式図

〈図05-01〉　〈図05-02〉

グラフェン

ソフトカーボン　　　　　ハードカーボン

ている。**低結晶性炭素系材料**ということもある。これらの材料は**グラフェン**が積層した結晶子も存在するが、そのサイズは小さく層間距離は黒鉛より大きい。ソフトカーボンは**易黒鉛化炭素**ともいい、ピッチ系炭素や熱可塑性樹脂を1000℃程度に熱処理することで得られる。結晶子の積層枚数はハードカーボンよりは多めで、ある程度はそれぞれの積層の方向が揃っている。易黒鉛化炭素の名が示す通り、3000℃程度まで加熱すると平面および厚み方向に規則的に成長し、層状に整列して黒鉛になる。

　いっぽう、ハードカーボンは**難黒鉛化炭素**ともいい、フェノール樹脂などの熱硬化性樹脂を1000℃程度に熱処理することで得られる。結晶子の積層枚数は少なめで、結晶子同士の並びにも規則性がない。3000℃程度まで加熱しても部分的にしか整列せず、黒鉛にはならない。それぞれの構造を二次元で模式的に示すと〈図05-01〜02〉のようになる。

　ハードカーボンでは、リチウムイオンは層間だけでなく、結晶子間の空隙にも挿入脱離できる。リチウムイオンが黒鉛より出入りしやすい構造なので、放電電流が大きくなる。リチウムイオンの挿入脱離による膨張収縮は黒鉛より小さくなるので、サイクル寿命特性も優れている。黒鉛の放電曲線は放電末期まで平坦で、最後に一気に立ち上がるのに対して、ハードカーボンは放電曲線が傾斜している。そのため、SOCは判断しやすい。ハードカーボンは黒鉛より大きな容量が期待できるが、電池の放電終期を判断しにくいため、容量を使い切りにくい。一般的に容量を求める場合には黒鉛を採用し、大電流放電やサイクル寿命を求める場合にはハードカーボンが採用される傾向にあり、両者の中間程度の特性が必要な場合にはソフトカーボンが採用される。

　このほか、炭素系材料としては、**カーボンナノチューブ**やグラフェンなども注目されていて、研究が進められている。

◆チタン酸リチウム

　正極材料と同じように**リチウムイオン**の挿入脱離が可能な金属酸化物も負極として使うこと可能だ。もちろん、正極材料よりリチウムイオンの挿入脱離に対する**電極電位**が低い必要があり、十分に低くないと構成された電池の**起電力**が小さくなってしまう。起電力が小さくなれば、エネルギー密度でも不利になるが、そのデメリットを超えるメリットがあれば実用化の意味がある。こうした発想で実用化された負極材料が、**チタン酸リチウム** $Li_4Ti_5O_{12}$ だ。LTOと略されることも多い。負極に使用すると、〈式05-03〉の電池反応が生じる。

$$負極反応　Li_7Ti_5O_{12} \rightleftarrows Li_4Ti_5O_{12} + 3Li^+ + 3e^- \qquad \cdots\cdots\cdots\cdots\cdots 〈式05-03〉$$

　チタン酸リチウムのリチウムイオンの挿入脱離に対する電極電位は約 $1.5\,V$（vs. Li/Li^+）で、黒鉛負極の $0.07 \sim 0.23\,V$（vs. Li/Li^+）より高い。組み合わせる正極材料にもよるが、平均の起電力は $2.4\,V$ 程度にしかならない。しかも、**理論容量密度**は約 $175\,mAh/g$ で、黒鉛負極の半分以下だ。こうした起電力やエネルギー密度の低さは大きなデメリットだ。

　チタン酸リチウムの結晶構造は、マンガン酸リチウム $LiMn_2O_4$ と同じ**スピネル型構造**だ。強固な構造であるため、充放電の際の膨張収縮が非常に小さく、体積変化は黒鉛負極の $1/50$ 程度しかない。そのため、**サイクル寿命**は黒鉛負極の6倍程度になる。大電流放電や急速充電にも強い。電極電位の高さはチタン酸リチウム負極のデメリットの要因だが、有機電解液の**電位窓**にも収まるため、電解液の分解が生じにくい。SEIもほとんど生じないため、**不可逆容量**も小さくなる。また、充電が進んでも**デンドライト**が生じにくい。

　こうしたさまざまなメリットがあるため、チタン酸リチウム負極のリチウムイオン電池は実用化されている。リチウムイオン電池とは区別して、**チタン酸リチウム電池**ということもある。日

■**チタン酸リチウムイオン電池**

〈写真05-05〉

〈写真05-04〉

＊東芝

東芝のリチウムイオン電池 SCiB。写真左は単セルで、出力密度重視の高入出力タイプ、エネルギー密度重視の大容量タイプ、大電流と大容量と両立したコンビネーションタイプがあり、公称電圧は $2.3\,V$ もしくは $2.4\,V$。もっとも大容量のものはサイズが $116 \times 22 \times 106\,mm$、重量約 $550\,g$ で、容量は $23\,Ah$ ある。写真上は、単セルを組み合わせたバッテリーモジュール。定置・産業用のモジュールと自動車などの移動用のモジュールがある。

本では、東芝が2007年に開発し、〈写真05-04〜05〉のような二次電池をSCiBの名称で市販している。SCiBは"super charge ion battery"の頭文字を略したもので、正極にはマンガン酸リチウムなどを採用している。ハイブリッド自動車をはじめUPSや産業用、電力貯蔵などさまざまな分野で使われている。

◆ その他の負極材料

　注目を集めている負極材料には**シリコン**がある。シリコンの**理論容量密度**（約4200 mAh/g）は黒鉛の10倍以上ある。そのため、現在製造されているリチウムイオン電池のなかには容量向上のために負極へ微量のシリコンが添加されているものもある。

　現状は微量の添加だが、シリコンとリチウムの合金を負極材料にする研究も盛んに行われている。しかし、**リチウムシリコン合金**は充放電の際の膨張と収縮が非常に大きいためサイクル寿命が短く、SEIの生成と破壊が繰り返されるなどの課題が残されている。シリコン以外にもスズやゲルマニウムなどとリチウムの合金を使う**合金系負極**も研究されている。

　また、負極材料として比較的大きな容量がある金属化合物として、マンガンや鉄、コバルト、ニッケル、銅、マグネシウムなどの酸化物や、窒化物、水素化物、硫化物、フッ化物、リン化物などが知られている。これらの金属化合物とリチウムは、充放電の際に化学結合の分解と生成をともなう反応を生じる。こうした反応はインターカレーション反応と区別するために電池の分野では**コンバージョン反応**ということが多い。こうした**コンバージョン電極**も大きな容量が期待されるが、電位が高いなどさまざまな課題が残されている。

　研究開発中のものも含めて正極材料のリチウムイオンの挿入脱離に対する電極電位と、容量密度の関係をまとめると以下の〈図05-06〉のようになる。

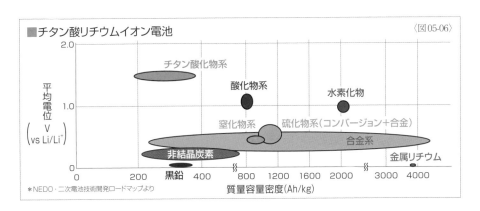

■チタン酸リチウムイオン電池　〈図05-06〉

＊NEDO・二次電池技術開発ロードマップより

リチウムイオン電池の電解液

［リチウムイオン電池を構成するイオン伝導体］

リチウム系電池の**有機電解液**は、**有機溶媒**と**支持電解質**で構成され、そこに添加剤が加えられることが多い。支持電解質とは電解液の**イオン伝導性**を高めるために溶媒に溶かされる溶質のことだ。一般的には塩が使われるため、**支持塩**ともいう。

電解液を使う電池にとって**液漏れ**は大きな課題だが、現在のリチウムイオン電池では液漏れしないようした電解液の使い方も開発され、採用する電池が実用化されている。

◆ 有機電解液の有機溶媒

第3章でも説明したように**電解液**では**溶媒**の**誘電率**が高いほど**支持電解質**が溶けやすいが、分子間の相互作用が強いため**粘度**が高くなりやすい。粘度が高いとイオンが移動しにくくなり**電気伝導率**が低下する。そのため、**リチウム系電池**の電解液では電気伝導率を高めるために、誘電率の高い溶媒と、粘度の低い溶媒を混合して使用するのが一般的だ。

誘電率の高い有機溶媒には、**環状カーボネート（環状炭酸エステル）**である**EC（エチレンカーボネート、炭酸エチレン）**や**PC（プロピレンカーボネート、炭酸プロピレン）、環状エステル（ラクトン）**である**γ-BL（γブチロラクトン）**などがあり、粘度の低い有機溶媒には、**鎖状カーボネート（鎖状炭酸エステル）**である**DMC（ジメチルカーボネート、炭酸ジメチル）**や**DEC（ジエチルカーボネート、炭酸ジエチル）、EMC（エチルメチルカーボネート、炭酸エチルメチル）、鎖状エーテル**である**DME（1,2-ジメトキシエタン）**などがある。それぞれの物性は〈表06-01〉のようになる。なお、EMCが正式な呼称だが、電池の分野では**MEC（メチルエチルカーボネート、炭酸メチルエチル）**ということも多い。

誘電率の高い有機溶媒のなかでは、ECは負極表面に良好なSEIを生成するが、融点が高く常温では固体であるため、低温特性を求める場合はPCを主体としたい。しかし、PCは黒鉛に触媒的に分解されてしまい、SEIも生成できない。そのため、当初は黒鉛負極の場合はPCが使えなかったが、現在ではPCに添加してSEIの生成を助ける添加剤が開発されているので使用できる。ハードカーボンなど黒鉛以外の負極であればPCは分解されないのでPCが使用できる。リチウム一次電池などでもPCが主体にされていることが多い。

■代表的な有機溶媒の物性値　〈表06-01〉

	有機溶媒	略号	沸点 [℃]	凝固点 [℃]	粘度 [cP]	比誘電率
環状カーボネート	エチレンカーボネート（炭酸エチルメチル）	EC	248.2	36.4	1.9 *1	89.8
	プロピレンカーボネート（炭酸プロピレン）	PC	241.7	−54.5	2.53	64.92
鎖状カーボネート	ジメチルカーボネート（炭酸ジメチル）	DMC	90.1	〜3	0.59	3.1
	ジエチルカーボネート（炭酸ジエチル）	DEC	126.8	−43.0	0.75 *2	2.82
	エチルメチルカーボネート（炭酸エチルメチル）	EMC	108	−55	0.65	2.9
鎖状エーテル	γブチロラクトン	γ-BL	204	−43.4	1.73	39.1
環状エステル	1,2-ジメトキシエタン	DME	84.5	−69	0.46	7.2

※1:実際の有機溶媒はメーカーや製品ごとに物性値に多少の差異がある。※2:注釈のない粘度と比誘電率は25℃におけるもの。＊1は40℃、＊2は20℃での値。

◆ 有機電解液の支持電解質

リチウム系電池の**支持電解質**には**リチウム塩**が使われる。支持電解質のリチウム塩には、有機溶媒への溶解度が大きいこと、電解液の電気伝導率が高くなること、**電位窓**が広く電気化学的に分解されないことなどが求められる。リチウム塩は無数に存在するが、主に使われているのは、**六フッ化リン酸リチウム（ヘキサフルオロリン酸リチウム）** $LiPF_6$、**四フッ化ホウ酸リチウム（テトラフルオロホウ酸リチウム）** $LiBF_4$、**過塩素酸リチウム** $LiClO_4$ などだ。

現在の主流である六フッ化リン酸リチウムはリチウムイオンの伝導性がよく良好なSEI生成に貢献し電位窓も広いが、熱的に安定とはいえず80℃付近から分解が始まるため、動作温度が高温になる電池には適していない。四フッ化ホウ酸リチウムは六フッ化リン酸リチウムよりも分解に対する耐性が少し高いが、リチウムイオンの伝導性は劣り、黒鉛負極の充放電では特性が劣る。そのため単独で用いられることはあまりないが、サイクル寿命特性改善が期待できるため添加されることがある。過塩素酸リチウムは良好なSEIを生成できないため、リチウムイオン電池で使われることはほとんどないが、他のリチウム系電池では使われている。

◆有機電解液の添加剤

有機電解液に添加剤を加えなくてもリチウムイオン電池は作動するが、添加剤は少量で電池性能に大きな影響を与えることができるので効果的で経済的だ。SEIの生成を助けたり厚さを制御したりするもののほか、有機溶媒に難燃性を付与するもの、過充電の際に安全性を確保したり過充電そのものを抑制したりするもの、正極を保護するもの、集電体を保護するものなどさまざまな添加剤が使われている。

たとえば、レドックスシャトルと呼ばれる添加剤は、過充電による電解液の分解を防ぐ。レドックスシャトルは過充電になる電位よりわずかに低い電位で正極で酸化される。酸化されたレドックスシャトルは拡散して移動し、負極で還元される。この過程を循環的に繰り返すことで充電電流を消費して過充電を回避する。ちなみに、"redox"とは、「還元」を意味する"reduction"と「酸化」を意味する"oxidation"を合わせた言葉で「酸化還元」意味し、"shuttle"は「往復便」を意味する

◆電解液の非流動化

液漏れ対策は電解液を使う電池にとって重要なテーマだ。可燃性のある有機電解液を使用するリチウム系電池では、引火の危険性もあるので、液漏れ対策はさらに重要になる。容器の密閉度を高めるなど液漏れ対策にはさまざまな方法があるが、正負極間のイオン伝導体を非流動化すれば液漏れの心配がなくなる。次章で説明する全固体電池を開発する目的の1つもイオン伝導体の非流動化にあるといえる。

現在のリチウムイオン電池では、電解液の代わりにゲルポリマー電解質を使うことでイオン伝導体を非流動化したものが実用化されている。ゲルポリマー電解質とは、ポリマーに電解液を含ませてゲル状にしたものだ。ポリマー電解質と呼ばれることもあるが、本来はポリマー自体にイオン伝導性があるものをポリマー電解質という。電解液を含んでいるゲルポリマー電解質と区別する必要がある場合は、イオン伝導性のあるポリマーをドライ系ポリマー電解質といったりする。ポリマーとは日本語では重合体といい、同じ分子構造が数百個以上結合されたもののことで、高分子化合物の一種だ。工業的にはポリマーは合成樹脂とほぼ同じものとして扱われる（実際には天然樹脂もポリマー）。

なお、ゲルポリマー電解質やポリマー電解質という名称は、電解質の定義からは外れているが、固体のイオン伝導体を固体電解質というのと同じように、現在ではイオン伝導性のある〇〇を〇〇電解質というのが一般的になっている。

また、電解液で正極や負極の活物質を粘土状にすることでもイオン伝導体を非流動化することができる。こうした**粘土状電極**を使ったリチウムイオン電池も実用化されている。

◆ リチウムイオンポリマー電池

ゲルポリマー電解質を採用する**リチウムイオン電池**は**リチウムイオンポリマー電池**というが、**リチウムポリマー電池**や**ポリマー電池**と略されることも多く、**Li-Po電池**や**LiPo電池**と表記されたり、**リポ電池**と呼ばれたりすることもある。ただし、ドライ系ポリマー電解質を採用する電池や、活物質にもポリマーを採用する電池も研究開発されていて、これらもポリマー電池というので注意が必要だ。

ゲルポリマー電解質の**ポリマー**には、**ポリフッ化ビニリデン（PVDF）**、**ポリアクリロニトリル（PAN）**、**ポリエチレンオキシド（PEO）**などそれ自体にもイオン伝導性がある**ポリマー固体電解質**が使われる。含有させる電解液は一般的なリチウムイオン電池に使うものと同じだ。正極と負極の活物質にも一般的なリチウムイオン電池と同じものが使われるが、ゲルポリマーが**結着剤**として使われている。結果、正極集電体と負極集電体の間は、〈図06-02〉のように**正極層−イオン伝導体層−負極層**で構成される。

リチウムイオンポリマー電池では、電解液が非流動化されているので**液漏れ**の不安がほぼ解消される。そのため、**ラミネート形**のような簡易な外装が適用でき、エネルギー密度が高められる（製造技術の向上などによって、現在では電解液を使用するリチウムイオン電池でもラミネート形のものがある）。サイズ等の設計の自由度も高く、電池に柔軟性を与えることも可能だ。ポリマー自体も可燃性であり有機溶媒を含んでいるので燃えないわけではないが、揮発なども抑えられているので有機電解液よりは安全性も高い。

➡次ページに続く

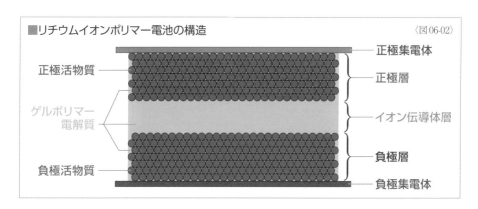

■リチウムイオンポリマー電池の構造　〈図06-02〉

- 正極活物質
- ゲルポリマー電解質
- 負極活物質
- 正極集電体
- 正極層
- イオン伝導体層
- 負極層
- 負極集電体

前ページの〈図06-02〉に示したように、**リチウムイオンポリマー電池**ではイオン伝導体層によって正極と負極の短絡が防がれるので、**セパレータ**を配置する必要はなくなる。一般的なリチウムイオン電池のセパレータでも、細孔を通ってリチウムイオンが移動できるが、細孔のない部分では移動が阻害される。しかし、リチウムイオンポリマー電池にはセパレータがないためリチウムイオンの移動が阻害されない。正極層や負極層の活物質の隙間にもゲルポリマー電解質が存在するので、電極内でもリチウムイオンが移動しやすくなる。

また、リチウムイオン電池は**デンドライト**が生じにくいが、状況によっては発生してしまうこともある。そもそもデンドライトは負極と電解液の境界面で生成しやすいが、リチウムイオンポリマー電池では明確な境界面がないので、デンドライトがさらに生じにくくなる。

◆ クレイ形リチウムイオン電池

一般的な**リチウムイオン電池の電極**は、ペースト状にした合剤を集電体に塗ってから乾燥して製造するが、**粘土状電極**は結着剤などを使わずに、電解液で活物質を練り上げて粘土状にしている。このようにして作られた粘土状の正極と負極の間にセパレータが配される。実際の電池の構造を模式的に示すと〈図06-03〉のようになる。

一般的な合剤電極の結着剤は電池反応に関与するものではなく、電極形成後は抵抗にもなるため、結着剤を使用しない粘土状電極はエネルギー密度や電池性能の面で有利になる。また、電解液を活物質の隅々まで行きわたらせることができるので、一般的なリチウムイオン電池より厚い電極にすることも可能だ。

こうした粘土状電極を使ったリチウムイオン電池は、京セラが世界で最初に実用化した。同社では**クレイ形リチウムイオン電池**と呼んでいて、採用する家庭用電力貯蔵システムをすでに販売している。正極には安全性の高いリン酸鉄リチウムが採用されている。

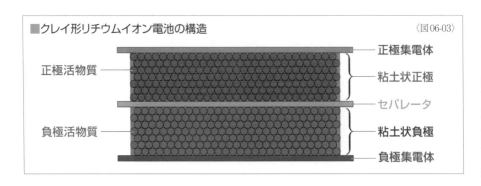

■クレイ形リチウムイオン電池の構造 〈図06-03〉

正極活物質 — 正極集電体 / 粘土状正極 / セパレータ / 粘土状負極 / 負極集電体

負極活物質

第11章

全固体電池

全固体電池の概要

［電池材料のすべてが固体で構成される電池］

　全固体電池とは、その名の通り正負の**活物質**と**イオン伝導体**が固体で構成される電池だ。気体や液体の活物質を使う電池もあるが、多くの電池では活物質は固体なので、イオン伝導体を**電解液**から**固体電解質**に置き換えたものだといえる。

　固体電解質とは**イオン伝導性**があるが**電子伝導性**のない固体の物質で、**無機固体電解質**と**有機固体電解質**に大別される。有機固体電解質はポリマーが一般的なので、**ポリマー固体電解質**や**高分子固体電解質**ともいう。このように区別して扱われるため、単に固体電解質といった場合は無機固体電解質を示していることが多い。なお、無機固体電解質では通常は1種類のイオンだけが**電荷キャリア**になる。

　ポリマー電解質をイオン伝導体に使う電池は**ポリマー電池**といい、電極にもポリマーを使う電池を**全ポリマー電池**といい、**全樹脂電池**や**プラスチック電池**ともいう。活物質にも固体を使うポリマー電池は、全固体電池の一種だといえるが、ポリマー電池は区別して扱われることが多いため、単に全固体電池といった場合は、無機固体電解質を使う電池を示すことが多い。なお、**リチウムイオンポリマー電池**のように**ゲルポリマー電解質**をイオン伝導体に使う電池は電解液を含んでいるので通常は全固体電池には分類されない。こうした電解液を非流動化した電池は**半固体電池**や**準固体電池**ということもある。

■全固体電池（TDK）

〈写真01-01〉

〈写真01-02〉

TDKの全固体電池 CeraCharge。実装用のものでサイズは4.5×3.2×1.1 mm。定格電圧1.5 V、容量100 μAhで、動作温度範囲は−20〜80℃。セラミック材料の固体電解質を使用していて、同社の積層セラミックコンデンサなどで用いられる多層積層技術に基づいて製造されている。

固体電解質はすでに実用電池に採用されている。電力貯蔵用電池として注目を集めているナトリウム硫黄電池（P284参照）のイオン伝導体は固体電解質だ。ただし、ナトリウム硫黄電池は活物質が液体なので、全固体電池ではない。また、固体酸化物形燃料電池（P88参照）でもイオン伝導体に固体電解質が採用されている。

全固体電池はまだ実用化されていないと思っている人が多いかもしれないが、心臓ペースメーカーなどの電源に使われている**ヨウ素リチウム電池**（P233参照）は全固体電池だ。一次電池ではあるが、1960年代に発明され、1970年代から使われ続けている。

二次電池でも〈写真01-01〜02〉のように基板に実装するような小さな全固体電池は一部で実用化されているが、電気自動車に使うような大きなものはまだ実用化されていない。

全固体電池にはまだ課題が残されているものの、後で説明するようにさまざまなメリットが見込まれている。そのため、開発が進む次世代電池でも全固体化を目指しているものもあるが、本章ではもっとも開発が進んでいる**全固体リチウムイオン電池**を中心に説明する。そこには**合金化脱合金化反応**によってリチウムイオンの出し入れを行う**合金系負極**や、**溶解析出反応**によってリチウムイオンの出し入れを行う**リチウム金属負極**のものも含まれる。

◆ 全固体電池のデメリット

全固体電池に使う**固体電解質**の弱点は、**電気伝導率**が低いことにあったが、現在ではリチウムイオン電池に使われる**有機電解液**と同程度やそれ以上の電気伝導率があるものも開発されている。しかし、それだけで全固体電池の開発が一気に進むわけではない。

イオン伝導体が電解液の場合、固体の活物質との接触面積を確保するのは容易だ。しかし、固体の活物質と固体の電解質の面での完全なる接触は難しい。固体と固体の接触は点接触になり、点接触では大きな抵抗が発生する。こうした抵抗を**界面抵抗**や**粒界抵抗**という。固体電解質の電気伝導率が高くなっても、内部抵抗が大きくなったのでは端子電圧に悪影響が出てしまう。たとえば、活物質と固体電解質を粉末状にすれば接触面積を増やすことができるが、やはり活物質の粒子と固体電解質の粒子の間、固体電解質の粒子同士の間で界面抵抗が発生する。

また、電極はインターカレーション反応によって膨張したり収縮したりするものもあれば、溶解と析出によって痩せたり太ったりするものもある。こうした電極の大きさの変化によって活物質と固体電解質の接触が保てなくなることもある。そのため、全固体電池では構造や製造方法にさまざまな工夫が必要になる。

◆ 全固体電池のメリット

　全固体電池にはさまざまなメリットが期待されているが、ここでは**リチウムイオン電池を全固体化**した際に生じるメリットを中心に考えてみる。

　まず、全固体電池では**液漏れ**の心配がまったくない。ゲルポリマー電解質を採用するリチウムイオンポリマー電池でも液漏れの心配はほぼなく、燃えにくくはなっているが、可燃性ではある。しかし、**無機固体電解質**は不燃性なので、さらに安全性が高まる。電解液より固体電解質のほうが反応性が低いので**熱暴走**も起こりにくい。安全性が高まれば、セルに搭載する安全機構や容器が簡略化できるので、**エネルギー密度**の面でも有利になる。

　電解液の場合、低温時の凝固や高温時の気化があるため、電池が使用できる温度範囲が限られる。**有機電解液**を使うリチウム系電池の場合、水系電解液より低温に強いが、全固体電池では高温にも強くなり100℃程度でも使用できる可能性がある。リチウムイオン電池の場合、発熱に注意しながら充電しているといえるが、高温でも使用できる全固体電池であれば**急速充電**が可能になる。冷却機構も簡素化できるので、エネルギー密度の面で有利になる。耐熱温度も高くなるので、実装用電池をはんだ付けする際の不安も小さくなる。

　リチウムイオンポリマー電池でも説明したように、**セパレータ**はリチウムイオンの移動を阻害することがあるが、全固体電池でもセパレータが不要になるので、リチウムイオンの移動を阻害するものがなくなる。正極と負極の間に固体の電解質が存在するので、**デンドライト**による内部短絡の抑制も期待できる。

　リチウムイオン電池の場合、電解液には**支持電解質**として**リチウム塩**が加えられるため、電解液内にはリチウム塩が電離した**リチウムイオン**と**陰イオン**が存在する。こうした陰イオンはその分布によってリチウムイオンの移動に悪影響を与えることがある。また、有機電解

■全固体電池（マクセル）

〈写真01-03〉

マクセルが出荷（一部はサンプル出荷）している全固体電池。セラミックパッケージされたもので角形は基板への実装用。固体電解質は硫化物系。角形の小さいほうは10.5×10.5×4.0 mm、重量1.4 gで、公称電圧2.3 V、容量8.0 mAh。放電時の許容温度範囲は−50〜125℃、充電時の許容温度範囲は−20〜115℃。コイン形は、厚さの異なるものもあるが、直径9.5 mmで厚さ1.95 mmのものでは、公称電圧2.3 V、容量5.5 mAh。コイン形にはバイポーラ形電極を採用したものもあり、前記と同じサイズで、公称電圧4.6 V、容量2.5 mAh。

＊マクセル

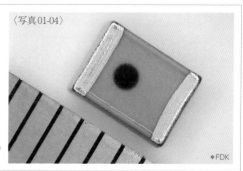

■全固体電池（FDK）

〈写真01-04〉

FDKが出荷している実装用の全固体電池 SoLiCell。
公称電圧は3V。最大4.5×3.2×2.0mmサイズ、
容量250μAh。動作温度範囲は、−20〜105℃。
酸化物系固体電解質を使用するバルク形。写真左下の
定規は1mm目盛。

＊FDK

液内ではリチウムイオンは**溶媒和**した状態で移動し、電極反応を生じる際に**脱溶媒和**するが、脱溶媒和にはエネルギーを要する。さらに、電池の劣化は**副反応**によっても生じるが、陰イオンは副反応の原因になることもある。しかし、固体電解質の場合、内部に存在するのはリチウムイオンだけであり、溶媒和もしない。そのため陰イオンの影響を受けることがなく、脱溶媒和する必要もないので、**出力密度**が向上する。陰イオンによる副反応がなくなるので、**サイクル寿命**が長くなる。

　実用化されている**バイポーラ形電池**では、各セルのイオン伝導体同士が接触しないように、さまざまに構造が工夫されているが、全固体電池ではイオン伝導体が固体なので、比較的簡単に**バイポーラ形電極**を構成することができる。バイポーラ形電極にすれば、エネルギー密度や出力密度が高くなる。

　有機電解液は水系電解液より**電位窓**が広いためリチウムイオン電池では他の電池より大きな**起電力**が実現されているが、電気化学的な分解を受けにくい固体電解質ではさらに電位窓を広くできる可能性がある。これにより有機電解液では使用できなかった電極電位の高い**正極材料**を使うことができる。正極の電位が高くなれば起電力が大きくなるのはもちろん、材料の容量によってはエネルギー密度でも有利になる。たとえ、1種類の固体電解質で正負極双方の電極電位に対応できないとしても、全固体電池であれば、正極に触れる固体電解質は酸化分解に耐えられるもの、負極に触れる固体電解質は還元分解に耐えられるものにすることができる。

　以上のように全固体リチウムイオン電池は、従来のリチウムイオン電池より安全性が高く、エネルギー密度が向上し、大電流放電や急速充電が可能になり、寿命が長くなるといった可能性がある。〈写真01-03〜04〉のようにすでに出荷が始まっている小型のものでは、こうした可能性が現実のものとなっている。

全固体電池の構造

［薄い膜を重ねていく構造と粉末で構成する構造がある］

　現在の**全固体電池**の構造は、**薄膜形**と**バルク形**に大別される。**薄膜形全固体電池**は小型化に適した構造で、製造しやすいため、すでに実用化されている。現状は容量の小さな電池が基本だが、さまざまな用途が考えられている。いっぽう、**バルク形全固体電池**は大容量化に適した構造で、電気自動車用二次電池での実用化が待ち望まれている。

◆ 薄膜形全固体電池

　薄膜形全固体電池はその名の通り、正負の**活物質**と**固体電解質**が薄い膜で構成される〈図02-01〉のような構造になる。製造には**気相法**が使われる。気相法は**気相堆積法**や**気相成長法**ともいい、気体にした状態の物質を利用して物理的に堆積させたり化学反応によって堆積させたりして薄い層を作る方法のことだ。**スパッタ法（スパッタリング法）**や**真空蒸着法**などさまざまな方法があり、半導体素子や太陽電池の製造にも使われている。

　薄膜形は、当初は電気伝導率が低い固体電解質でも全固体電池が実用化できる構造として開発が進んだ。固体電解質を薄くすれば、電気伝導率が低くても、内部抵抗を抑えられるわけだ。現在では固体電解質の電気伝導率は大きな問題ではなくなっているが、すでに確立された製造方法を応用できるため、薄膜形は比較的容易に製造できる。

　活物質の膨張収縮によって固体電解質との密着性が悪くなる懸念があったが、現在実用化されているものでは4万サイクルの**サイクル寿命**が実証されている。それぞれの層は

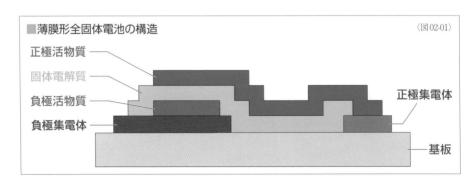

■薄膜形全固体電池の構造　　　　　　　　　　　　　　　　　〈図02-01〉

正極活物質
固体電解質
負極活物質
負極集電体
正極集電体
基板

非常に薄いため、容量を大きくするには層の面積を大きくするか積層電極にする必要がある。こうした大容量化に向けた研究も行われているが、現在ではウエアラブル端末はもちろん、ICカードやICタグ、超小型センサーなどのIoT端末、マイクロマシンなど微小な二次電池がさまざまに求められている。薄膜形全固体電池はこうした用途に適しているといえる。

◆ バルク形全固体電池

バルク形全固体電池は、〈図02-02〉のような構造で正負の**活物質**と**固体電解質**いずれの材料も粉体を使用する。固体電解質は**セパレータ**としても機能するイオン伝導体の層だけでなく、活物質の粉末の隙間にも詰められる。図では省略しているが、活物質の電子伝導性が悪ければ**導電助剤**の粉末が正極層や負極層に加えられる。なお、"bulk"を翻訳すると「大きさ」や「容量」になるが、化学の分野では物質の塊を意味することがある。薄膜形に対して、全体として厚く、塊になっているためバルク形と呼ばれるようになったと思われる。

バルク形は、正負の電極層の隅々まで固体電解質が行きわたっているので、電極層を厚くでき大容量の電池を作りやすい。そのため電気自動車の二次電池として期待されるが、先に説明したように界面抵抗を低減しないと、大電流放電や急速充電が難しくなる。

内部抵抗を低減するためにさまざまな製造方法が考えられているが、一般的には**プレス（加圧成形）**や**焼結法**が使われる。常温でも変形が可能な固体電解質の場合は**コールドプレス（常温加圧成形）**が用いられ、加熱しないと柔らかくならない固体電解質の場合は**ホットプレス（高温加圧成形）**が用いられる。焼結法とは、固体粉末の集合を融点より低い温度で加熱することで**焼結体**と呼ばれる固体にすることだ。このほか、活物質を固体電解質でコーティングする方法なども研究されている。

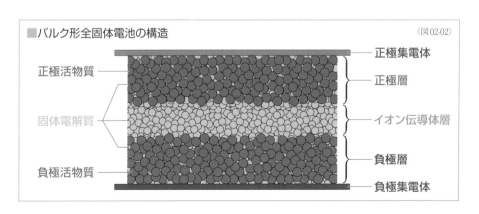

■バルク形全固体電池の構造　〈図02-02〉

正極活物質 — 正極集電体

固体電解質 — 正極層

イオン伝導体層

負極活物質 — 負極層

負極集電体

リチウムイオン伝導性固体電解質

［有機電解液よりイオン伝導性が優れる固体電解質もある］

　全固体リチウムイオン電池に使われる無機固体電解質は、リチウムイオンを電荷キャリアにできるものだ。こうしたリチウムイオン伝導性固体電解質は、酸化物系と硫化物系が主に研究されているが、ほかにもハロゲン化物、窒化物、水素化物系などさまざまなものが開発されている。

　固体電解質の構造からは、結晶性材料とガラス材料に大別されるのが基本になる。結晶性材料は結晶によって構成される材料で、固体電解質ではセラミック材料ともいう。いっぽう、ガラス材料は、高温の溶融状態から急冷によって得られるもので、結晶が存在せず原子配列が大きく乱れた状態が維持されていて、非結晶性材料やアモルファス材料ともいう。さらに現在では、特殊組成のガラスを再加熱して内部に微細な結晶を析出させた固体電解質もある。こうしたものを結晶化ガラス材料やガラスセラミック材料という。

　全固体リチウムイオン電池に使われるリチウムイオン伝導性無機固体電解質の分類は〈表03-01〉のようになる。また、〈写真03-02～03〉は開発途上にある全固体電池の例だ。

　かつては、固体電解質は電解液に比べてイオン伝導性が低く、出力密度やエネルギー密度が高い全固体リチウムイオン電池の実現は難しいと思われていた。しかし、電気伝導率が高い硫化物系固体電解質が開発されたことにより、大容量の全固体電池の実用化の目処が立ち、研究が進んだ。さらに、有機電解液の電気伝導率を上回る結晶化ガラス固体電解質が開発され、研究開発が加速している。電解液を上回るイオン伝導性がある結晶化ガラス材料は超イオン伝導体といったり、結晶化ガラス内に析出する結晶を超イオン伝導結晶といったりする。

■リチウムイオン伝導性固体電解質の分類　　　　　　　　　　　　　　　　　　　〈表03-01〉

◆成分による分類	◆構造による分類
＊酸化物系	＊結晶性材料（セラミック材料）
＊硫化物系	＊ガラス材料（非結晶性材料、アモルファス材料）
…その他	＊結晶化ガラス材料（ガラスセラミック材料）

■全固体電池（硫化物系）

〈写真03-02〉

トヨタ自動車が開発中の全固体電池で構成された電気自動車用のバッテリーモジュール。固体電解質には硫化物系を採用している。10分以下でフル充電でき、航続距離が1000km程度の電気自動車の2027～28年の実用化を目指している。

＊トヨタ自動車

◆ 酸化物系固体電解質と硫化物系固体電解質

硫化物系にも酸化物系にも、結晶性材料もあれば、ガラス材料も結晶化ガラス材料もあるが、硫化物系ではガラス材料を中心に、酸化物系では結晶性材料を中心に、開発が進められてきた。

酸化物系固体電解質は硫化物系に比べて硬く、圧力による変形はあまり期待できない。そのため、バルク形全固体電池では焼結法が使われることが多い。しかし、活物質と一緒に高温で焼結すると固体電解質との間で化学反応が起こる可能性があるため、焼成温度に配慮する必要がある。酸化物系は硫化物系よりイオン伝導性が劣る傾向があるが、大気中で安定しているので扱いやすいというメリットがある。

いっぽう、硫化物系固体電解質は酸化物系に比べると柔らかく、コールドプレスでバルク形全固体電池を製造できる。硫化物系は酸化物系よりイオン伝導性が優れている傾向があるが、大気中の水分と反応して毒性の高い硫化水素のガスを発生する。取り扱いが難しいので、電池の製造環境などにも配慮する必要があり、製造コストを高める可能性があったが、さまざまな製造方法が開発されてきている。

■全固体電池（酸化物系）

〈写真03-03〉

日本特殊陶業（Niterra）が開発中の全固体電池 OXSSB。酸化物系固体電解質を使用するが非焼結式で、体積エネルギー密度300mWh/cm³を実現。同社のセラミック積層技術が応用され、容量0.5～10Whのさまざまなサイズの電池の製造が可能とされている。使用温度範囲は−30～105℃。左はラミネートタイプ、右は金属缶タイプ。宇宙での実証実験も予定されている。

＊日本特殊陶業

第11章・第4節
電気自動車と全固体電池

［全固体電池が電気自動車普及の鍵を握っている］

　電気自動車の実用化は始まっているが、航続距離を伸ばすために容量を大きくすれば、車体が重くなって電費が悪くなるし、車内スペースも奪われる。エンジン自動車に比べて車両価格も高くなる。本格的に電気自動車を普及させるためには、使用する二次電池のエネルギー密度の向上とコストの低減が求められる。リチウムイオン電池のさらなる改良やバイポーラ形電池の開発なども続けられているが、電気自動車普及の鍵を握っているのは**全固体リチウムイオン電池**だと考えられている。**全固体電池**であれば充電時間の短縮やサイクル寿命の向上も期待できる。

　〈図04-01〉は、国立研究開発法人 新エネルギー・産業技術総合開発機構（NEDO）が2018年に開始した先進・革新蓄電池材料評価技術開発プロジェクトの基本計画に示された車載用蓄電池の技術シフトの想定だ。2025年頃から第1世代全固体リチウムイオン電池の普及が始まると想定されていた。現状、この想定からは少し遅れているが、トヨタ、日産、ホンダの3社はいずれも2028年頃に全固体電池を搭載する電気自動車を市場投入することを目指している。第1世代全固体リチウムイオン電池には、固体電解質に**硫化物系**が使われると想定されていたが、想定通り3社ともに硫化物系固体電解質を採用している。トヨタでは試作車での走行試験の開始を発表しているし、日産とホンダでは2024年に全固体電池のパイロットラインや実証ラインの建設を決定している。海外の自動車メーカーや電池メーカーも、ほぼ同時期の全固体電池電気自動車の実用化を目指すと表明している。

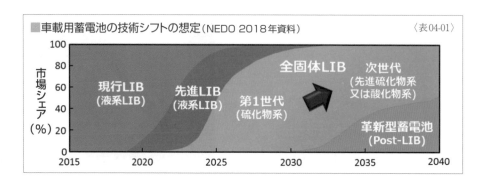

■車載用蓄電池の技術シフトの想定（NEDO 2018年資料）　〈表04-01〉

第12章

電力貯蔵用二次電池

ナトリウム硫黄電池

［高温で溶融した活物質と固体電解質を使う二次電池］

ナトリウム硫黄電池は、その名の通り電極の**活物質**に**ナトリウム**と**硫黄**を使用する二次電池だ。**イオン伝導体**には**固体電解質**を使用し、活物質は高温にして溶融した状態で使用する。英語圏では"sodium–sulfur battery"といい、"sodium"は「ナトリウム」、"sulfur"は「硫黄」を意味する。ちなみに、ナトリウム（natrium）はラテン語もしくはドイツ語だ。

ナトリウム硫黄電池は、電気自動車用の二次電池として1967年にアメリカのフォードモーターがその原理を発表した。これを受けて、世界各国で電気自動車用や電力貯蔵用として開発が始まった。電気自動車用として実用化されることはなかったが、1984年に東京電力と共同開発を開始した日本ガイシが2002年に**電力貯蔵用電池**として実用化した。同社では**NAS電池**と名づけている。現在、ナトリウム硫黄電池を製造しているのは世界中で日本ガイシ1社のみで、日本国内はもちろん世界各国でMWクラスのシステムが稼働している。トータルで約700 MW/4,900 MWh、250カ所以上の稼働実績がある（2022年2月時点）。

◆ ナトリウム硫黄電池の動作原理

ナトリウム硫黄電池の構造を模式的に示すと〈図01-01〉のようになる。**負極活物質**には**ナトリウム金属**、**正極活物質**には**硫黄**を使用するが、硫黄は絶縁体であるため**導電助剤**として炭素繊維で作られた**カーボンフェルト**が加えられる。正負極ともに**集電体**を使い、**セパレータ**としても機能する**固体電解質**には**β-アルミナ**を使用する。

β-アルミナはフォードモーターがナトリウム硫黄電池の研究過程で開発したものだ。**アルミナ**とは**酸化アルミニウム** Al_2O_3 のことで、β-アルミナは**酸化ナトリウム**を含んだアルミナを意味し、$\beta\text{-}Al_2O_3$ とも示される。**セラミック材料**で $Na_2O \cdot 11Al_2O_3$ の組成のものが一般的だ。300℃以上でかなり高いイオン伝導性を示す。**β-アルミナ固体電解質**の英語"beta-alumina solid electrolyte"から**BASE**と略されることもある。

電池反応は〈式01-02～04〉で示される。放電時、負極ではナトリウム金属 Na が**電子** e^- を放出して**ナトリウムイオン** Na^+ になり、固体電解質を通って正極に向かう。電子は外部回路を通じて正極に移動する。正極では、それぞれ別の経路で移動してきたナトリウム

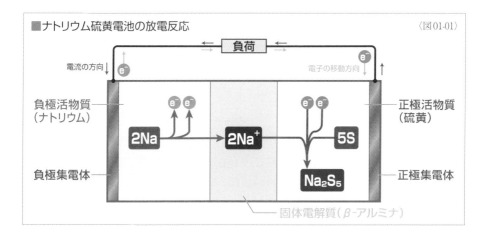

■ナトリウム硫黄電池の放電反応　　　　　　　　　　　　　　　　　　　　〈図01-01〉

負荷

電流の方向↓　　　　　　　　　　　　　　　　　　　　電子の移動方向↓

負極活物質　　　　　　　　　　　　　　　　　　　　　　　　　正極活物質
（ナトリウム）　　　　　　　　　　　　　　　　　　　　　　　　（硫黄）

2Na　→　2Na⁺　　　5S

Na₂S₅

負極集電体　　　　　　　　　　　　　　　　　　　　　　　　　正極集電体

固体電解質（β-アルミナ）

イオン Na^+ と電子 e^- が硫黄 S と反応して Na_2S_5 の**多硫化ナトリウム**になる。このナトリウムの酸化反応と硫黄の還元反応によって起電力が生じる。充電時には逆の反応が生じる。

負極反応　$2Na \rightleftarrows 2Na^+ + 2e^-$　・・・・・・・・・・・・・・・・・・・・・・・・・・・・・・・・〈式01-02〉

正極反応　$5S + 2Na^+ + 2e^- \rightleftarrows Na_2S_5$　・・・・・・・・・・・・・・・・・・・・・・・〈式01-03〉

全電池反応　$2Na + 5S \rightleftarrows Na_2S_5$　・・・・・・・・・・・・・・・・・・・・・・・・・・・・〈式01-04〉

　上記の式でナトリウム硫黄電池の反応が示されることもあるが、実際には、放電が進んで未反応の硫黄がすべて消費されると、正極の Na_2S_5 の多硫化ナトリウムは Na_2S_4、Na_2S_3、Na_2S_2 と還元が進む。そのため、ナトリウム硫黄電池の電池反応は多硫化ナトリウムを Na_2S_x として〈式01-05〜07〉で示されることも多い。

負極反応　$2Na \rightleftarrows 2Na^+ + 2e^-$　・・・・・・・・・・・・・・・・・・・・・・・・・・・・・・・・〈式01-05〉

正極反応　$xS + 2Na^+ + 2e^- \rightleftarrows Na_2S_x$　・・・・・・・・・・・・・・・・・・・・・・・・〈式01-06〉

全電池反応　$2Na + xS \rightleftarrows Na_2S_x$　・・・・・・・・・・・・・・・・・・・・・・・・・・・・・〈式01-07〉

Na_2S_x は組成によって融点が異なる。動作温度が300℃とした場合、$x \geqq 3$ では液体だが、$x < 3$ では固体が生成して内部抵抗が大きくなってしまう。そのため、$x \geqq 3$ の範囲で動作させる必要があり、過充電によって Na_2S_2 を生じさせないようにしなければならない。

　公称電圧は2V程度とされているが、正極の組成が変化するため起電力は変化する。正極がSと Na_2S_5 の状態の起電力は2.08Vあるが、そこから低下していき Na_2S_3 になると1.78Vになる。

◆ナトリウム硫黄電池の構造

　実際の**ナトリウム硫黄電池**の**単セル**の構造は、〈図01-08〉のようになる。円筒形の容器の内側に**β-アルミナ管**が収められ、その内側に**ナトリウム金属**、外側に**硫黄**が配されるのが基本構造だが、安全性を高めるためにβ-アルミナ管の内側に安全管と呼ばれる金属管が備えられている。安全管とβ-アルミナ管の隙間にもナトリウムは行きわたるが、その隙間を最適化することで、たとえβ-アルミナ管が破損しても、ナトリウムと硫黄の直接反応を極少化し収束させることができる。現在使われている単セルは、直径90 mm×高さ510 mmのサイズで、容量は約700 Ahある。

　ナトリウムの融点は約98℃、硫黄の融点は約113℃だが、多硫化ナトリウムを充放電に適した溶融状態にしておくには300℃以上にする必要がある。いっぽう、β-アルミナのイオン伝導性も300℃以上で高まる。運転温度をさらに高くすれば、充放電効率を高めることができるが、保温で消費する電力が大きくなるうえ、構成する材料の耐熱温度をさらに高める必要が生じる。こうした折り合いから、運転温度は300〜350℃とされている。

　ナトリウム硫黄電池に動作を開始させるためには、こうした運転温度になるまで加熱する必要がある。この加熱には**電気ヒーター**が使われるため、電力の損失になる。しかし、放電反応は**発熱反応**だ。充電反応は**吸熱反応**だが、内部抵抗によって発熱する。その

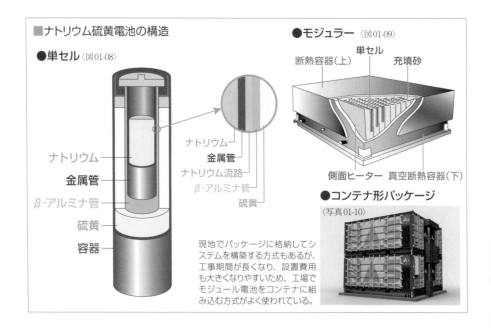

■ナトリウム硫黄電池の構造

●単セル〈図01-08〉

- ナトリウム
- **金属管**
- β-アルミナ管
- **硫黄**
- **容器**

- ナトリウム
- **金属管**
- ナトリウム流路
- β-アルミナ管
- 硫黄

●モジュラー〈図01-09〉

- 断熱容器（上）
- 単セル
- 充填砂
- 側面ヒーター　真空断熱容器（下）

●コンテナ形パッケージ

〈写真01-10〉

現地でパッケージに格納してシステムを構築する方式もあるが、工事期間が長くなり、設置費用も大きくなりやすいため、工場でモジュール電池をコンテナに組み込む方式がよく使われている。

ため、断熱容器などに収めて保温すれば、通常運転時に保温のために電力を消費することはほぼなくなる。単セルごとに加熱や保温を行うことも可能だが、効率が悪くエネルギー密度の面でも不利になるので、組電池であるモジュールごとに加熱や保温が行われている。

　実際のモジュールの構造は〈図01-09〉のようになる。断熱容器のなかに200本程度の単セルが収められ、直並列接続されている。安全対策のために単セルの直列接続部分には過電流保護用のヒューズが配されている。容器は断熱性を高めるために真空断熱構造などが採用され、内側の側面と底面には加熱用の電気ヒーターが備えられている。以前はなかったが現在では空冷用のダクトも設けられていて、放熱の制御も可能とされている。また、いずれかの単セルが破損して活物質が漏出しても、他のセルに悪影響が及ばないように単セルの隙間には乾燥砂が充填されている。こうしたモジュールが組み合わされて〈写真01-10〉のような電力貯蔵システムが構築される。

◆ ナトリウム硫黄電池のメリットとデメリット

　ナトリウム硫黄電池の最大のメリットといえるのは、原材料が地球上に豊富に存在し入手も容易なので、非常に低コストで製造できることだ。電力貯蔵といった大容量のシステムの場合、このメリットは非常に大きい。もちろん、実際に稼働しているシステムが多数あることからもわかるように、ナトリウム硫黄電池のエネルギー密度は電力貯蔵用途では問題のないレベルにある。リチウムイオン電池は活物質によってエネルギー密度はさまざまだが、エネルギー密度が低めのものと同程度のエネルギー密度が実現されている。

　また、ナトリウム硫黄電池は電池反応にともなう副反応がほとんど生じないので、サイクル寿命が長い。一定のSOCの範囲内での充放電の繰り返しはもちろん、非常に深い充放電の繰り返しでも劣化が促進されることがない。深い充放電でも5000回程度のサイクル寿命がある。充放電が1日1回とすれば約14年の寿命があることになる。自己放電が少なく、長期間の電力貯蔵にも対応できる。

　デメリットとしては、ナトリウムや硫黄が使われているため、もし発火してしまった場合、消火に水を使えないことがある。実際、2011年には鎮火までに1週間を要する火災事故が発生したことがある。この事故を受けて、安全対策がさらに強化されたという経緯がある。ナトリウムと硫黄は消防法に定める危険物であり、その設置には所定の手続きが必要で、ナトリウム硫黄電池に関する消防法の規定もあるが、一定の要件に適合するものについては特例の適用を受けることができるというレベルまで安全性の高さが確認されている。

第12章・電力貯蔵用二次電池

第1節・ナトリウム硫黄電池

レドックスフロー電池

［活物質を含んだ電解液を循環させて充放電を行う］

　鉄のイオンには2価の Fe^{2+} と3価の Fe^{3+} があるが、こうした価数の異なるイオンの組み合わせを**レドックス対**という。ほかにも、クロムも2価と3価になるし、バナジウムは2価から5価まで変化する。先に説明したように "redox" は「酸化還元」意味する（P270参照）。こうしたレドックス対を溶解させた2種類の**電解液**を反応させる電池を**レッドクス電池**という。それぞれのレドックス対が**活物質**になる。さらに、レドックス対を外部から供給して（実際には循環させて）充放電を行う電池を**レドックスフロー電池**（redox flow battery）という。"flow" は「流動」を意味し、**RF電池**と略されることがある。

　レドックスフロー電池は、正負の活物質が電解液中に存在する電池で、**電極**は反応する場所を作り出すためだけに使われる。電池の外部から活物質を連続的に供給しているので、**燃料電池**の一種ともいえるが、燃料電池では不可能な充電も行うことができる。

　レドックスフロー電池は1974年にNASAが基本原理を発表した。これを受けて、日本を含め世界各国で**電力貯蔵用電池**として開発が始まった。当初は正極に鉄イオン、負極にクロムイオンを使う**鉄−クロム系レドックスフロー電池**の開発が中心だったが、1985年頃にバナジウムイオンを使うものが発明され性能向上が期待された。日本では住友電気工業が2001年に**バナジウム系レドックスフロー電池**を実用化し、実証実験を経て実運用が始まっている。海外においても世界各地で数多くの実証試験、実用化が進められている。

◆レドックスフロー電池の動作原理

　バナジウム系レドックスフロー電池の構造を模式的に示すと、〈図02-01〉のようになる。電池反応を生じる単セルの容器は、セパレータの役目も果たす**イオン交換膜**によって正極側と負極側に区切られている。イオン交換膜は水素イオンのみを通すものが使われる。セルのそれぞれの側には**電極**として炭素繊維でできたシート状の**カーボンフェルト**が備えられる。2つのタンクに蓄えられた正極用と負極用の電解液は、ポンプによって単セルの正極側と負極側に別々に流されて循環する。

　電解液は、**酸化硫酸バナジウム** $VOSO_4$ の水和物を**希硫酸**に溶解して4価の**バナジ**

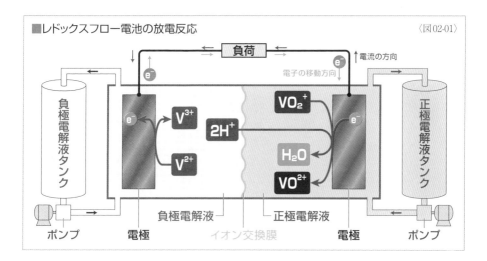

■レドックスフロー電池の放電反応 〈図02-01〉

負荷

電流の方向

電子の移動方向

負極電解液タンク

正極電解液タンク

V^{3+}

$2H^+$

V^{2+}

VO_2^+

H_2O

VO^{2+}

ポンプ　電極　　負極電解液　　正極電解液　　電極　ポンプ

イオン交換膜

ウムイオン溶液にしたものを電気分解して、負極用はV^{2+}/V^{3+}のレドックス対を含有する硫酸水溶液、正極用はV^{5+}/V^{4+}のレドックス対を含有する硫酸水溶液にしたものが使われる。

電池反応は〈式02-02～04〉で示される。放電時、負極では**硫酸バナジウム** VSO_4 のバナジウムの**酸化数**が〈+2〉から〈+3〉になって**酸化**される。電子 e^- は外部回路を通り、水素イオン H^+ はイオン交換膜を通って負極から正極に移動する。正極では酸化硫酸バナジウム（$VO_2)_2SO_4$ のバナジウムの酸化数が〈+5〉から〈+4〉になって**還元**される。充電時には逆の反応が起こる。

負極反応　$2VSO_4 + H_2SO_4 \rightleftarrows V_2(SO_4)_3 + 2H^+ + 2e^-$ ・・・・・・・・・・・〈式02-02〉

正極反応　$(VO_2)_2SO_4 + H_2SO_4 + 2H^+ + 2e^- \rightleftarrows 2VOSO_4 + 2H_2O$ ・・・〈式02-03〉

全電池反応　$2VSO_4 + (VO_2)_2SO_4 + 2H_2SO_4 \rightleftarrows V_2(SO_4)_3 + 2VOSO_4 + 2H_2O$ ・〈式02-04〉

硫酸に関連する反応を省略して、〈式02-05～07〉のように電池反応が示されることも多い。これらの式のほうがバナジウムイオンの価数の変化がさらにわかりやすい。

負極反応　$V^{2+} \rightleftarrows V^{3+} + e^-$ ・・・・・・・・・・・・・・・・・・・〈式02-05〉

正極反応　$VO_2^+ + 2H^+ + e^- \rightleftarrows VO^{2+} + H_2O$ ・・・・・・・・・・・・・・〈式02-06〉

全電池反応　$V^{2+} + VO_2^+ + 2H^+ \rightleftarrows V^{3+} + VO^{2+} + H_2O$ ・・・・・・・・〈式02-07〉

現在、日本で実用化されているバナジウム系レドックスフロー電池の単セルの**公称電圧**は1.4 Vにされている。

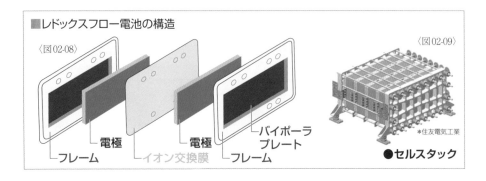

■レドックスフロー電池の構造

〈図02-08〉

電極　フレーム　イオン交換膜　電極　フレーム　バイポーラプレート

〈図02-09〉

●セルスタック

*住友電気工業

◆ レドックスフロー電池の構造

　実用化されている**レドックスフロー電池**では**バイポーラ形電極**が採用されている。〈図02-08〉のようにフレーム−電極−イオン交換膜−電極−……の順に重ねられ、フレームから次のフレームまでが**単セル**になる。フレームには**バイポーラプレート（双極板）**が備えられ、正極と負極が表裏に接触することでバイポーラ形電極が構成される。こうして〈図02-09〉のように単セルが積層されたものを**セルスタック**という。

　フレームには2種類の電解液の注入口と排出口が備えられていて、フレームとイオン交換膜の隙間に、タンクに蓄えられた電解液がポンプによって循環される。充放電の際の発熱で電解液の温度が上昇するため、循環経路の途中には熱交換器が備えられる。

◆ レドックスフロー電池のメリットとデメリット

　レドックスフロー電池の**質量エネルギー密度**は10〜20 Wh/kg、**体積エネルギー密度**は15〜25 Wh/Lで、一般的な鉛蓄電池より低い。ポンプなどで電力を消費するうえ電解液を通じての電流漏れが生じるため、**充放電効率**も80%程度しかない。

　しかし、レドックスフロー電池は溶解析出や膨張収縮による電極の劣化がなく、深い放電や不規則な充放電などの過酷な使用でも電解液はほとんど劣化しないため、1万回以上の**サイクル寿命**がある。電解液のタンクを大きくするだけで、容量を増やせるので、大型化に適している。短時間であれば高出力での使用ができ、負荷の変動に対しても高速で応答できる。水溶液電池であり、異常時にも有毒物質の発生や爆発などの危険性も少ない。以上のようなメリットもあるため、レドックスフロー電池は電力貯蔵用に適した電池だといえる。なお、**バナジウム**は**レアメタル**であって高価であるうえ、資源が偏在していて供給に不安が残るが、化石燃料の排気ガスや燃焼灰から回収する方法などが開発されている。

第13章

次世代二次電池

次世代二次電池の概要

［リチウムイオン電池を超える二次電池が求められている］

　リチウムイオン電池の誕生が新しい世の中を生み出したといっても過言ではない。スマートフォンや電気自動車など、数え上げればきりがない。とはいえ、電気自動車を本格的に普及させるためには、二次電池の**エネルギー密度**のさらなる向上や**コスト**の低減が必要だ。自動車ばかりではない。**脱炭素社会**ではすべての発電を**再生可能エネルギー発電**にする必要があるが、その発電したエネルギーを効率的に使うためには電力貯蔵用としての二次電池が欠かせない。実用化済みの電池による**電力貯蔵**も始まっているが、さらなる**サイクル寿命**の向上やコストの低減が求められている。

　リチウムイオン電池の誕生から30年あまりの間に、低く見積もっても**質量エネルギー密度**で2倍超、**体積エネルギー密度**で3倍超になっているが、エネルギー密度の向上は限界に達していると考えられていて、リチウムイオン電池の次に来る電池、つまり**次世代二次電池**が求められている。現状、その筆頭は**全固体電池**だと考えられている。

　とはいえ、当面実用化されるのはリチウムイオン電池を全固体化したものだ。全固体化によるメリットが活かされるため、現状の性能を超えることは確実だが、レアメタルであるリチウ

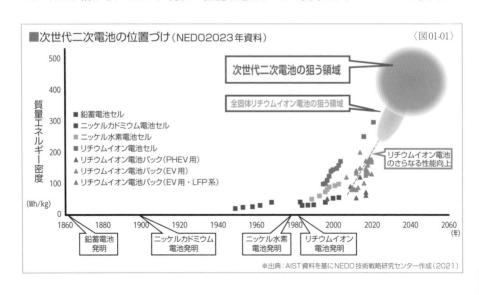

■次世代二次電池の位置づけ（NEDO2023年資料）　〈図01-01〉

※出典：AIST資料を基にNEDO技術戦略研究センター作成（2021）

ムには供給やコストに不安が残るため、**脱リチウム**も強く求められている。

　次世代二次電池はさまざまに研究されていて、〈図01-01〉のようなエネルギー密度向上に関する未来が想定されている。しかし、エネルギー密度以外にも、二次電池に求められる性能にはさまざまなものがある。**出力密度**や**サイクル寿命**、**充電時間**、ほかにもコストや安全性も要求性能として考えるべき要素だ。これらの要求性能のすべてが向上することが理想といえるが、二次電池は用途によって求められる性能が異なる。そのため、特定の性能が突出した次世代二次電池にも未来がある。

◆ 全固体電池の次を担う次世代二次電池

　インターカレーション反応を利用する**ロッキングチェア形電池**という**リチウムイオン電池**の動作機構そのものは、電極の劣化が少なくサイクル寿命が長いという魅力的なものだ。そのため、リチウムイオン電池のリチウムイオンを他の金属イオンに置き換えた電池がさまざまに研究されている。こうした電池を**金属イオン電池**と総称する。

　リチウムイオン電池の動作機構は優れたものだが、インターカレーション反応を利用するため、挿入脱離するための材料が必要になり、**エネルギー密度**の面で不利になる。つまり、優れた電池材料であるリチウムの利点を十分に活かしきれていない。供給に不安が残るリチウムだが、実際には海水中に多量に存在する。海水から低コストで抽出できる方法が開発されれば、供給の問題は解消する。そのため、**脱リチウム**の流れには逆行するが、リチウムを使う二次電池もさまざまに研究開発が続けられている。なかでも、**リチウム硫黄電池**や**リチウム空気電池**などが**次世代二次電池**として注目を集めている。

　リチウム空気電池のような**空気電池**は、正極活物質が大気中の酸素なので、エネルギー密度の面で有利だ。そのため、各種金属を使った**金属空気二次電池**が研究されているが、なかでも**亜鉛空気二次電池**は有力な次世代電池の候補だといえる。国立研究開発法人 新エネルギー・産業技術総合開発機構（NEDO）が2015年まで行なっていた「革新型蓄電池先端科学基礎研究事業」でも、亜鉛空気二次電池は取り上げられていた。

　また、リチウムイオン電池をはじめとする金属イオン電池では陽イオンがイオン伝導体の**電荷キャリア**になるが、陰イオンが電荷キャリアになるロッキングチェア形電池も研究されている。その代表的なものが**フッ化物イオン**を電荷キャリアに使う**フッ化物イオン電池**だ。フッ化物イオン電池はNEDOの現行事業「電気自動車用革新型蓄電池開発事業」でも取り上げられている。同事業では**亜鉛負極電池**も取り上げられている。

金属イオン電池

［脱リチウムを目指して開発されるロッキングチェア形電池］

　リチウムイオン電池のリチウムイオンを他の金属イオンに置き換えた**金属イオン電池**（**金属イオン二次電池**）はさまざまな金属で開発が進められているが、主に研究されているのは**ナトリウム、カリウム、マグネシウム、カルシウム、アルミニウム**などのイオンを用いた電池だ。それぞれの金属イオンが負極で**インターカレーション反応**する際の電位の目安になる**標準電極電位**は〈表02-01〉のようになる（表には比較のためにリチウムも含めている）。

　また、**全固体化**にはさまざまなメリットがあるため、リチウムイオン電池は全固体リチウムイオン電池へと進化しようとしているが、同様のメリットが活かされるため、金属イオン電池も全固体化を前提にして進められている研究開発も多い。

　ナトリウムはリチウムと同じ**1族元素**の**アルカリ金属**であり、性質が似ているため古くから研究が続けられている。**ナトリウムイオン電池**は**起電力**や**エネルギー密度**がリチウムイオン電池より小さくなるが、海水中などに無尽蔵にあり、低コストで製造できることが大きなメリットになる。同じくアルカリ金属であるカリウムを使った**カリウムイオン電池**も研究が進められている。

　アルカリ金属の**陽イオン**は**1価**だが、**2価**の陽イオンになるマグネシウムやカルシウム、3価の陽イオンになるアルミニウムを使った金属イオン電池も研究されていて、それぞれ**マグネシウムイオン電池、カルシウムイオン電池、アルミニウムイオン電池**という。これらを総称して**多価イオン電池**という。こうした多価イオン電池は1個のイオンが2倍や3倍の電荷を運ぶことができるので、**体積エネルギー密度**が大きくなる可能性を秘めている。そのいっぽうで、陽イオンの価数が大きくなるほど、マイナスの電荷を強く引き寄せるので、イオンが動きにくくなるといったデメリットがある。

■金属イオン電池に使われる 金属の標準電極電位 〈表02-01〉	
	標準電極電位 [V vs SHE]
リチウム　Li	−3.05
ナトリウム　Na	−2.71
カリウム　K	−2.93
マグネシウム　Mg	−2.36
カルシウム　Ca	−2.84
アルミニウム　Al	−1.68

また、リチウム系電池のなかには、正極にはインターカレーション反応を利用するが、負極には**合金化脱合金化反応**などインターカレーション反応以外の反応を採用するリチウム二次電池も実用化されている。同じように、金属イオン電池の研究対象になっている金属でも負極に**溶解析出反応**や合金化脱合金化反応などを利用する二次電池も研究されている。これらの機構を採用する場合、金属イオン電池には分類されず〇〇金属二次電池といった新たな名称で分類される可能性が高いが、ここでまとめて説明する。インターカレーション反応を利用する場合、イオンが挿入される材料の分だけエネルギー密度の面で不利になるが、溶解析出反応であればエネルギー密度を大きくすることができる。また、負極に金属を使用すれば、製造時に正極がその金属のイオンを含んでいる必要がなくなるといったメリットもある。

◆ ナトリウムイオン電池

　金属イオン電池のなかで、ほぼ実用化され普及に近づいているのが**ナトリウムイオン電池**（**ナトリウムイオン二次電池**）だ。"natrium-ion battery"から**NIB**もしくは**NiB**と略されたり、**Na-ion電池**と表記されることもある。ただし、ナトリウム（natrium）はラテン語もしくはドイツ語であり、英語では"sodium"というため、英語圏では"sodium-ion battery"といい、**SIB**もしくは**SiB**と略されたりするが、英語圏でもNIBやNiBも使われる。

　金属イオン電池材料としてのナトリウムは、**標準電極電位**がリチウムより0.3 V高いため、ナトリウムイオン電池の起電力はリチウムイオン電池より低くなる可能性が高い。**理論容量密度**もリチウムより小さいので、質量でも体積でも**エネルギー密度**の面で不利になる。

　しかし、ナトリウムイオン電池には低コスト以外にもさまざまなメリットがある。ナトリウムイオン電池は、リチウムイオン電池より**急速充電**できる可能性が高い。また、リチウムイオン電池は実用化されている他の二次電池に比べると低温に強いとはいえ、0℃付近より低温になると内部抵抗の増大によって放電容量が小さくなり、充電も難しくなるが、ナトリウムイオンはリチウムイオンにくらべて電解液中での溶媒和の程度が小さいので、電解液中をより自由に動けるため、リチウムイオン電池に比べて低温作動が可能になり、−30℃程度まで問題なく動作できる可能性があるとされている。

　なお、ナトリウムはリチウム以上に反応性が高いため、安全対策が欠かせない。これはリチウムイオン電池と共通のデメリットといえるが、すでにリチウムイオン電池でさまざまな安全対策が行われ、ある程度の成果をあげているため、ナトリウムイオン電池でも同レベルの安全対策を行うことが可能だ。

➡次ページに続く

ナトリウムイオン電池の開発では、正負極ともに**インターカレーション反応**を利用するものが中心になっている。ただし、ナトリウムのイオン半径はリチウムのイオン半径より約1.3倍大きいため、挿入脱離の際に電極の構造に与える影響がそれだけ大きくなる。負極の場合、黒鉛ではナトリウムイオンが挿入できないが、**ハードカーボン**であれば挿入脱離が可能であることが判明している。正極についても、リチウムイオン電池の正極材料中のリチウムイオンをナトリウムイオンに置き換えただけの材料は使えないが、**層状構造をもつ金属酸化物**や、**リン酸塩**、**プルシアンブルー類**など有望な材料が判明している。また、インターカレーション反応以外の反応を利用する**ナトリウム金属二次電池**の研究も行われている。

　ナトリウムイオン電池はリチウムイオン電池より起電力やエネルギー密度が小さくなると表現されることが多いが、リチウムイオン電池でも正極にリン酸鉄リチウムを使うものとの比較では、起電力はほぼ同程度であり、エネルギー密度が2割劣っている程度だ。リン酸鉄リチウム系のリチウムイオン電池は電気自動車への採用も始まっているが、ナトリウムイオン電池ならではのメリットがあるため、リン酸鉄リチウム系のリチウムイオン電池のライバルになる可能性が十分にある。

　中国のCATL（寧徳時代新能源科技）では、〈写真02-02〉のようなナトリウムイオン電池の商用化の発表と同時に、ナトリウムイオン電池とリチウムイオン電池を並列に接続して1つのパッケージに集積した〈写真02-03〉のような電気自動車用のバッテリーパックを提案している。こうした2種類の電池の組み合わせによって双方のメリットが活かされるという。詳細は

■ナトリウムイオン電池（CATL）

〈写真02-02〉

写真上は2021年にCATLが商用化を発表したナトリウムイオン電池のセル。写真右は同時に提案されたリチウムイオン電池とナトリウムイオン電池を並列にして双方のメリットを生かすことができる電気自動車用バッテリーパック。同社ではこれをABバッテリーパックソリューションと名づけている。

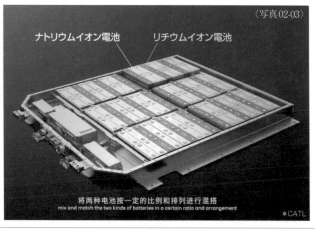

〈写真02-03〉

ナトリウムイオン電池　　リチウムイオン電池

将两种电池按一定的比例和排列进行混搭
mix and match the two kinds of batteries in a certain ratio and arrangement

＊CATL

■全固体ナトリウムイオン電池
　　　　（日本電気板硝子）

〈写真02-04〉

Neg
All-Solid-State Na-ion Battery

2023年に発表された日本電気板硝子が開発中のオール結晶化ガラスの酸化物系全固体ナトリウムイオン電池。−40～200℃の幅広い温度範囲で動作できる。全固体化により安全性が向上するのはもちろん、バイポーラ形電極に積層することも容易でエネルギー密度や出力密度を高めることが可能だ。2025年の実用化を目指している。

＊日本電気板硝子

明かされていないが、2023年には市販電気自動車への搭載も発表されている。

　ナトリウムイオン電池では全固体化の研究開発も進んでいる。日本では、日本電気硝子が〈写真02-04〉のような全固体ナトリウムイオン電池の開発に成功している。有機電解液を超えるナトリウムイオン伝導性と広い作動温度域を持つ結晶化ガラス固体電解質を開発し、主要部材である正負極とイオン伝導体のすべてを結晶化ガラス材料とした全固体電池としている。全固体化によって、エネルギー密度や安全性の向上が実現されている。

◆ カリウムイオン電池

　ナトリウムやリチウムと同じ1族元素のアルカリ金属であるカリウムを使ったカリウムイオン電池（カリウムイオン二次電池）も研究が進められている。カリウムの標準電極電位はリチウムとほぼ同じなので、カリウムイオン電池の起電力はリチウムイオン電池と同程度にできる可能性が高い。しかし、エネルギー密度はナトリウムイオン電池同様にリチウムイオン電池より劣る。

　これまでの研究によって、カリウムイオンはリチウムイオンやナトリウムイオンに比べて溶媒和が強くなく電解液中で動きが速いことが判明しているので、リチウムイオン電池やナトリウムイオン電池よりも大電流放電や急速充電を実現できる可能性もある。もちろん、カリウムも資源供給に不安がなく、低コストで製造できることが大きなメリットだ。

　実際のカリウムイオン電池の開発では、正負極ともにインターカレーション反応を利用するものが中心になっている。現状、負極では黒鉛やハードカーボンなどの炭素系材料が使われ、正極材料としてはナトリウムイオン電池でも研究されているプルシアンブルー類などが候補にあげられている。実験室レベルではある程度の成果が上がっている。

◆マグネシウムイオン電池

　2価の陽イオンを利用する多価イオン電池ではマグネシウムイオン電池（マグネシウムイオン二次電池）が研究開発されている。2族元素であるマグネシウムはその物性から優れた電池材料の1つであるといえる。一次電池だがマグネシウム空気電池は注水電池として実用化されているし（P161参照）、空気二次電池化の研究も進められている。

　しかし、多価イオン電池として考えた場合、マグネシウムイオンは溶媒和が強く、炭素負極ではインターカレーション反応できないうえ、負極として使える低い電位でマグネシウムイオンの挿入脱離が可能な材料はほとんど発見されていないが、デンドライトが生じないため、マグネシウム金属の溶解析出反応を採用できる。

　現状では、〈図02-05〉のように負極にマグネシウム金属の溶解析出反応もしくは合金化脱合金化反応、正極にインターカレーション反応を組み合わせた電池が主に研究されている。ただし、こうした組み合わせの場合、マグネシウムイオン電池ではなく、マグネシウム金属二次電池の一種だといえる。

　しかし、負極にマグネシウム金属を使うと、充放電時に不動態被膜が形成される。リチウムイオン電池の不動態被膜であるSEIはイオン伝導性があるので問題ないが、マグネシウムの表面にできる不動態被膜にはイオン伝導性も電子伝導性もないため、溶解析出反応が阻害されてしまう。そのため、マグネシウムの溶解析出を可能とする電解液が求められている。マグネシウムイオンの挿入脱離を行う正極についても、まだ決定的な材料が見つかっていない。また、多価であるため、結晶中でも電解液中でも移動速度が遅くなり、電極における

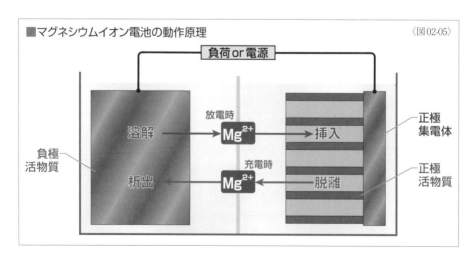

■マグネシウムイオン電池の動作原理　　　　　　　　　　　　　　　　　〈図02-05〉

反応も鈍い。

こうしたさまざまな課題は残されているものの、大きな起電力とエネルギー密度が期待できるうえ、マグネシウムは資源量が豊富で低コストで製造できる可能性が高いため研究が続けられている。

◆ カルシウムイオン電池

マグネシウムと同じ2族元素であるカルシウムを使ったカルシウムイオン電池（カルシウムイオン二次電池）も研究されている。カルシウムイオンは、マグネシウムイオンに比べるとイオン半径が大きく、それだけ結晶中でも電解液中でも移動速度が遅くなり、電極における反応も鈍くなる。インターカレーション反応でカルシウムイオンを挿入するにも大きなスペースが必要になる。

現状、正極材料としてはナトリウムイオン電池でも研究されているプルシアンブルー類が候補にあげられていて、負極にはカルシウム金属の溶解析出反応を組み合わせた、いわゆるカルシウム金属二次電池というべき電池が主に研究されている。起電力はマグネシウムイオン電池より0.5 V程度高くなることが期待できる。

マグネシウムイオン電池やマグネシウム金属二次電池以上に課題はまだまだ数多いが、カルシウムも資源量が豊富で低コストで製造できる可能性が高いため、現在も研究は進められている。

◆ アルミニウムイオン電池

3価の陽イオンを利用する多価イオン電池ではアルミニウムイオン電池（アルミニウムイオン二次電池）が研究されている。アルミニウムは体積あたりの理論容量密度がリチウムの4倍近くある。標準電極電位は他の金属イオン電池の候補よりはるかに高いため、起電力の大きな電池を構成することは難しいが、資源的にも不安は少なく、電池の安全性にも大きな問題はない。

現状では、負極にアルミニム金属の溶解析出反応、正極にアルミニウムイオンのインターカレーション反応を組み合わせた、いわゆるアルミニウム金属二次電池というべき電池が主に研究されているが、アルミニウムイオンは3価であるため、2価の陽イオンよりさらにマイナスの電荷を引き寄せやすく扱いが難しい。アルミニウムイオンの挿入脱離を行う正極は、決定的な材料が見つかっていないなど、まだまだ多くの課題が残っている。

リチウム硫黄電池

[リチウムイオン電池の2倍以上のエネルギー密度が望める]

　リチウム硫黄電池は負極に**リチウム金属**、正極に**硫黄**を使用する二次電池だ。英語表記である"lithium-sulfur battery"からLiSBと略されたり、Li-S電池やLiS電池と表記されたりする。活物質の組み合わせで考えると、ナトリウム硫黄電池（P284参照）のナトリウムを同じ**アルカリ金属**であるリチウムに置き換えたものだといえるが、ナトリウム硫黄電池では活物質を溶融状態で使用するが、リチウム硫黄電池では固体のまま使用する。

　硫黄の**理論容量密度**は1673 mAh/gあり、その値はリチウムイオン電池の正極活物質コバルト酸リチウムの10倍以上ある。そのため、リチウム硫黄電池の**起電力**は2 V程度にしかならないが、**理論質量エネルギー密度**は約2500 mWh/gという大きなものになる。もちろん、理論値通りの電池の実現は難しいが、500 mWh/g程度のエネルギー密度は容易に期待できる。この値は、電気自動車の本格的な普及に必要な当面の目標とされるエネルギー密度のレベルであり、現行のリチウムイオン電池の2倍以上のエネルギー密度になる。

◆リチウム硫黄電池

　リチウム硫黄電池の電池反応は〈式03-01～03〉で示される。放電時、負極では**リチウム金属** Li が**電子** e^- を放出して**リチウムイオン** Li^+ になり、電解液を通って正極に向かう。電子は外部回路を通じて正極に移動する。正極ではそれぞれ別の経路で移動してきたリチウムイオン Li^+ と電子 e^- が**硫黄** S と反応して**硫化リチウム** Li_2S になる。このリチウムの酸化反応と硫黄の還元反応によって**起電力**が生じる。充電時には逆の反応が起こる。

負極反応　$16Li \rightleftarrows 16Li^+ + 16e^-$ ・・・・・・・・・・・・・・・	〈式03-01〉
正極反応　$8S + 16Li^+ + 16e^- \rightleftarrows 8Li_2S$ ・・・・・・・・・	〈式03-02〉
全電池反応　$16Li + 8S \rightleftarrows 8Li_2S$	〈式03-03〉

　上記の電池反応がスムーズに進行すれば、エネルギー密度の高い次世代二次電池が実用化できるわけだが、実際にはさまざまに課題が残されている。

　電池反応の最終形は上記の式で示されるが、放電時の正極では、S から Li_2S に至る

過程で S → Li₂S₈ → Li₂S₆ → Li₂S₄ → Li₂S₂ → Li₂S といった**多硫化リチウム**の**中間生成物**が生じる。これらの中間生成物が電解液に溶解して拡散すると、負極側で多硫化リチウムが還元され、さらに拡散して正極側で酸化されることを繰り返し、多硫化リチウムが硫化リチウム Li₂S になるまで電解液中で電気化学反応が進行する。この現象を**レドックスシャトル**といい、**自己放電**に相当するので、充放電効率が低下してしまう。また、最終生成物 Li₂S が負極上に析出すると、負極の反応を阻害してしまう。ちなみに、"redox shuttle"とは、「酸化還元」の「往復便」を意味する（P270参照）。

さらに、硫黄は**絶縁体**であるため、正極には**電子伝導性**を与える必要がある。また、放電時の最終生成物 Li₂S の体積は、元の硫黄 S の体積の約1.8倍になる。正極はこの体積変化に耐えられるものでなければならない。

現状、中間生成物が溶解しないイオン伝導体として新たな電解液やイオン液体、また固体電解質の開発が進められている。また、正極に電子伝導性を与えると同時に体積変化に耐えられるようにするため、硫黄を担持する多孔性の炭素系材料などが研究されている。セパレータに関しても、**デンドライト**の成長を阻止し、中間生成物を通過させないものが研究されている。ほかにも、正極活物質として硫化リチウムを使うものや、負極にシリコンやスズなどを使うリチウム硫黄電池も検討されている。もちろん、リチウム硫黄電池でも全固体化の研究が同時進行で行われている。

研究開発は日本を含め世界各国で行われていて、かなりの成果が発表されている。たとえば、GSユアサでは〈写真03-04〉のようなリチウム硫黄電池によって400 mWh/gのエネルギー密度を実証している。

■**リチウム硫黄電池（GSユアサ）**　　　　　　　　　　　　　　　　〈写真03-04〉

GSユアサは以前からリチウム硫黄電池の研究を進めていたが、2019年からはNEDOの航空機用先進システム実用化プロジェクトの軽量蓄電池に関する研究開発に参画。2021年には中間目標の1つであるエネルギー密度400 mWh/g級のリチウム硫黄電池の実証に成功した。次なる目標である500 mWh/gを実証すべく、引き続き研究開発が続けられている。写真のリチウム硫黄電池は容量8 Ah。

*GSユアサ

金属空気二次電池

[エネルギー密度で圧倒的に有利な空気電池]

空気電池は正極活物質に空気中の酸素を利用する電池だ。空気極とも呼ばれる正極は反応する場所を提供するだけでよく、正極活物質を電池内に蓄えておく必要がないので、エネルギー密度が高くなる。空気一次電池はすでに実用化されているが、二次電池としても注目が集まっている。一次電池と区別する場合は、金属空気二次電池や空気二次電池という。現状、空気二次電池の負極活物質としては亜鉛、リチウム、アルミニウム、マグネシウム、鉄などが研究されている。

空気一次電池の場合、空気極では放電の際に酸素が還元されるだけだが、二次電池の場合は充電の際に酸素を発生させる反応が生じる。この酸素還元と酸素発生の両方の反応を促進させる触媒や電極が必要になるうえ、充電時の空気極は酸化反応に耐えられる必要がある。1つの電極に酸化と還元の両方の機能を備える必要がないように、構造を工夫した空気二次電池もさまざまに発案されている。

◆亜鉛空気二次電池

亜鉛空気電池は亜鉛を負極活物質に使用する空気電池で、一次電池はすでに実用化されている。亜鉛は供給にまったく不安がないわけではないが、現状では比較的低コストな

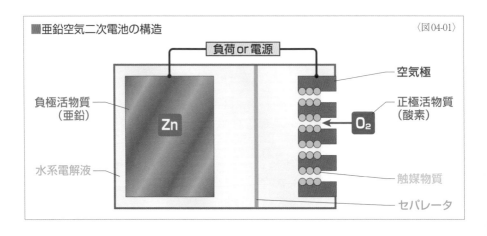

■亜鉛空気二次電池の構造　〈図04-01〉

負荷or電源

空気極

負極活物質
（亜鉛）

正極活物質
（酸素）

O₂

水系電解液

触媒物質

セパレータ

Zn

ので、乾電池などにも使われている。**亜鉛空気二次電池**の構造を模式的に示すと〈図04-01〉のようになる。電解液には水酸化カリウム水溶液などアルカリ性の**水系電解液**が使われる。実際の電池反応は条件によって変化し複雑だが、一般的には〈式04-02～04〉で示される。この反応式は**亜鉛空気一次電池**と基本的に同じだ（P159参照）。

負極反応　$2Zn + 4OH^- \rightleftarrows 2ZnO + 2H_2O + 4e^-$ ・・・・・・・・・〈式04-02〉

正極反応　$O_2 + 2H_2O + 4e^- \rightleftarrows 4OH^-$ ・・・・・・・・・・・・・・〈式04-03〉

全電池反応　$2Zn + O_2 \rightleftarrows 2ZnO$ ・・・・・・・・・・・・・・・・・・〈式04-04〉

反応式から求められる**理論起電力**は約1.65 Vになるが、実際の端子電圧は1.2 ～ 1.4 V程度になる。**理論エネルギー密度**は1350 mWh/gを上回り、優れた可能性を秘めている。

一次電池は実用化されているとはいえ、二次電池化すると充電の際に**デンドライト**が生じやすい。また、酸素還元と酸素発生の両方の反応を促進できる空気極については、ペロブスカイト形やスピネル形と呼ばれる結晶構造をもつ酸化物が有力と考えられているが、決定的なものは見出されていない。そのため、構造を工夫した**メカニカルチャージ式**や**第3電極式**、**フロー式**といったものも研究開発されている。

メカニカルチャージ式亜鉛空気電池は**機械充電式亜鉛空気電池**ともいい、〈図04-05〉のように負極と電解液をカセットにして交換可能にしたものだ。放電によって負極活物質が減少したら、カセットの交換で満充電の状態に戻せるので、短時間で充電が行える。交換されたカセットの電解液に溶解した亜鉛は工場でまとめて回収して金属亜鉛に戻す。電池の空気極は酸素の還元だけを行えばよい。

➡次ページに続く

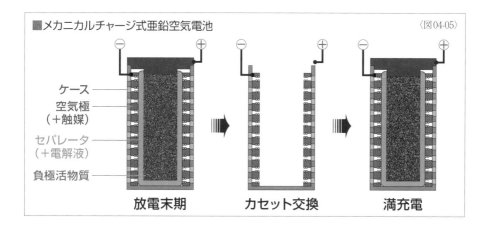

■メカニカルチャージ式亜鉛空気電池　〈図04-05〉

ケース
空気極（＋触媒）
セパレータ（＋電解液）
負極活物質

放電末期　　カセット交換　　満充電

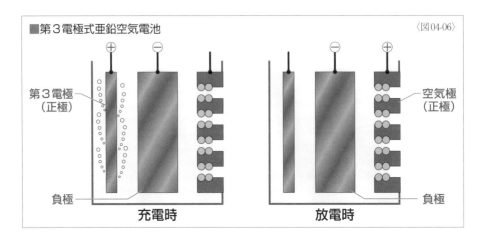

■第3電極式亜鉛空気電池　　　　　　　　　　　　　　　　　　　　　　〈図04-06〉

第3電極
（正極）

空気極
（正極）

負極

負極

充電時　　　　　　　　　　　　放電時

　第3電極式亜鉛空気電池では、〈図04-06〉のように亜鉛負極と放電時に使用する空気極とは別に、第3の電極として充電専用の正極が備えられる。酸素還元の空気極と酸素発生の正極に役割分担することで電極の負担が小さくなるが、セルの構造は複雑になる。

　フロー式亜鉛空気電池は、〈図04-07〉のように電解液タンクと放電用セル、充電用セルで構成される。電解液には微粒子化した亜鉛を分散させてあり、両セルの負極には活物質が備えられず反応する場所になる。放電時には放電用セルで電解液中の亜鉛が酸化されて酸化亜鉛になる。生成された酸化亜鉛は電解液とともに電解液タンクに送られる。充電時には充電用セルで電解液中の酸化亜鉛が還元されて金属亜鉛になる。役割が単純化されるので、各電極の負担が小さくなる。セルとタンクが独立しているので、タンクの大型化によって容易に大容量化することができるので電力貯蔵に適している。

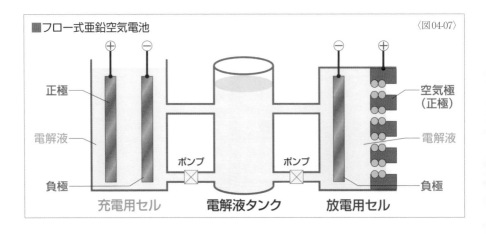

■フロー式亜鉛空気電池　　　　　　　　　　　　　　　　　　　　　　〈図04-07〉

正極

電解液

負極

空気極
（正極）

電解液

負極

ポンプ　　　　　　　　ポンプ

充電用セル　　　　　電解液タンク　　　　　放電用セル

◆リチウム空気二次電池

リチウム空気電池はリチウム金属を負極活物質に使用する空気電池だ。リチウム空気二次電池の構造を模式的に示すと〈図04-13〉のようになる。現状、空気極にはカーボンナノチューブやカーボンブラックなど多孔質の炭素系材料が有望視されていて、電解液には有機電解液が使われることが多いが、イオン液体でも研究されている。電池反応は〈式04-08〜12〉で示されように正極では2種類の反応が生じる。放電時、負極ではリチウム金属 Li が電子 e^- を放出してリチウムイオン Li^+ になり、電解液を通って正極に向かう。電子は外部回路を通じて正極に移動する。正極では、それぞれ別の経路で移動してきたリチウムイオン と電子が酸素 O_2 と反応して過酸化リチウム Li_2O_2 もしくは酸化リチウム Li_2O になる。充電時には逆の反応が生じることになる。

負極反応	$Li \rightleftarrows Li^+ + e^-$	〈式04-08〉

正極反応	$O_2 + 4Li^+ + 4e^- \rightleftarrows 2Li_2O$	〈式04-09〉
	$O_2 + 2Li^+ + 2e^- \rightleftarrows Li_2O_2$	〈式04-10〉

全電池反応	$4Li + O_2 \rightleftarrows 2Li_2O$	〈式04-11〉
	$2Li + O_2 \rightleftarrows Li_2O_2$	〈式04-12〉

これらの電池反応から得られる起電力は2.9〜3.1 Vになる。理論エネルギー密度は10000 mWh/gを上回り、あらゆる二次電池のなかで最高の値になる。そのため、リチウム空気電池は究極の二次電池といわれることもあるが、実用化に向けた課題はさまざまに残されている。

➡次ページに続く

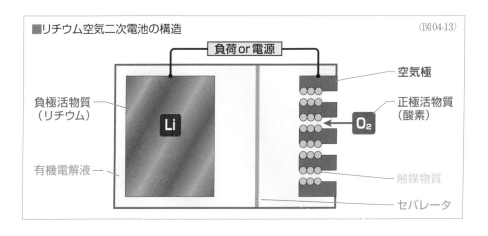

■リチウム空気二次電池の構造　　　　　　　　　　　　〈図04-13〉

負荷or電源

空気極

負極活物質（リチウム）

Li

正極活物質（酸素）

O₂

有機電解液

触媒物質

セパレータ

金属空気二次電池共通の課題には、酸素還元と酸素発生の両方の反応を促進でき、充電時の酸化にも耐えられる**触媒**や**空気極**の開発がある。**リチウム空気電池**の亜鉛空気電池と共通の課題には、**デンドライト**対策がある。さらに、リチウム空気電池の場合は、放電時の反応生成物である**過酸化リチウム** Li_2O_2 も**酸化リチウム** Li_2O も**有機電解液**に溶解しないため、析出によって空気極を目詰まりさせたり反応を阻害したりするという問題がある。また、リチウムが空気中の水分と反応すると水素ガスが発生して危険なうえ、空気中の窒素と反応して放電を阻害する可能性もある。そのため、リチウム金属負極が空気に触れず、電解液にも空気中の水分が侵入しないようにする必要がある。可燃性である有機電解液を使用するのであれば、安全対策も必要になる。

亜鉛空気電池と同じように、**メカニカルチャージ式リチウム空気電池**や**第3電極式リチウム空気電池**も検討されているが、**水系電解液**を併用することで課題を解決する方法も研究されている。

〈図04-14〉のように負極側に有機電解液、空気極側に**アルカリ性**の水系電解液を使用し、セパレータとしてリチウムイオンだけを通す**固体電解質**や**イオン交換膜**を配置する。こうした構造にすることで、負極側はリチウム空気電池の反応だが、空気極側は亜鉛空気電池と同じ反応にすることができる。放電時に負極では〈式04-15〉のように**リチウム金属** Li が**電子** e^- を放出して**リチウムイオン** Li^+ になり、有機電解液→固体電解質を通って正極側の水系電解液に至る。外部回路を通じて空気極に移動した電子は〈式04-16〉のように空気中の**酸素** O_2 と電解液中の**水** H_2O と反応して**水酸化物イオン** OH^- を生じる。こ

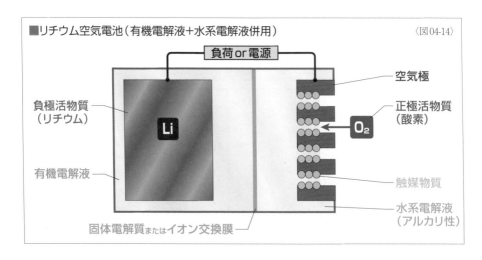

■リチウム空気電池（有機電解液＋水系電解液併用）　〈図04-14〉

負荷or電源

空気極

負極活物質
（リチウム）

正極活物質
（酸素）

Li

O₂

有機電解液

触媒物質

固体電解質またはイオン交換膜

水系電解液
（アルカリ性）

の反応は亜鉛空気電池の空気極の反応と同じだ。空気極側の水系電解液のなかではリチウムイオンと水酸化物イオンが出会って〈式04-17〉のように**水酸化リチウム** LiOH が生成されるが、実際にはリチウムイオンと水酸化物イオンに電離した状態が維持される。充電時には逆の反応が起こることになり、全電池反応は〈式04-18〉で示される。

負極反応 $4Li \rightleftarrows 4Li^+ + 4e^-$ ・・・・・・・・・・・・〈式04-15〉

正極反応 $O_2 + 2H_2O + 4e^- \rightleftarrows 4OH^-$ ・・・・・・・・・・〈式04-16〉

電解液内反応 $4Li^+ + 4OH^- \rightleftarrows 4LiOH$ ・・・・・・・・・・・〈式04-17〉

全電池反応 $4Li + O_2 + 2H_2O \rightleftarrows 4LiOH$ ・・・・・・・・・・〈式04-18〉

有機電解液のみを使う場合に比べると構造が複雑になるが、放電時の反応生成物である水酸化リチウムは水溶性であるため、空気極を詰まらせたりすることがなくなる。固体電解質であればデンドライトにも対処できるうえ、有機電解液と水系電解液を確実に分離すれば、負極のリチウムが水と反応することもなくなる。すでにこうした構造に有効なイオン交換膜などは開発されていて、残る大きな課題はやはり優れた空気極の開発だといえる。そのため、空気極が酸素還元と酸素発生の両方の役割を果たす必要がないように、水系電解液の側に充電専用の第3電極を備える構造なども研究されている。

有機電解液をまったく使用せず、リチウム金属負極を固体電解質やイオン交換膜で直接包む〈図04-19〉のような構造のリチウム空気電池も研究されている。構造は異なるが、基本的な発想は有機電解液と水系電解液を併用する場合と同じだ。

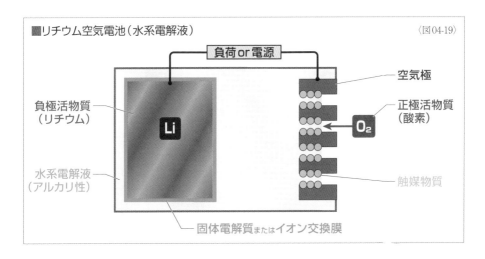

■リチウム空気電池（水系電解液） 〈図04-19〉

負荷or電源

空気極

負極活物質
（リチウム）

Li

正極活物質
（酸素）

O₂

水系電解液
（アルカリ性）

触媒物質

固体電解質またはイオン交換膜

第13章・第5節
フッ化物イオン電池

［陰イオンが電極間を行き来するロッキングチェア形電池］

　フッ化物イオン電池は、フッ化物イオンが正極と負極の間を行き来する**ロッキングチェア形電池**だ。フッ化物イオン電池の英語 "fluoride-ion battery" から**フルオライドイオン電池**と呼ばれたり、**FIB** もしくは **FiB** と略されたり、**F-ion電池**と表記されることもある。また、「往復便」を意味する英語 "shuttle" から、**フッ化物イオンシャトル電池**や**フッ化物シャトル電池**ともいい、その英語 "fluoride shuttle battery" から **FSB** と略されたりもする。単に**フッ化物電池**ということも多い。

　リチウムイオン電池をはじめとする**金属イオン電池**では**陽イオン**がイオン伝導体の**電荷キャリア**になる。こうした電池を**カチオン移動形電池**というが、フッ化物イオン電池では**陰イオン**であるフッ化物イオン F^- がイオン伝導体の電荷キャリアになる。こうした陰イオンが電荷キャリアになる電池を**アニオン移動形電池**という。フッ化物イオンは非常に安定しているため、優れた電荷キャリアになる可能性がある。

　金属イオン電池でもインターカレーション反応以外にコンバージョン反応が研究されるようになっているが、フッ化物イオン電池では正極と負極で異なる金属を使ったコンバージョン反応が主に研究されていて、金属は**多価イオン**になるものが選ばれている。しかも、**フッ化物**

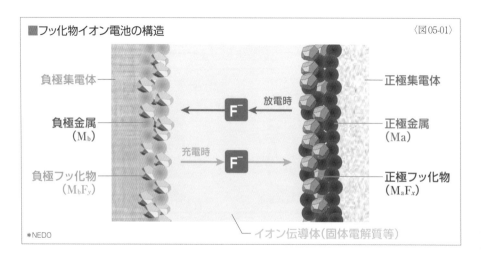

■フッ化物イオン電池の構造　　　　　　　　　　　　　　　　　　〈図05-01〉

- 負極集電体
- 負極金属（M_b）
- 負極フッ化物（M_bF_y）
- 正極集電体
- 正極金属（M_a）
- 正極フッ化物（M_aF_x）
- イオン伝導体（固体電解質等）

放電時　F^-
充電時　F^-

＊NEDO

308

は多種多様に存在するため、正極と負極の材料の組み合わせには幅広い選択肢がある。

フッ素は資源が偏在していて将来の供給に不安が残るものの、現状ではリチウムやコバルトなどのレアメタルよりも低コストだ。多価金属も低コストで調達できるものが多いため、フッ化物イオン電池は低コストでエネルギー密度の高い**次世代二次電池**として期待されている。

◆ フッ化物イオン電池

フッ化物イオン電池の正極の金属をM_a、負極の金属をM_bとして、構造を模式的に示すと〈図05-01〉のようになり、電池反応は〈式05-02〜04〉で示される(式は陽イオンになった際のM_aとM_bの価数が同数の場合)。放電時には**正極**で**脱フッ化反応**、**負極**で**フッ化反応**が生じる。正極で生じた**フッ化物イオン** F^- はイオン伝導体を通って負極に向かい、負極で生じた**電子** e^- は外部回路を通じて正極に移動することで電流が流れる。充電時には逆に正極でフッ化反応、負極で脱フッ化反応が生じる。

$$正極反応 \quad M_aF_x + xe^- \ \rightleftarrows\ M_a + xF^- \qquad \cdots\cdots\cdots\cdots\cdots \langle式05\text{-}02\rangle$$

$$負極反応 \quad M_b + xF^- \ \rightleftarrows\ M_bF_x + xe^- \qquad \cdots\cdots\cdots\cdots\cdots \langle式05\text{-}03\rangle$$

$$全電池反応 \quad M_aF_x + M_b \ \rightleftarrows\ M_a + M_bF_x \qquad \cdots\cdots\cdots\cdots \langle式05\text{-}04\rangle$$

フッ化物イオン電池では、充放電の際に電極間を行き来するのは1価のイオンだが、電極では多価の反応を実現できるため、**エネルギー密度**の面で有利になる。また、インターカレーション反応を利用する場合、イオンを挿入脱離させるための材料が必要になるので、その分だけ質量や体積が大きくなるというデメリットがあるが、フッ化物イオン電池では**コンバージョン反応**を利用しているのでエネルギー密度の面で有利になる。現状のリチウムイオン電池の6〜7倍のエネルギー密度になる可能性があり、少なくとも3〜5倍のエネルギー密度が達成できると考えられている。ただし、使用する金属の比重によっては**質量エネルギー密度**はあまり高くならないこともあるが、**体積エネルギー密度**は高くなることが期待できる。

いっぽう、インターカレーション反応の場合、電極が劣化しにくいため**サイクル寿命**が長くなるというメリットがあるが、フッ化物イオン電池の場合はコンバージョン反応を利用するので、サイクル寿命を伸ばすことが大きな課題になる。

当面、フッ化物イオン電池は$400\,\mathrm{mWh/g}$、$900\,\mathrm{mWh/cm^3}$を目指して研究開発が進められている。当初から全固体化された**全固体フッ化物イオン電池**としての研究も多い。現状、幅広い**金属フッ化物**の選択肢のなかから最適な金属の組み合わせが模索されている。

第13章・第6節
亜鉛負極電池

［水酸化物イオンによるロッキングチェア形電池］

　NEDOの現行事業「電気自動車用革新型蓄電池開発事業」でフッ化物電池とともに取り上げられているのが**亜鉛負極電池**だ。**亜鉛負極**というだけではさまざまな正極の可能性があるが、現状ではまだ呼称が定まっていないため、このように表現されていると考えられる。取り上げられているのは〈図06-01〉のように**水酸化物イオン**が亜鉛負極と**炭素正極**の間を行き来する**ロッキングチェア形電池**で、**陰イオン**である水酸化物イオンが**電荷キャリア**になる**アニオン移動形電池**だ。NEDOでは亜鉛空気二次電池の研究が続けられてきたが、その空気極を炭素正極に置き換えて密閉したものだといえる。電池反応は〈式06-02〜03〉で示される。放電時に負極で**金属亜鉛** Zn が酸化されて**水酸化亜鉛** $Zn(OH)_2$になり、充電時に還元されて金属亜鉛になる。正極では**インターカレーション反応**によって**黒鉛** C に水酸化物イオン OH^- が挿入脱離する。

$$負極反応　Zn + 2OH^- \rightleftarrows Zn(OH)_2 + 2e^- \qquad 〈式06-02〉$$

$$正極反応　C(OH)_x + xe^- \rightleftarrows C + xOH^- \qquad 〈式06-03〉$$

　亜鉛空気二次電池は非常に大きな**エネルギー密度**が期待できるが、空気極にはまだまだ課題が残されている。空気電池と同じレベルは無理だが、そもそも金属亜鉛の理論容量密度は820 mAh/gあるので、亜鉛負極電池でもかなりのエネルギー密度が期待できる。当面、200 mWh/g、400 mWh/cm³を目指して研究開発が進められている。

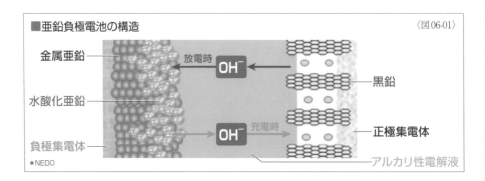

■亜鉛負極電池の構造　　　　　　　　　　　　　　　〈図06-01〉

金属亜鉛／水酸化亜鉛／負極集電体／放電時／充電時／OH⁻／黒鉛／正極集電体／アルカリ性電解液
＊NEDO

第14章

キャパシタ

電気二重層キャパシタ

[電気エネルギーそのものを蓄えるデバイス]

　二次電池と同じように**電気エネルギー**を蓄えられるデバイスには**キャパシタ**がある。電気回路や電子回路には欠かせないデバイスだ。以前は**コンデンサ**ということが多かったが、英語圏では通じないため、英語表現でキャパシタ（capacitor）ということが増えている。

　二次電池の場合、電気エネルギーを蓄えるとはいっても、実際には**化学エネルギー**に変換して蓄えているが、キャパシタは電気エネルギーそのものを蓄える。キャパシタは化学反応をともなわない物理的な現象で充放電を行うので、反応が速く、**出力密度**は二次電池を上回り、**急速充電**も可能だ。副反応などによる劣化も生じないため**サイクル寿命**も長い。

　とはいえ、従来のキャパシタの**エネルギー密度**はリチウムイオン電池より3桁ほど小さく、容量の大きなものの製造も困難であるため、二次電池と同じような使われ方をすることはなかった。しかし、従来よりエネルギー密度を高めることができる**電気二重層キャパシタ**（**電気二重層コンデンサ**）というものが開発されたことで、可能性が大きく広がり、さまざまな用途で使われている。電気二重層キャパシタはその英語"electric double-layer capacitor"からEDLCと略されほか、**スーパーキャパシタ**や**ウルトラキャパシタ**と呼ばれることもある。

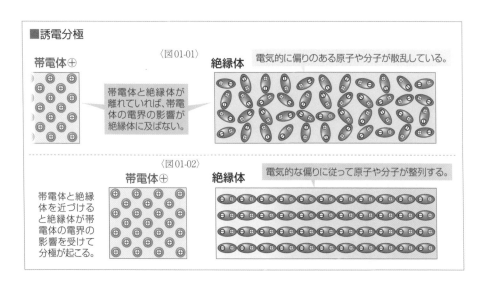

■誘電分極

〈図01-01〉

帯電体⊕　　　　　　　絶縁体　　電気的に偏りのある原子や分子が散乱している。

帯電体と絶縁体が離れていれば、帯電体の電界の影響が絶縁体に及ばない。

〈図01-02〉

帯電体⊕　　　　　絶縁体　　電気的な偏りに従って原子や分子が整列する。

帯電体と絶縁体を近づけると絶縁体が帯電体の電界の影響を受けて分極が起こる。

◆ キャパシタの動作原理

　絶縁体には**自由電子**も**イオン化**した原子や分子も存在しない。個々の原子や分子の内部では電気的にプラスに偏った部分やマイナスに偏った部分が存在するが、〈図01-01〉のように無秩序に分散しているため、プラスとマイナスが打ち消しあって電気的な性質は現れない。こうした絶縁体に、たとえばプラスに帯電した物質を近づけると、原子や分子の電気的な偏りとの間に**静電気力**が働き、〈図01-02〉のように原子や分子の電気的な偏りによって整列する。すると、電圧源を直列接続したときと同じように、絶縁体の両端に電気的な性質が強く現れる。こうした現象を**誘電分極**といい、誘電分極する絶縁体を**誘電体**という。

　回路部品として使われる従来形の**キャパシタ**は、〈図01-03〉のように**電極**となる2枚の導体の間に誘電体を挟んだ構造をしている。キャパシタを直流電源につなぐと〈図01-04〉のように誘電体が誘電分極してプラス側の電極に**プラスの電荷**、マイナス側の電極に**マイナスの電荷**が蓄えられる。これをキャパシタの**充電**といい、電源の電圧と両電極の電位差が等しくなるまで電流が流れる。電源を外しても、〈図01-05〉のように静電気力で引きあっているため、両電極の電荷は保持される。〈図01-06〉のように充電されたキャパシタを負荷につなぐと、電荷の移動が起こりプラスに帯電した電極からマイナスに帯電した電極に電流が流れる。これをキャパシタの**放電**といい、電極の電荷がなくなるまで続く。

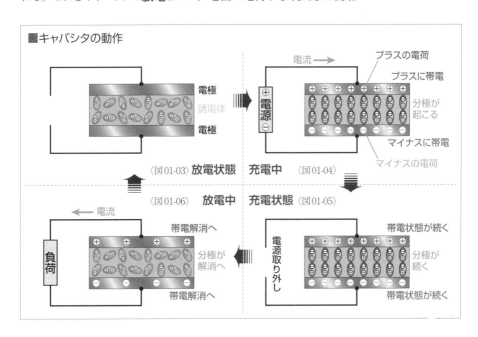

■キャパシタの動作

◆キャパシタのメリットとデメリット

キャパシタは両電極の電位差が大きいほど、蓄えられる**電荷**の量が大きくなるため、二次電池のように［Ah］で**容量**を示すことができない。そのため、**静電容量**という物理量でキャパシタの能力が示され、単位には［F］が使われる。蓄えられる電荷の量をQ［C］、電極にかけられる電圧をV［V］、静電容量をC［F］とすると、その関係は〈式01-07〉で示される。つまり、蓄えられている**電荷量**（**電気量**）と**端子電圧**は比例関係になる。キャパシタの蓄えるエネルギー W［Ws］は〈式01-08〉で示される。ただし、どんな電圧でも大丈夫というわけではなく、それぞれのキャパシタには耐えられる上限の電圧が決められている。

また、〈図01-09〉のように電極の面積をA［m³］、電極間の距離をd［m］、**誘電体の誘電率**をε［F/m］とすると、静電容量Cは〈式01-10〉で示される。詳しい説明は省略するが、誘電率とは物質ごとに異なる**静電気力**の現れやすさの度合いを示す物理量だ。

$$Q = CV \text{ [C]} \quad \cdots\cdots\cdots \langle\text{式01-07}\rangle$$

$$W = \frac{1}{2}CV^2 \text{ [Ws]} \quad \cdots\cdots \langle\text{式01-08}\rangle$$

$$C = \varepsilon\frac{A}{d} \text{ [F]} \quad \cdots\cdots\cdots \langle\text{式01-10}\rangle$$

〈図01-09〉

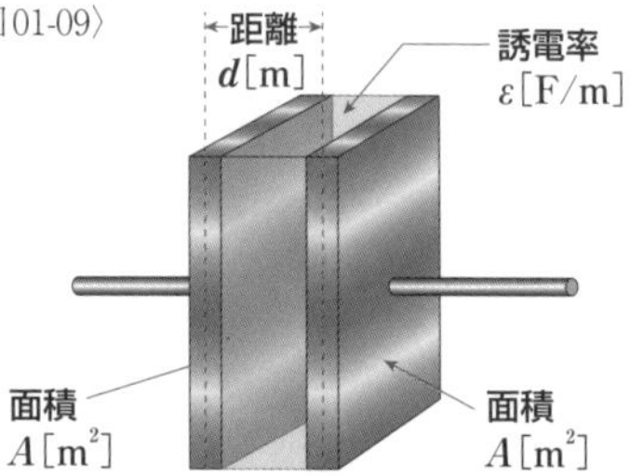

距離 d［m］
誘電率 ε［F/m］
面積 A［m²］
面積 A［m²］

電極の面積を大きくすれば、キャパシタの静電容量を大きくできるが、それには限界がある。**質量エネルギー密度**として考えてみると、キャパシタはリチウムイオン電池より3桁程度低い。そのいっぽうで、キャパシタの**質量出力密度**はリチウムイオン電池より2桁程度高い。加えてキャパシタは**急速充電**も可能で、**サイクル寿命**が非常に長い。

◆ 電気二重層キャパシタの動作原理

電気二重層キャパシタの構造を模式的に示すと〈図01-11〉のようになる。2つの**電極**と**電解液**、**セパレータ**という構成は二次電池と同じで、電極には電解液と反応しないものが使われる。電解液には**水系電解液**もしくは**有機電解液**が使われることが多いが**イオン液体**なども検討されている。

電気二重層キャパシタを直流電源につなぐと〈図01-12〉のようにプラス側の電極の**プラスの電荷**に電解液中の**陰イオン**が引き寄せられて電極表面に吸着し、マイナス側の電極の

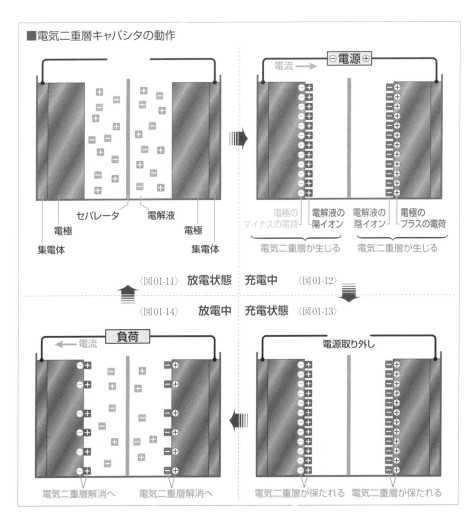

■電気二重層キャパシタの動作

電流 →　　─電源＋

電極の　電解液の　　電解液の　電極の
マイナスの電荷　陽イオン　　　陰イオン　プラスの電荷
　　　電気二重層が生じる　　電気二重層が生じる

セパレータ　　電解液
電極　　　　　　電極
集電体　　　　　　　　集電体

〈図01-11〉　放電状態　充電中　〈図01-12〉

〈図01-14〉　放電中　充電状態　〈図01-13〉

負荷
← 電流　　　　　　　　　　　電源取り外し

電気二重層解消へ　電気二重層解消へ　　電気二重層が保たれる　電気二重層が保たれる

マイナスの電荷に電解液中の**陽イオン**が引き寄せられて電極表面に吸着する。電極内の電荷の層と電極表面の電荷（イオン）の層が二重になるため、これを**電気二重層**という。イオンの層の厚さはnmのレベルしかない。この電気二重層がプラス側の電極とマイナス側の電極の双方に形成される。これが電気二重層キャパシタの**充電**だ。

　電源を外しても、電気二重層は**静電気力**で引きあっているため、〈図01-13〉のように両電極の電気二重層は保持される。〈図01-14〉のように充電された電気二重層キャパシタに負荷をつなぐと、電荷の移動が起こりプラスに帯電した電極からマイナスに帯電した電極に電流が流れ、**放電**が行われる。

◆電気二重層キャパシタの構造

　誘電体を使う従来形の**キャパシタ**の場合、その**容量**は**電極**の面積に比例するが、**電気二重層キャパシタ**の場合は電極と**電解液**の接触する**反応面積**に比例する。電極を多孔質の素材にしたり微粒子化したりすれば電解液との接触面積を大きくできるため、従来形キャパシタより電気二重層キャパシタのほうが比較的簡単に容量を大きくできる。

　しかし、従来形キャパシタの場合は許容電圧の範囲内であれば、高い電圧で充電が行えるが、電解液を使う電気二重層キャパシタの場合は、電解液の**電位窓**によって充電できる電圧が制限される。**水系電解液**の場合は、**水の電気分解**が生じてしまうため、１Ｖ程度が上限になり、**有機電解液**の場合はその種類によって異なるが、３Ｖ程度が上限になる。このように作動電圧は有機電解液を使うもののほうが高くなるが、水系電解液のほうが**イオン伝導性**が高いため、大電流で作動させることが可能になる。

　実際の電気二重層キャパシタでは電極に炭素系材料である**活性炭**が使われ、集電体には**アルミニウム箔**が使われることが多い。活性炭の表面積は１ｇあたり1000～3000 m^2 もあり、これを数μｍのサイズにまで微粒子化したものを使うことで反応面積を大きくしている。こうした活性炭の微粉末に**アセチレンブラック**や**ケッチェンブラック**などの**導電助剤**と**結着剤**が加えられて**合剤**にされる。

　水系電解液では**硫酸水溶液**や**水酸化カリウム水溶液**が使われ、有機電解液ではリチウムイオン電池でも使われているPC（**プロピレンカーボネート**）やγ-BL（**γブチロラクトン**）などの**有機溶媒**に支持塩を溶解したものが使われる。**セパレータ**にはガラス繊維などの不織布やポリエチレンやポリプロピレンなどの多孔膜が使われ、そこに電解液が含浸される。こうした合剤電極とセパレータによってリチウムイオン電池などと同じように、**巻回電極**か

■電気二重層キャパシタ（日本ケミコン）

〈写真01-16〉

日本ケミコンが出荷している電気二重層キャパシタ。写真左は基板実装用のもので直径18mm。定格電圧は2.5Ｖ、静電容量は50Ｆある。写真右はネジ端子付円筒形で直径40mm、高さ65～150mm。定格電圧は2.5Ｖ、静電容量は300～1400Ｆ。ほかにも定格電圧2.8Ｖで3150Ｆといったものもある。

＊日本ケミコン　〈写真01-15〉

＊日本ケミコン

積層電極が構成される。〈写真01-15～16〉のように円筒形ものが多く、コイン形や基板に直接実装するためにリード線を備えたものもある。また、角形やラミネート形のものもある。

◆ 電気二重層キャパシタのメリットと用途

従来形キャパシタよりエネルギー密度が高められるとはいえ、電気二重層キャパシタでも質量エネルギー密度はリチウムイオン電池より1～2桁程度低い。しかし、出力密度は1桁程度高くなり、急速充電も可能だ。従来形キャパシタ、電気二重層キャパシタ、リチウムイオン電池を比較してみると〈図01-17〉のようになり、電気二重層キャパシタは従来形キャパシタとリチウムイオン電池の中間的な存在になる。

二次電池のサイクル寿命は数千回なのに対して、電気二重層キャパシタは十万回以上の充放電が可能だ。また、電気二重層キャパシタは化学反応を利用しないため、温度による影響を受けにくい。有機電解液を使うものでは-40℃程度でも問題なく使用できる。100℃に近い高温に耐えられるものもある。

エネルギー密度では劣るというデメリットがあるとはいえ、さまざまなメリットもあるため電気二重層キャパシタはすでにいろいろな用途で使われている。小型電子機器のメモリーバックアップ用電源や、プリンターなどのOA機器の高速起動用補助電源、大型のものでは雷対策として1MWを1秒間補償するような瞬低補償装置にも使われている。

また、ハイブリッド自動車の場合、電気自動車ほど容量の大きな二次電池は搭載されない。容量が小さいと大電流による充電が難しいため、減速時のエネルギー回生が十分に行えなくなる。そのため、二次電池に電気二重層キャパシタを併用し、減速時に無駄なくエネルギー回生を行えるようにしたり、急加速のアシストを可能にしたりしていることもある。

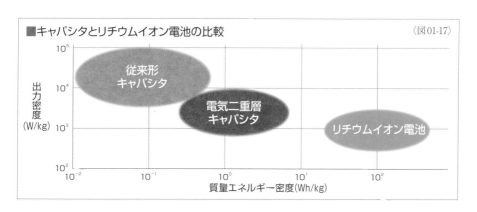

■キャパシタとリチウムイオン電池の比較　　　　　　　　　　　　　　　〈図01-17〉

レドックスキャパシタとハイブリッドキャパシタ

[電気二重層キャパシタと電気化学反応の融合]

　電気二重層キャパシタにはさまざまなメリットがあるが、リチウムイオン電池よりエネルギー密度が劣る。このデメリットを解消するために電気化学反応を応用するキャパシタがさまざまに研究開発されている。代表的なものがレドックスキャパシタとハイブリッドキャパシタだ。

◆レドックスキャパシタ

　電気二重層キャパシタの電極で、同時に酸化還元反応も生じさせることで容量を増大させたものを、酸化還元を意味する英語 "redox" からレドックスキャパシタという（P270参照）。酸化還元反応による容量は、キャパシタ本来の容量ではないため擬似容量といい、その擬似容量を利用するキャパシタであるため擬似キャパシタや、擬似を意味する英語 "pseudo" からシュードキャパシタともいう。レドックキャパシタはまだ実用化されていないが、電気二重層キャパシタよりエネルギー密度が1桁以上高くなる可能性がある。

　酸化還元反応は一定の電位で生じるため、二次電池の端子電圧はほぼ一定になる。いっぽう、キャパシタの電極は充放電の際に常に電位が変化していくため、酸化還元反応による擬似容量が現れる電位が限られてしまう。そのため、幅広い電位で擬似容量が得られるように、金属の価数が複数存在する酸化ルテニウムや酸化イリジウムといった金属酸化物や酸化還元電位が複数存在する導電性ポリマーが電極材料として注目されている。

◆ハイブリッドキャパシタ

　一方の電極では電気二重層による充放電を行い、もう一方の電極では二次電池と同じように酸化還元反応による充放電を行う蓄電デバイスがハイブリッドキャパシタだ。両極の反応に対称性がないため非対称キャパシタともいう。すでに電気二重層キャパシタとリチウムイオン電池を組み合わせたといえる〈写真02-01〉のようなリチウムイオンキャパシタが実用化されている。英語表記 "lithium-ion capacitor" からLICもしくはLiCと略されることもある。

　リチウムイオンキャパシタの正極には活性炭が使われ、負極にはリチウムイオン電池の負極材料と同じ黒鉛などの炭素系材料もしくはチタン酸リチウムなどが使われる。負極材料

■リチウムイオンキャパシタ（武蔵エナジーソリューションズ）　〈写真02-01〉

武蔵エナジーソリューションズのリチウムイオンキャパシタ。写真の単セルは150.2×93.2×15.8mmあり、定格電圧は3.8～2.2V。静電容量が3000Fのものと3800Fのものがある（容量は1.33Ahと1.68Ah）。100A以上の大電流による充放電が可能で、100万回以上のサイクル寿命がある。複数のセルが直列接続されたモジュールが各種用意されている。

＊武蔵エナジーソリューションズ

が炭素系材料の場合は、製造時にあらかじめ負極にリチウムイオンが挿入される。リチウムイオンキャパシタの構造を模式的に示すと〈図02-02〉のようになる。充電時には電解液中の**陰イオン**が正極に吸着して電気二重層を作り、電解液中のリチウムイオンが**インターカレーション反応**によって負極に挿入される。放電時には、正極に吸着していた陰イオンが電解液中に解放され、負極からはリチウムイオンが脱離する。

　黒鉛負極のリチウムイオンキャパシタの場合、リチウムイオン電池同様に3.7V程度の作動電圧が得られる。また、リチウムイオンキャパシタでは、負極にあらかじめリチウムイオンが挿入されているため、電気二重層キャパシタより容量が大きくなる。結果、リチウムイオンキャパシタのエネルギー密度は電気二重層キャパシタの数倍になる。

　ハイブリッドキャパシタではさまざまな電極の組み合わせが研究されているが、日本触媒では正極に活性炭、負極に金属亜鉛を使用する**カーボン亜鉛ハイブリッド蓄電池**の開発を発表している。また、古河電池が鉛蓄電池で実用化している**ウルトラバッテリーテクノロジー**もハイブリッドキャパシタの一種だとされている（P182参照）。

■リチウムイオンキャパシタ　〈図02-02〉

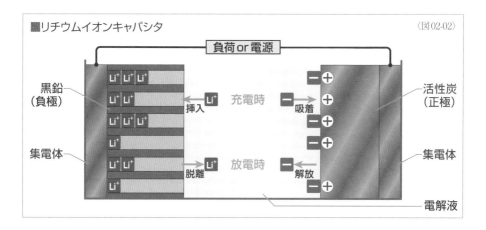

負荷or電源

黒鉛（負極）　集電体

活性炭（正極）　集電体

Li⁺　挿入　充電時　吸着
Li⁺　脱離　放電時　解放

電解液

索引

表示のページ数はおもに本文を対象とし、頻出用語は重要なページのみを抽出。左右ページに用語がある場合は左ページのみを記載。
並び順は、〈記号〉→〈数字〉→〈英字アルファベット〉→〈かな〉の順を採用。

索引 〈い〜き〉

■参考文献 （順不同、敬称略）

- ●化学電池の材料化学〔杉本克久 著〕アグネ技術センター
- ●図解 革新型蓄電池のすべて〔小久見善八、西尾晃治 監修〕オーム社
- ●電池がわかる 電気化学入門〔渡辺正、片山靖 共著〕オーム社
- ●電池ハンドブック〔電気化学会 電池技術委員会 編〕オーム社
- ●なるほどナットク! 電池がわかる本〔内田隆裕 著〕御茶の水書房
- ●化学の魅力Ⅲ－エネルギーと電池〔松本太、郡司貴雄 共著〕御茶の水書房
- ●－次世代リチウムイオン電池－ 全固体電池の入門書〔金村聖志 著〕科学情報出版
- ●しくみ図解シリーズ 最新 二次電池が一番わかる〔白石拓 著〕技術評論社
- ●しくみ図解シリーズ 電池のすべてが一番わかる〔福田京平 著〕技術評論社
- ●化学の要点シリーズ 9 電池〔金村聖志 著、日本化学会 編〕共立出版
- ●新しい電池の科学〔梅尾良之 著〕講談社
- ●SUPERサイエンス 世界を変える電池の科学〔齊藤勝裕 著〕シーアンドアール研究所
- ●これだけ! 電池〔板子一隆、工藤嗣友 共著〕秀和システム
- ●これだけ! 燃料電池〔坂本一郎 著〕秀和システム
- ●図解入門 よくわかる 最新 全固体電池の基本と仕組み〔斎藤勝裕 著〕秀和システム
- ●図解入門 よくわかる 最新 電池の基本と仕組み〔松下電池工業 監修〕秀和システム
- ●電池 BOOK 〔神野将志 著〕総合科学出版
- ●「燃料電池」のキホン〔本間琢也、上松宏吉 共著〕ソフトバンク クリエイティブ
- ●基礎マスターシリーズ 燃料電池の基礎マスター 〔田辺茂 著〕電気書院
- ●スッキリ! がってん! 二次電池の本〔関勝男 著〕電気書院
- ●スッキリ! がってん! リチウムイオン電池の本〔関勝男 著〕電気書院
- ●絵とき「電池」基礎のきそ〔清水洋隆 著〕日刊工業新聞社
- ●図解でナットク! 二次電池〔小林哲彦、宮崎義憲、太田璋 編著〕日刊工業新聞社
- ●全固体電池入門〔高田和典 編著〕日刊工業新聞社
- ●トコトンやさしい 電気化学の本〔石原顕光 著〕日刊工業新聞社
- ●トコトンやさしい 2次電池の本〔細田條 著〕日刊工業新聞社
- ●トコトンやさしい 二次電池の本 新版〔小山昇、脇原將孝 共著〕日刊工業新聞社
- ●入門ビジュアル・テクノロジー よくわかる電池〔三洋電機 監修〕日本実業出版社
- ●基礎からわかる電気化学 第2版〔泉生一郎、石川正司、片倉勝己、青井芳史、長尾恭孝 共著〕森北出版

監修者略歴

松本 太（まつもと ふとし）

1968年栃木県生まれ。1997年東京工業大学大学院総合理工学研究科電子化学専攻博士
課程修了。博士（理学）。1997年日本学術振興会特別博士研究員。1999年東京理科大学
理工学部工業化学科助手。2002年（財）神奈川科学技術アカデミー益田「ナノホールアレー」プ
ロジェクト副研究室長。2005年 Cornell University, Dept. of Chem. and Chemical Biology
研究員。2008年8月 Wildcat Discovery Technologies, Inc.（USA）。
2010年神奈川大学化学生命学部応用化学科准教授を経て現在教授。

編集制作：オフィス・ゴゥ、青山元男
編集担当：原 智宏（ナツメ出版企画）

ナツメ社Webサイト
https://www.natsume.co.jp
書籍の最新情報（正誤情報を含む）は
ナツメ社Webサイトをご覧ください。

本書に関するお問い合わせは、書名・発行日・該当ページを明記の上、下記のいずれかの
方法にてお送りください。電話でのお問い合わせはお受けしておりません。
・ナツメ社webサイトの問い合わせフォーム
　https://www.natsume.co.jp/contact
・FAX（03-3291-1305）
・郵送（下記、ナツメ出版企画株式会社宛て）
なお、回答までに日にちをいただく場合があります。正誤のお問い合わせ以外の書籍内容
に関する解説・個別の相談は行っておりません。あらかじめご了承ください。

カラー徹底図解 基本からわかる二次電池

2024年3月1日初版発行

監修者	松本 太	Matsumoto Futoshi, 2024
発行者	田村正隆	
発行所	株式会社ナツメ社	
	東京都千代田区神田神保町1-52 ナツメ社ビル1F（〒101-0051）	
	電話　03（3291）1257（代表）　　FAX　03（3291）5761	
	振替　00130-1-58661	
制　作	ナツメ出版企画株式会社	
	東京都千代田区神田神保町1-52 ナツメ社ビル3F（〒101-0051）	
	電話　03（3295）3921（代表）	
印刷所	ラン印刷社	

ISBN978-4-8163-7493-7　　　　　　　　　　　　　　　　Printed in Japan